HTML5+CSS3+JavaScript

网页制作标准教程 视频教学版

未来科技————————编著

U0280839

中国水利水电出版社
www.waterpub.com.cn
·北京·

内 容 提 要

《HTML5+CSS3+JavaScript 网页制作标准教程（视频教学版）》系统讲解了 HTML5、CSS3 和 JavaScript 的基础知识与使用技巧，结合大量案例从不同角度和场景生动演示了 HTML5、CSS3 和 JavaScript 在实践生产中的具体应用。全书分为两部分，共 15 章，包括 HTML5+CSS3 基础、构建文档结构、设计网页文本、设计网页图像和背景、设计列表和超链接、设计表单和表格、CSS3 网页布局、CSS3 媒体查询与跨设备布局、JavaScript 基础、数组、函数、对象、面向对象编程、客户端开发和 Web 服务与 Ajax。

《HTML5+CSS3+JavaScript 网页制作标准教程（视频教学版）》配备了极为丰富的学习资源，其中配套资源包括 249 节教学视频（可扫描二维码观看）、素材及源程序；附赠的拓展学习资源包括习题及面试题库、案例库、工具库、网页模板库、网页素材库、网页配色库、网页案例库等，让读者体验到用一倍的价格购买到两倍的内容，实现超值阅读。

《HTML5+CSS3+JavaScript 网页制作标准教程（视频教学版）》适合作为 HTML5、CSS3 和 JavaScript 从入门到实战、HTML5 移动开发方面的自学用书，也可以作为高等院校网页设计、网页制作、网站建设、Web 前端开发等专业的教学用书或相关机构的培训教材。

图书在版编目（CIP）数据

HTML5+CSS3+JavaScript网页制作标准教程：视频教
学版 / 未来科技编著. -- 北京：中国水利水电出版社，
2025. 4. -- ISBN 978-7-5226-3072-4
　Ⅰ. TP312.8; TP393.092.2
　中国国家版本馆CIP数据核字第2025VT0436号

书　　名	HTML5+CSS3+JavaScript 网页制作标准教程（视频教学版） HTML5+CSS3+JavaScript WANGYE ZHIZUO BIAOZHUN JIAOCHENG
作　　者	未来科技　编著
出版发行	中国水利水电出版社 （北京市海淀区玉渊潭南路 1 号 D 座　100038） 网址：www.waterpub.com.cn E-mail：zhiboshangshu@163.com 电话：（010）62572966-2205/2266/2201（营销中心）
经　　售	北京科水图书销售有限公司 电话：（010）68545874、63202643 全国各地新华书店和相关出版物销售网点
排　　版	北京智博尚书文化传媒有限公司
印　　刷	河北文福旺印刷有限公司
规　　格	185mm×260mm　16 开本　17 印张　457 千字
版　　次	2025 年 4 月第 1 版　2025 年 4 月第 1 次印刷
印　　数	0001—3000 册
定　　价	59.80 元

凡购买我社图书，如有缺页、倒页、脱页的，本社营销中心负责调换

前　言

Preface

近年来，互联网+、大数据、云计算、物联网、虚拟现实、人工智能、机器学习、移动互联网等 IT 相关概念和技术风起云涌，相关产业发展如火如荼。互联网+、移动互联网已经深入人们日常生活中，人们已经离不开互联网。为了让人们有更好的互联网体验效果，Web 前端开发、移动终端开发相关技术发展迅猛。HTML5、CSS3、JavaScript 三大核心技术相互配合使用，大大减轻了 Web 开发的工作量，降低了开发成本。

本书系统讲解了 HTML5、CSS3 和 JavaScript 的基础知识和使用技巧，结合大量示例从不同的角度和场景生动地演示了 HTML5、CSS3 和 JavaScript 在生产实践中的具体应用。旨在帮助读者快速、全面、系统地掌握 Web 开发最基础的技术，使 Web 设计在外观上更漂亮，在功能上更实用，在技术上更简易。

本书内容

本书完整讲解了 HTML5、CSS3 和 JavaScript 三门语言中最核心、最原生、最基础的知识，帮助读者系统梳理知识点，结合每个知识点提供一个或多个有价值的演示示例，方便读者理解和上机练习。

全书分为两部分，共 15 章，具体结构划分及内容概述如下。

第 1 部分：HTML5+ CSS3 部分，包括第 1～8 章。这部分内容主要介绍 HTML5+CSS3 基础、构建文档结构、设计网页文本、设计网页图像和背景、设计列表和超链接、设计表单和表格、CSS3 网页布局、CSS3 媒体查询与跨设备布局。

第 2 部分：JavaScript 部分，包括第 9～15 章。这部分内容主要讲解 JavaScript 语言的核心知识点，包括 JavaScript 基础、数组、函数、对象、面向对象编程、客户端开发和 Web 服务与 Ajax。

本书编写特点

📖　实用性强

本书把"实用"作为编写的首要原则，重点选取实际开发工作中用得到的知识点，按知识点的使用频率进行了详略调整，目的是希望读者能用最短的时间掌握 Web 开发的必备知识。

📖　入门容易

本书思路清晰、语言通俗、操作步骤详尽。读者朋友只要认真阅读本书，把书中所有示例认真地练习一遍，独立完成所有的实战案例，便可以熟练掌握 Web 开发知识。

📖　讲述透彻

本书把知识点融于大量的示例中，结合实战案例进行讲解和拓展，力求让读者"知其然，也知其所以然"。

系统全面

本书内容从零开始到实战应用，丰富详尽，知识系统全面，讲述了在实际开发工作中可能用到的绝大部分知识。

操作性强

本书颠覆了传统的"看"书观念，是一本能"操作"的图书。示例遍布每个小节，每个示例的操作步骤清晰明了，简单模仿就能快速上手。

本书显著特色

体验好

二维码扫一扫，随时随地看视频。书中几乎每个章节都提供了二维码，读者朋友可以通过手机微信扫一扫，随时随地观看相关的教学视频（若个别手机不能播放，请参考前言中的"本书学习资源列表及获取方式"下载后在计算机上观看）。

资源多

从配套到拓展，资源库一应俱全。本书不仅提供了几乎覆盖全书的配套视频和素材源文件，还提供了拓展的学习资源，如习题及面试题库、案例库、工具库、网页模板库、网页素材库、网页配色库、网页案例库等，拓展视野、贴近实战，学习资源一网打尽！

案例多

示例丰富详尽，边做边学更快捷。跟着大量的示例去学习，边学边做，从做中学，使学习更深入、更高效。

入门易

遵循学习规律，入门与实战相结合。本书编写模式采用"基础知识+中小示例+实战案例"形式，内容由浅入深、循序渐进，从入门中学习实战应用，从实战应用中激发学习兴趣。

服务快

提供在线服务，随时随地可交流。本书提供 QQ 群、资源下载等多渠道贴心服务。

本书学习资源列表及获取方式

本书的学习资源十分丰富，全部资源分布如下。

配套资源

（1）本书的配套同步视频，共计 249 节（可扫描二维码观看或从本书提供的网站中下载）。

（2）本书的示例和案例，共计 359 个，以及素材及源程序。

拓展学习资源

（1）习题及面试题库（共计 1000 题）。

（2）案例库（各类案例 4395 个）。

（3）工具库（HTML、CSS、JavaScript 手册等共 60 部）。

（4）网页模板库（各类模板 1636 个）。

（5）网页素材库（17 大类）。

（6）网页配色库（613 项）。

（7）网页案例库（共计 508 项）。

📖　资源获取方式及联系方式

（1）读者扫描下方的二维码或关注微信公众号"人人都是程序猿"，发送"HCJ3072"到公众号后台，获取资源下载链接，然后将此链接复制到计算机浏览器的地址栏中，根据提示下载即可。

（2）加入本书学习交流 QQ 群：799942366（请注意加群时的提示），可进行在线交流学习，作者将不定时在群里答疑解惑，帮助读者无障碍地快速学习本书。

（3）读者还可以通过发送电子邮件至 961254362@qq.com 与我们联系。

本书约定

为了节约版面，书中所显示的示例代码大部分都是局部的，示例的全部代码可以按照上述资源获取方式下载。

部分示例可能需要服务器的配合，可以参阅示例所在章节的相关说明。

学习本书中的示例，需要用到 Edge、Firefox 或 Chrome 浏览器，建议根据实际运行环境选择安装上述类型的最新版本浏览器。

本书所列出的插图可能会与读者实际环境中的操作界面有所差别，这可能是由于操作系统平台、浏览器版本等不同而引起的，一般不影响学习，在此特别说明。

本书适用对象

本书适用于以下读者阅读：网页设计、网页制作、网站建设入门者及爱好者，系统学习网页设计、网页制作、网站建设的开发人员，相关专业的高等院校学生、毕业生，以及相关专业培训的学员。

关于作者

本书由未来科技团队负责编写，提供在线支持和技术服务。

未来科技是由一群热爱 Web 开发的青年骨干教师组成的一支技术团队，主要从事 Web 开发、教学培训、教材开发等业务。该团队编写的同类图书在很多网店上的销量名列前茅，让数十万名读者轻松跨进了 Web 开发的大门，为 Web 开发的普及和应用做出了积极的贡献。

由于作者水平有限，书中疏漏和不足之处在所难免，欢迎读者不吝赐教。广大读者如有好的建议、意见，或在学习本书时遇到疑难问题，可以联系我们，我们会尽快为您解答。

编　者

目 录

Contents

第 1 章　HTML5+CSS3 基础

【学习目标】

- ↘ 了解 HTML5 语法特点。
- ↘ 了解 HTML5 文档基本结构。
- ↘ 认识标签、属性和值以及网页基本结构。
- ↘ 了解 CSS3 相关概念。
- ↘ 能够正确定义 CSS3 样式。
- ↘ 熟悉 CSS3 的选择器。

HTML、CSS 和 JavaScript 是网页设计与 Web 应用开发的三大基础性语言，其中 HTML 负责构建结构和标记内容，CSS 负责网页效果的渲染，JavaScript 负责网页脚本的设计。HTML5 是 HTML 最新版本，在 HTML4 的基础上增加了对 Web 应用的支持，新增了很多新元素和属性。CSS3 是 CSS 的最新版本，在 CSS2 的基础上增加了很多实用的功能。本章主要介绍如何创建简单的 HTML5 文档，同时介绍了 CSS3 的基础知识，以便初步了解 CSS3 的基本用法。

1.1　HTML5 语法特点

HTML5 以 HTML4 为基础，对 HTML4 进行了全面升级改造。与 HTML4 相比，HTML5 在语法上有很大的变化，具体说明如下。

1.1.1　文档

1．内容类型

HTML5 的文件扩展名和内容类型保持不变。例如，扩展名仍然为.html 或.htm，内容类型（ContentType）仍然为 text/html。

扫一扫，看视频

2．文档类型

在 HTML4 中，文档类型的声明方法如下：

```
<!DOCTYPE html PUBLIC "-//W3C//DTD XHTML 1.0 Transitional//EN"
"http://www.w3.org/TR/xhtml1/DTD/xhtml1-transitional.dtd">
```

在 HTML5 中，文档类型的声明方法如下：

```
<!DOCTYPE html>
```

当使用工具时，也可以在 DOCTYPE 声明中加入 SYSTEM 识别符，声明方法如下：

```
<!DOCTYPE HTML SYSTEM "about:legacy-compat">
```

在 HTML5 中，DOCTYPE 声明方法是不区分大小写的，引号也不区分是单引号，还是双引号。

注意

　　使用 HTML5 的 DOCTYPE 声明方法会触发浏览器以标准模式显示页面。众所周知，网页都有多种显示模式，如怪异模式（Quirks）、标准模式（Standards）等。浏览器会根据 DOCTYPE 来识别该使用哪种显示模式。

3．字符编码

　　在 HTML4 中，使用 meta 元素定义文档的字符编码，如下所示。

```
<meta http-equiv="Content-Type" content="text/html;charset=UTF-8">
```

　　在 HTML5 中，继续沿用 meta 元素定义文档的字符编码，但是简化了 charset 属性的写法，如下所示。

```
<meta charset="UTF-8">
```

　　对于 HTML5 来说，上述两种方法都有效，用户可以继续使用前一种方式，即通过 content 属性值中的 charset 关键字来指定。但是不能同时混用两种方式。

注意

　　在传统网页中，以下标记是合法的。在 HTML5 中，这种字符编码方式将被认为是错误的。

```
<meta charset="UTF-8" http-equiv="Content-Type" content="text/html;
charset=UTF-8">
```

　　从 HTML5 开始，对于文件的字符编码推荐使用 UTF-8。

扫一扫，看视频

1.1.2　标记

　　HTML5 语法是为了保证与之前的 HTML4 语法达到最大限度的兼容而设计的。

1．标记省略

　　在 HTML5 中，元素的标记可以分为三种类型：不允许写结束标记、可以省略结束标记、可以省略全部标记。下面简单介绍这 3 种类型各包括哪些 HTML5 元素。

　　（1）不允许写结束标记的元素有 area、base、br、col、command、embed、hr、img、input、keygen、link、meta、param、source、track、wbr。

　　（2）可以省略结束标记的元素有 li、dt、dd、p、rt、rp、optgroup、option、colgroup、thead、tbody、tfoot、tr、td、th。

　　（3）可以省略全部标记的元素有 html、head、body、colgroup、tbody。

提示

　　不允许写结束标记的元素是指不允许使用开始标记与结束标记将元素括起来的形式，只允许使用 "<元素/>" 的形式进行书写。例如：

　　❯　错误的书写方式。

```
<br></br>
```

　　❯　正确的书写方式。

```
<br/>
```

　　在 HTML5 之前的版本中，
这种写法可以继续沿用。

可以省略全部标记的元素是指元素可以完全被省略。需要注意的是，该元素以隐藏的方式存在。例如，省略 body 元素时，其在文档结构中还是存在的，可以使用 document.body 进行访问。

2．布尔值

对于布尔型属性，如 disabled 与 readonly 等，当只写属性而不指定属性值时，表示属性值为 true；如果属性值为 false，则可以不使用该属性。另外，要想将属性值设定为 true，也可以将属性名设定为属性值，或将空字符串设定为属性值。

【示例 1】 下面的写法都是合法的。

```html
<!--只写属性，不写属性值，代表属性为true-->
<input type="checkbox" checked>
<!--不写属性，代表属性为false-->
<input type="checkbox">
<!--属性值=属性名，代表属性为true-->
<input type="checkbox" checked="checked">
<!--属性值=空字符串，代表属性为true-->
<input type="checkbox" checked="">
```

3．属性值

属性值可以加双引号，也可以加单引号。HTML5 在此基础上进行了一些改进，当属性值不包括空字符串、<、>、=、单引号、双引号等字符时，属性值两边的引号可以省略。

【示例 2】 下面的写法都是合法的。

```html
<input type="text">
<input type='text'>
<input type=text>
```

1.2　熟悉开发工具

JavaScript 开发工具包括网页浏览器和代码编辑器。网页浏览器用于执行和调试 JavaScript 代码，代码编辑器用于高效编写 JavaScript 代码。

1.2.1　网页浏览器

JavaScript 主要寄生于网页浏览器中，在学习 JavaScript 语言之前，应该先了解浏览器。目前的主流浏览器包括 Edge、FireFox、Opera、Safari 和 Chrome。

网页浏览器内核可以分为两部分：渲染引擎和 JavaScript 引擎。渲染引擎负责获取网页内容（HTML、XML、图像等）、整理信息（如加入 CSS 等），以及计算网页的显示方式，最后输出显示。JavaScript 引擎负责解析 JavaScript 脚本，执行 JavaScript 代码实现网页的动态效果。

1.2.2　代码编辑器

使用任何文本编辑器都可以编写 JavaScript 代码，但是为了提高开发效率，建议选用专业的开发工具。代码编辑器主要分两种：集成开发环境（Integrated Development Environment，

IDE）和轻量编辑器。

（1）IDE 包括 VSCode（Visual Studio Code，免费）、WebStorm（收费），两者都可以跨平台使用。VSCode 与 Visual Studio 是不同的工具，后者为收费工具，是强大的 Windows 专用编辑器。

（2）轻量编辑器包括 Sublime Text（跨平台，共享）、Notepad++（Windows 平台，免费）、Vim 和 Emacs 等。轻量编辑器适用于单文件的编辑，但是由于各种插件的加持，使它与 IDE 在功能上没有太大的差距。

本书推荐使用 VSCode 作为 JavaScript 代码开发工具。它结合了轻量级文本编辑器的易用性和大型 IDE 的开发功能，具有强大的扩展能力和社区支持，是目前最受欢迎的编程工具。访问 VSCode 官网进行下载，注意系统类型和版本，然后安装即可。

在安装成功之后，启动 VSCode，在界面左侧单击第 5 个图标按钮，打开扩展面板，输入关键词：Chinese，搜索 Chinese (Simplified)（简体中文）Language Pack for Visual Studio Code 插件，安装该插件，汉化 VSCode 操作界面。

再搜索 Live Server，并安装该插件。安装之后，在编辑好的网页文件上右击，从弹出的快捷菜单中选择 Open with Live Server 命令，可以创建一个具有实时加载功能的本地服务器，打开默认网页浏览器预览当前文件。

1.2.3　开发者控制台

现代网页浏览器都提供了 JavaScript 控制台，用于查看 JavaScript 错误，允许通过 JavaScript 代码向控制台输出消息。在菜单中查找"开发人员工具"，或者按 F12 键可以快速打开控制台。在控制台中，错误消息带有红色图标，警告消息带有黄色图标。

1.3　初步使用 HTML5

扫一扫，看视频

1.3.1　新建 HTML5 文档

从结构上分析，HTML5 文档一般包括两部分。

（1）头部消息（<head>）。在<head>和</head>标签之间的内容表示网页文档的头部消息。在头部代码中，有一部分消息是浏览者可见的，如<title>和</title>之间的文本，也称为网页标题，会显示在浏览器标签页中。但是大部分消息是不可见的，专用于浏览器解析服务，如网页字符编码、各种元信息等。

（2）主体信息（<body>）。在<body>和</body>标签之间的内容表示网页文档的主体信息。主体信息包括以下两部分。

1）标签：对网页内容进行分类标识，标签自身不会在网页中显示。

2）网页内容：被标签标识的内容，一般显示在网页中，包括纯文本内容和超文本内容。纯文本内容在网页中直接显示为文本信息，如"关于""产品""资讯"等；超文本内容是各种外部资源，如图像、音视频文件、CSS 文件、JavaScript 文件，以及其他 HTML 文件等，这些外部资源不是作为文本放在代码中，而是通过各种标签标记 URL，浏览器在解析时根据 URL 进行导入渲染。

【示例 1】使用记事本或者其他类型的文本编辑器新建文本文件，保存为 index.html，然后输入以下代码。需要注意的是，扩展名为.html，而不是.txt。

```
<!DOCTYPE html>
<html lang="en">
<head>
<meta charset="utf-8"/>
<title>网页标题</title>
</head>
<body>
</body>
</html>
```

此时由于网页还没有包含任何信息，在浏览器中显示为空。

【示例 2】在示例 1 的基础上，为网页添加内容。

```
<!DOCTYPE html>
<html lang="en">
<head>
<meta charset="utf-8"/>
<title>HTML5 示例</title>
</head>
<body>
<article>
        <h1>第一个 HTML5 网页</h1>
        <img src="images/html5.jpg" width="200" alt="html5 图标"/>
        <p>我是<em>小白</em>，现在准备学习<a href="https://www.w3.org/TR/html5/"
rel="external" title="HTML5 参考手册">HTML5</a></p>
</article>
</body>
</html>
```

在浏览器中预览，显示效果如图 1.1 所示。

图 1.1　添加主体内容

示例 2 演示了 6 种常用的标签：<a>、<article>、<em>、<h1>、<img>和<p>。每种标签都表示不同的语义，如<h1>定义标题，<a>定义链接，<img>定义图像。

注意

　　在设计网页的代码中，空字符不会影响页面的呈现效果。因此利用空字符可以对嵌套结构的代码进行排版，格式化后的代码会更容易阅读。

扫一扫，看视频

1.3.2 认识 HTML5 标签

一个标签由元素、属性和值三部分组成。

1. 元素

元素表示标签的名称。大多数标签由开始标签和结束标签配对使用。习惯上，标签名称采用小写形式，HTML5 对此未做强制要求，也可以使用大写字母。例如：

```
<em>小白</em>
```

（1）开始标签：。
（2）被标记的文本：小白。
（3）结束标签：。

还有一些标签不需要包含文本，仅有开始标签，没有结束标签，被称为孤标签。例如：

```
<img src="images/xiaobai.jpg" width="50" alt="小白者，我也"/>
```

在 HTML5 中，孤标签尾部的空格和斜杠（/）是可选的。不过，">"是必需的。

2. 属性和值

属性可以设置标签的特性。HTML5 允许属性的值不加引号，习惯上建议添加，同时尽量使用小写形式。例如：

```
<label  for="email">电子邮箱</label>
```

（1）一个标签可以设置多个属性，每个属性都有各自的值。属性的顺序并不重要，属性之间用空格隔开。例如：

```
<a href="https://www.w3.org/TR/html5/" rel="external" title="HTML5 参考手册">
HTML5</a>
```

（2）有的属性可以接收任何值，有的属性则有限制。最常见的是那些仅接收预定义的值的属性。预定义的值一般用小写字母表示。例如：

```
<link rel="stylesheet" media="screen" href="style.css"/>
```

link 元素的 media 属性只能设置为 all、screen、print 等有限序列值中的一个。

（3）有很多属性的值需要设置为数字，特别是那些描述大小和长度的属性。数字不需要包含单位。例如，图像和视频的宽度和高度是有单位的，默认为像素。

（4）有的属性（如 href 和 src）用于引用其他文件，它们只能包含 URL 形式的字符串。

（5）还有一种特殊的属性称为布尔属性，这种属性的值是可选的，因为只要这种属性出现就表示其值为真。例如：

```
<input type="email" required/>
```

上面的代码提供了一个让用户输入电子邮件的输入框。属性 required 表示用户必须填写该输入框。布尔属性不需要属性值，如果一定要加上属性值，则可以编写为 required="required" 或者 required=""。

扫一扫，看视频

1.3.3 认识网页内容

网页内容包括纯文本内容和超文本内容，具体介绍如下。

1. 纯文本内容

网页中显示的纯文本内容就是元素中包含的文本，它是网页中最基本的构成部分。在 HTML 早期版本中，只能使用 ASCII 字符。

ASCII 字符仅包括字母、数字和少数几个常用符号。开发人员必须用特殊的字符引用来创建很多日常符号。例如， 表示空格，©表示版权符号©，®表示注册商标符号®等。

 注意

> 浏览器在呈现 HTML 页面时，会把文本内容中的多个空格或制表符压缩成单个空格，把回车符和换行符转换为单个空格或者忽略。字符引用也替换成对应的符号，如把©显示为©。

Unicode 字符集极大地缓解了特殊字符的显示问题。使用 UTF-8 对页面进行编码，并用同样的编码保存 HTML 文件已成为一种标准做法。推荐设置 charset 的值为 UTF-8。HTML5 不区分大小写，使用 UTF-8 和 utf-8 的结果是一样的。

2. 超文本内容

在网页中除了大量的文本内容外，还有很多非文本内容，如链接、图像、视频、音频等。从网页外导入图像和其他非文本内容时，浏览器会将这些内容与文本一起显示。

外部文件实际上并没有存储在 HTML 文件中，而是单独保存的，页面只是简单地引用了这些文件。例如：

```
<article>
    <h1>小白自语</h1>
    <img src="images/xiaobai.jpg" width="50" alt="小白者，我也"/>
    <p>我是<em>小白</em>，现在准备学习<a href="https://www.w3.org/TR/html5/"
rel="external" title="HTML5 参考手册">HTML5</a></p>
</article>
```

HTML 文档通过<img>标签的 src 属性包含一个对图像文件 xiaobai.jpg 的引用，浏览器在加载页面其他部分的同时，会加载并显示这个图像。另外，通过<a>标签的 href 属性还包含了一个指向 HTML5 参考页面的链接。

1.3.4　简化 HTML5 文档

HTML5 允许对网页文档结构进行简化，下面结合一个示例进行说明。

```
<!DOCTYPE html>
<meta charset="UTF-8">
<title>HTML5 基本语法</title>
<h1>HTML5 的目标</h1>
<p>HTML5 的目标是能够创建更简单的 Web 程序，书写出更简洁的 HTML 代码。
<br/>例如，为了使 Web 应用程序的开发变得更容易，提供很多 API；为了使 HTML 变得更简洁，
开发出了新的属性、新的元素等。总体来说，为下一代 Web 平台提供了许许多多新的功能。
```

上面这段代码在浏览器中的运行结果如图 1.2 所示。

本示例文档省略了<html>、<head>、<body>等标签，使用 HTML5 的 DOCTYPE 声明文

扫一扫，看视频

档类型，简化了<meta>的 charset 属性设置，省略了
<p>标签的结束标记，使用<元素/>的方式来结束
<meta>和
标签等。这充分说明了 HTML5 语法的
简洁。

图 1.2　编写 HTML5 文档

第一行代码如下：

```
<!DOCTYPE html>
```

不需要包括版本号，仅告诉浏览器需要一个DOCTYPE来触发标准模式，可谓简明扼要。
接下来说明文档的字符编码。

```
<meta charset="UTF-8">
```

同样也很简单，HTML5 不区分大小写，不需要标记结束符，不介意属性值是否加引号，
即下列代码是等效的。

```
<meta charset="utf-8">
<META charset="utf-8"/>
<META charset=utf-8>
```

在主体中，可以省略主体标记，直接编写需要显示的内容。虽然在编写代码时省略了
<html>、<head>和<body>标记，但浏览器在进行解析时，将会自动进行添加。

考虑到代码的可维护性，在编写代码时，应该尽量增加这些基本结构标签。

扫一扫，看视频

1.3.5　HTML 注释

包含在"<!--"和"-->"标签内的文本就是 HTML 注释，注释信息只会在源代码中可见，
不会在浏览器网页中显示出来。

【示例】下面的代码定义了 6 处注释。

```
<div class="container">                      <!-- 开始页面容器 -->
    <header role="banner"></header>
    <!-- 应用 CSS 后的第一栏 -->
    <main role="main"></main>                <!-- 结束第一栏 -->
    <!-- 应用 CSS 后的第二栏 -->
    <div class="sidebar"></div>              <!-- 结束第二栏 -->
    <footer role="contentinfo"></footer>
</div>                                       <!-- 结束页面容器 -->
```

在主要区块的开头和结尾处添加注释是一种常见的做法，这样可以让一起合作的开发人
员将来修改代码变得更加容易。

1.4　初步使用 CSS3

与 HTML5 一样，CSS3 也是一种标识语言，可以使用任意文本编辑器编写 CSS 样式代
码。下面简单介绍 CSS3 的基本用法。

扫一扫，看视频

1.4.1　认识 CSS 样式

CSS（Cascading Style Sheets，层叠样式表）用于描述 HTML 文档的样式。CSS 语法单元

是样式，每个样式包含两部分内容：选择器和声明（或称规则），如图 1.3 所示。

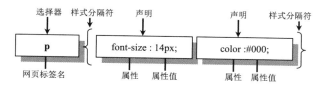

图 1.3　CSS 样式基本格式

（1）选择器：指定样式作用于哪些对象，这些对象可以是某个标签、指定 class 或 ID 值的元素等。浏览器在解析样式时，根据选择器来渲染匹配对象的显示效果。

（2）声明：指定浏览器如何渲染选择器匹配的对象。声明包括两部分：属性和属性值，并用分号来标识一个声明的结束。一个样式中的最后一个声明可以省略分号。所有声明被放置在一对大括号内，位于选择器的后面。

1）属性：CSS 预设的样式选项。属性名是一个单词或由多个单词组成，多个单词之间通过连字符相连。这样能够很直观地了解属性所要设置样式的类型。

2）属性值：定义显示效果的值，包括值和单位（如果需要），或者一个关键字。

1.4.2　引入 CSS 样式

在网页文档中，使浏览器能够识别和解析 CSS 样式的方法共有以下 3 种。

（1）行内样式。把 CSS 样式代码置于标签的 style 属性中，例如：

```
<span style="color:red;">红色字体</span>
<div style="border:solid 1px blue; width:200px; height:200px;"></div>
```

一般不建议使用，因为这种方法没有真正把 HTML 结构与 CSS 样式分离出来。

（2）内部样式。

```
<style type="text/css">
body {/*页面基本属性*/
    font-size: 12px;
    color: #CCCCCC;
}
/*段落文本基础属性*/
p {background-color: #FF00FF;}
</style>
```

把 CSS 样式代码放在<style>标签内。这种方法也称为网页内部样式。该方法适合为单页面定义 CSS 样式，不适合为一个网站或多个页面定义 CSS 样式。

内部样式一般位于网页的头部区域，目的是让 CSS 代码早于页面源代码下载并被解析。

（3）外部样式。把样式放在独立的文件中，然后使用<link>标签或者@import 关键字导入。一般网站都采用这种方法来设计样式，真正实现 HTML 结构和 CSS 样式的分离，以便统筹规划、设计、编辑和管理 CSS 样式。

1.4.3　认识 CSS 样式表

样式表是由一个或多个 CSS 样式组成的样式代码段。样式表包括内部样式表和外部样式表，它们没有本质上的区别，只是存放位置不同。

扫一扫，看视频

扫一扫，看视频

内部样式表包含在<style>标签内，一个<style>标签就表示一个内部样式表。而通过标签的 style 属性定义的样式属性则不是样式表。如果一个网页文档中包含多个<style>标签，就表示该文档包含了多个内部样式表。

如果 CSS 样式被放置在网页文档外部的文件中，则称为外部样式表，一个 CSS 样式表文档就表示一个外部样式表。实际上，外部样式表就是一个文本文件，其扩展名为.css。当把不同的样式复制到一个文本文件中后，另存为.css 文件，则它就是一个外部样式表。

在外部样式表文件顶部可以定义 CSS 代码的字符编码。例如，下面的代码定义样式表文件的字符编码为中文简体。

```
@charset "gb2312";
```

如果不定义 CSS 样式表文件的字符编码，可以保留默认设置，则浏览器会根据 HTML 文件的字符编码来解析 CSS 代码。

扫一扫，看视频

1.4.4 导入外部样式表

外部样式表文件可以通过两种方法导入到 HTML 文档中。

1．使用<link>标签

使用<link>标签导入外部样式表文件的代码如下：

```
<link href="../styleName.css" rel="stylesheet" type="text/css"/>
```

该标签必须设置的属性说明如下。
（1）href：定义外部样式表文件 URL。
（2）type：定义导入文件类型，同 style 元素。
（3）rel：用于定义文档关联，这里表示关联外部样式表。

2．使用@import 关键字

在<style>标签内使用@import 关键字导入外部样式表文件的代码如下：

```
<style type="text/css">
@import url("../styleName.css");
</style>
```

在@import 关键字后面，利用 url()函数包含具体的外部样式表文件的地址。

提示

两种导入外部样式表的方法比较如下：
（1）<link>属于 HTML 标签，而@import 是 CSS 的关键字。
（2）页面被加载时，<link>标签会同时被加载，而@import 关键字引用的 CSS 等到页面被加载完后再加载。
（3）<link>标签的权重高于@import 的权重。
因此，一般推荐使用<link>标签导入外部样式表，@import 关键字可以作为补充方法备用。

扫一扫，看视频

1.4.5 CSS 注释

在 CSS 样式表中，包含在"/*"和"*/"分隔符之间的文本信息都被称为注释，注释信息不被解析。语法格式如下：

```
/*单行注释*/
```

或

```
/*多行注释
  多行注释*/
```

在 CSS 源代码中，各种空格是不被解析的，因此可以利用 Tab 键、空格键对样式代码进行格式化排版，以方便阅读。

扫一扫，看视频

1.5　CSS3 选择器

选择器就是在 HTML 文档中选择想要的元素，以便应用样式的匹配模式。选择器的模式有多种类型，如标签模式、类模式、ID 模式。选择器的模式可以组合，形成复杂的匹配模式，以便从复杂的结构中更精准地匹配到想要的对象。

在 CSS2.1 版本选择器的基础上，CSS3 新增了部分属性选择器和伪类选择器，减少了对 HTML 类和 ID 的依赖，使编写网页代码更加简单、轻松。

根据所获取页面中元素的不同，可以把 CSS3 选择器分为 5 类：元素选择器、关系选择器、伪类选择器、伪元素选择器和属性选择器。其中，伪类选择器和伪元素选择器（也称伪对象选择器）属于伪选择器。根据执行任务的不同，伪类选择器又可以分为六种：动态伪类、目标伪类、语言伪类、状态伪类、结构伪类和否定伪类。

注意

CSS3 将伪元素选择器前面的单个冒号(:)修改为双冒号(::)，用于区别伪类选择器，不过 CSS2.1 版本的写法仍然有效。

1. 标签选择器

标签选择器也称类型选择器，它引用 HTML 标签名称，用于匹配文档中同名的所有标签。

（1）优点：使用简单，直接引用，不需要为标签额外添加属性。

（2）缺点：匹配的范围过大，精度不够。

因此，一般常用标签选择器重置各个标签的默认样式。例如，匹配页面中所有的 p 元素。

```
p {font-size:12px;}                        /*定义页面所有段落文本的字体大小为12px*/
```

2. 类选择器

类选择器以点号（.）为前缀，后面是一个类名。

（1）优点：能够为不同标签定义相同的样式；使用灵活，可以为同一个标签定义多个类样式。

（2）缺点：需要为标签添加 class 属性，干扰文档结构，操作比较麻烦。

应用方法：在标签中定义 class 属性，然后设置属性值为类选择器的名称。例如：

```
<style>
```

```
.red {color: red;}                              /*红色类*/
</style>
<p class="red italic underline">剪不断，理还乱，是离愁。别是一般滋味在心头。</p>
```

3. ID 选择器

ID 选择器以"#"为前缀，后面是一个 ID 名。应用方法：在标签中添加 id 属性，然后设置属性值为 ID 选择器的名称。

（1）优点：精准匹配。

（2）缺点：需要为标签定义 id 属性，干扰文档结构，相对于类选择器，缺乏灵活性。

4. 包含选择器

包含选择器通过空格连接两个简单的选择器，前面的选择器表示包含的对象，后面的选择器表示被包含的对象。

（1）优点：可以缩小匹配范围。

（2）缺点：匹配范围相对较大，影响的层级不受限制。

例如，匹配 id 为 main 的包含框中包含的所有 p 元素。

```
#main p {font-size:12px;}
```

5. 子选择器

子选择器使用尖角号（>）连接两个简单的选择器，前面的选择器表示包含的父对象，后面的选择器表示被包含的子对象。

（1）优点：相对于包含选择器，匹配的范围更小，从层级结构上看，匹配目标更明确。

（2）缺点：相对于包含选择器，匹配的范围有限，需要熟悉文档结构。

例如，匹配 id 为 main 的包含框中包含的所有 p 元素。

```
#main > p {font-size:12px;}
```

6. 相邻选择器

相邻选择器使用加号（+）连接两个简单的选择器，前面的选择器指定相邻的前面一个元素，后面的选择器指定相邻的后面一个元素。

（1）优点：在结构中能够快速、准确地找到同级、相邻元素。

（2）缺点：使用前需要熟悉文档结构。

例如，匹配 id 为 main 的包含框后面相邻的 p 元素。

```
#main + p {font-size:12px;}
```

7. 兄弟选择器

兄弟选择器使用波浪号（~）连接两个简单的选择器，前面的选择器指定同级的前置元素，后面的选择器指定其后同级所有匹配的元素。

（1）优点：在结构中能够快速、准确地找到同级靠后的元素。

（2）缺点：使用前需要熟悉文档结构，匹配精度没有相邻选择器具体。

例如，匹配 id 为 main 的包含框后面同级的 p 元素。

```
#main ~ p {font-size:12px;}
```

8．属性选择器

属性选择器根据标签的属性来匹配元素，使用方括号进行定义：

```
[属性表达式]
```

CSS3 包括 7 种属性选择器形式。

（1）E[attr]：选择具有 attr 属性的 E 元素。

（2）E[attr="value"]：选择具有 attr 属性，且属性值等于 value 的 E 元素。

（3）E[attr~="value"]：选择具有 attr 属性，且属性值为一个用空格分隔的字词列表，其中一个等于 value 的 E 元素。包含只有一个值，且该值等于 value 的情况。

（4）E[attr^="value"]：选择具有 attr 属性，且属性值为以 value 开头的字符串的 E 元素。

（5）E[attr$="value"]：选择具有 attr 属性，且属性值为以 value 结尾的字符串的 E 元素。

（6）E[attr*="value"]：选择具有 attr 属性，且属性值为包含 value 的字符串的 E 元素。

（7）E[attr|="value"]：选择具有 attr 属性，且属性值为以 value 开头，并用连接符（-）分隔的字符串的 E 元素；如果值仅为 value，也将被选择。

9．伪类选择器

伪类选择器是一种特殊的类选择器，它的用处是可以对不同状态或行为下的元素定义样式，这些状态或行为无法通过静态的选择器进行匹配，因此伪类选择器具有动态特性。

伪类选择器属于伪选择器，伪选择器能够根据元素或对象的特征、状态、行为等进行匹配。

伪类选择器以冒号（:）作为前缀标识符。冒号前可以添加限定选择符，限定伪类应用的范围，冒号后为伪类名称，冒号前后没有空格。

CSS 伪类选择器有两种使用方式。

（1）单纯式。

```
E:pseudo-class {property:value}
```

其中，E 为元素；pseudo-class 为伪类名称；property 为 CSS 属性；value 为 CSS 属性值。例如：

```
a:link {color:red;}
```

（2）混用式。

```
E.class:pseudo-class{property:value}
```

其中，.class 表示类选择器。把类选择器与伪类选择器组成一个混合式的选择器，能够设计更复杂的样式，以精准匹配元素。例如：

```
a.selected:hover {color: blue;}
```

由于 CSS3 伪类选择器众多，具体说明请参考 CSS3 参考手册。

10．伪元素选择器

伪元素是一种虚拟的元素，不会出现在 DOM 文档树中，仅存在于 CSS 渲染层。伪元素选择器的样式用于为特定对象设置特殊效果。例如，::before 和 ::after 用于在 CSS 渲染中在匹配元素的头部或尾部插入内容，它们不受文档约束，也不影响文档本身，只影响最终样式。

伪元素选择器以冒号（:）作为语法标识符。冒号前可以添加限定选择符，限定伪元素应用的范围，冒号后为伪元素名称，冒号前后没有空格。语法格式如下：

```
:伪元素名称
```

CSS3 新语法格式如下：

```
::伪元素名称
```

CSS3 支持的伪元素选择器主要包括:first-letter、:first-line、:before、:after、::placeholder、::selection、::backdrop 7 个。

11. 分组选择器

分组选择器使用逗号（,）连接两个简单的选择器，前面的选择器匹配的元素与后面的选择器匹配的元素混合在一起，作为分组选择器的结果集。

（1）优点：可以合并相同样式，减少代码冗余。

（2）缺点：不方便个性化管理和编辑。

例如，使用分组选择器为所有标题元素统一样式。

```
h1, h2, h3, h4, h5, h5, h6 { }
```

12. 通配选择器

通配选择器使用星号（*）表示，用于匹配文档中的所有标签。例如，使用下面的样式可以清除所有标签的边距。

```
* {margin: 0; padding: 0;}
```

扫一扫，看视频

1.6　案例实战：制作学习卡片

【案例】制作一张学习卡片，通过本案例练习 HTML5 文档的创建过程和基本操作步骤。

（1）新建 HTML5 文档，保存为 test.html。构建网页基本框架，主要内容包括<html>、<head>、<body>、字符编码和网页标题等。

（2）在头部位置使用<link>标签导入第三方字体图标库 font-awesome.css。将使用该库的字体图标来定义微博、微信和 QQ 链接。

```
<link rel="stylesheet" href="https://cdn.staticfile.org/font-awesome/4.7.0/
css/font-awesome.min.css">
```

（3）在主体区域使用<h2>标签定义卡片标题。

```
<h2 style="text-align:center">学习卡片</h2>
```

（4）使用<div class="card">标签定义卡片包含框，包含个人大头像（<img>）和个人信息框（<div class="container">）。

```
<h2 style="text-align:center">学习卡片</h2>
<div class="card">
    <img src="img_avatar.png" alt="小白" style="width:100%">
    <div class="container"></div>
</div>
```

（5）完善个人信息的内容，可以自由发挥，代码如下：

```
<div class="container">
```

```
    <h1>江小白</h1>
    <p class="title">现在是开始，也是毕业的倒计时。</p>
    <p>上课不走神，练习不打折，我是江小白，学习赛道上的战斗机！欧耶！</p>
</div>
```

（6）定义字体图标，设计社交超链接、互动按钮，最终效果如图 1.4 所示。有关 CSS 代码就不再说明，读者可以参考本节示例源代码。

```
<div class="container">
    ...
    <div style="margin: 24px 0; "> <a href="#"><i class="fa fa-weibo">
</i></a> <a href="#"><i class="fa fa-weixin"></i></a> <a href="#"><i class
="fa fa-qq"></i></a></div>
    <p><button>打卡</button></p>
</div>
```

图 1.4　学习卡片设计效果

本 章 小 结

本章首先介绍了 HTML5 语法特点，详细讲解了 HTML5 文档的创建过程、HTML5 文档基本结构和简化结构；然后介绍了 CSS3 相关概念和基本用法；最后分类讲解了 CSS3 选择器，包括标签选择器、类选择器、ID 选择器、包含选择器、子选择器、相邻选择器、兄弟选择器、属性选择器、伪类选择器、伪元素选择器、分组选择器和通配选择器。读者需要熟练掌握这些选择器，并能够灵活混用，才能够发挥 CSS3 强大的样式渲染能力。

课 后 练 习

一、填空题

1. HTML5 文件扩展名为_____或_____，内容类型为_____。

2．HTML5 文档一般包括＿＿＿＿＿＿＿＿＿＿＿和＿＿＿＿＿＿＿＿＿＿＿两部分。

3．网页文档的主体信息包括＿＿＿＿和＿＿＿＿两部分。

4．每个 CSS 样式包含＿＿＿＿和＿＿＿＿两部分内容。

5．在网页文档中，CSS 样式存在＿＿＿＿、＿＿＿＿和＿＿＿＿三种形式。

6．外部样式表文件可以通过＿＿＿＿和＿＿＿＿两种方法导入。

二、判断题

1．HTML5 文档类型的声明方法为<!DOCTYPE html>。 （　　）

2．使用 HTML5 的 DOCTYPE 会触发浏览器以标准模式显示页面。 （　　）

3．HTML5 要求所有标记都应包含结束标记。 （　　）

4．类选择器的缺点是匹配的范围过大，精度不够。 （　　）

5．ID 选择器的优点是精准匹配。 （　　）

6．包含选择器的优点是可以扩大匹配范围。 （　　）

三、选择题

1．在 HTML5 中，（　　）元素可以省略全部标记。

    A．p   B．li   C．body   D．dd

2．（　　）不是超文本内容。

    A．特殊字符   B．图像   C．超链接   D．视频

3．（　　）不是伪元素选择器。

    A．:first-letter   B．:last-child   C．:placeholder   D．:selection

4．（　　）不是伪类选择器。

    A．:first-letter   B．:last-child   C．:enabled   D．:target

5．（　　）可以选择具有 attr 属性，并且属性值等于 value 的 E 元素。

    A．E[attr]   B．E[attr~="value"]

    C．E[attr="value"]   D．E[attr^="value"]

6．（　　）选择器可以为不同标签应用相同的样式。

    A．标签   B．类   C．ID   D．包含

四、简答题

1．网页内容包括纯文本内容和超文本内容，请具体说明一下。

2．如何理解 HTML5 放宽了对标记的语法约束？

五、上机题

1．新建 HTML5 文档，使用一级标题标签、段落文本标签和有序列表标签，设计一个简单的页面，如图 1.5 所示。

2．试一试在网页中输入古诗《长歌行》，古诗名使用<h1>标签，作者使用<h2>标签，诗句使用<p>标签，其中"少壮不努力，老大徒伤悲。"一句使用<strong>标签进行强调，如图 1.6 所示。

3．针对上一题示例，试一试使用一个<p>标签标记 5 行诗句，然后使用
标签强制每

句换行显示，如图 1.7 所示。

图 1.5　设计一个简单的页面　　　　图 1.6　在网页中输入古诗　　　　图 1.7　强制换行显示

4．试一试美化页面，使用 bgcolor="ivory" 属性设置页面背景色为象牙白，使用 align="center" 属性设置古诗居中显示，如图 1.8 所示。

5．试一试使用 <pre> 代替 <p> 标签，标记 5 行诗句，然后依次缩进显示每行诗句，使其呈现阶梯状排列效果，如图 1.9 所示。

图 1.8　格式化古诗　　　　　　　　图 1.9　预定义格式化古诗

拓 展 阅 读

扫描下方二维码，了解关于本章的更多知识。

第 2 章　构建文档结构

- 正确设计网页基本结构。
- 定义页眉、页脚和导航区。
- 定义主要区域和区块。
- 定义文章块、附栏。

定义清晰、一致的文档结构不仅方便后期维护和拓展，同时也大大降低了 CSS 和 JavaScript 的应用难度。为了提高搜索引擎的检索率，适应智能化处理，设计符合语义的结构显得很重要。本章主要介绍设计 HTML5 文档结构所需的 HTML 元素及其使用技巧。

2.1　头 部 结 构

在 HTML 文档的头部区域，存储着各种网页元信息，这些元信息主要为浏览器所用，一般不会显示在网页中。另外，搜索引擎也会检索这些元信息，因此重视并准确设置这些元信息非常重要。

2.1.1　定义网页标题

扫一扫，看视频

使用 <title> 标签可定义网页标题。例如：

```
<html>
<head>
<title>HTML5 标签说明</title>
</head>
<body>HTML5 标签列表</body>
</html>
```

浏览器会将网页标题放在窗口的标题栏或状态栏中显示，如图 2.1 所示。当把文档加入用户的链接列表、收藏夹或书签列表时，该网页标题将作为该文档链接的默认名称。

图 2.1　显示网页标题

title 元素必须位于 head 部分。网页标题会被谷歌、百度等搜索引擎采用，从而能够大致了解页面内容，并将网页标题作为搜索结果中的链接显示，如图 2.2 所示。它也是判断搜索结果中页面相关度的重要因素。

图 2.2　网页标题在搜索引擎中的作用

提示

title 元素是必需的，title 中不能包含任何格式、HTML、图像或指向其他页面的链接。一般网页编辑器会预先为网页标题填上默认文字，要确保用自己的标题替换它们。

确保每个页面的 title 元素是唯一的，从而提升搜索引擎结果排名，并让访问者获得更好的体验。网页标题也会出现在访问者的 History 面板、收藏夹列表及书签列表中。

2.1.2 定义网页元信息

扫一扫，看视频

使用<meta>标签可以定义网页的元信息。例如，定义针对搜索引擎的描述和关键词，一般网站都必须设置这两条元信息，以方便搜索引擎进行检索。

（1）定义网页的描述信息。

```
<meta name="description" content="标准网页设计专业技术资讯"/>
```

（2）定义页面的关键词。

```
<meta name="keywords" content="HTML,DHTML, CSS, XML, XHTML, JavaScript"/>
```

<meta>标签位于文档的头部，即<head>标签内，不包含任何内容。使用<meta>标签的属性可以定义与文档相关联的键值对。<meta>标签可用属性说明见表 2.1。

表 2.1 <meta>标签可用属性说明

属 性	说 明
content	必需的，定义与 http-equiv 或 name 属性相关联的元信息
http-equiv	把 content 属性关联到 HTTP 头部。取值包括 content-type、expires、refresh、set-cookie
name	把 content 属性关联到一个名称。取值包括 author、description、keywords、generator、revised 等
scheme	定义用于翻译 content 属性值的格式
charset	定义文档的字符编码

【示例】下面列举常用元信息的设置代码，更多元信息的设置可以参考 HTML 手册。

使用 http-equiv="content-type"，可以设置网页的编码信息。

（3）设置 UTF-8 编码。

```
<meta http-equiv="content-type" content="text/html; charset=UTF-8"/>
```

 提示

HTML5 简化了字符编码设置方式：<meta charset="utf-8">，其作用是相同的。

（4）设置简体中文 gb2312 编码。

```
<meta http-equiv="content-type" content="text/html; charset=gb2312"/>
```

 注意

每个 HTML 文档都需要设置字符编码类型，否则可能会出现乱码，其中 UTF-8 是国家通用编码，独立于任何语言，因此都可以使用。

使用 content-language 属性值可以定义页面语言。设置中文版本语言的代码如下：

```
<meta http-equiv="content-language" content="zh-CN"/>
```

使用 refresh 属性值可以设置页面刷新时间或跳转页面，如 5s 之后刷新页面。

```
<meta http-equiv="refresh" content="5"/>
```

5s 之后跳转到百度首页。

```
<meta http-equiv="refresh" content="5; url= https://www.baidu.com/"/>
```

使用 expires 属性值可以设置网页缓存时间。

```
<meta http-equiv="expires" content="Sunday 20 October 2024 10:00 GMT"/>
```

也可以使用如下方式设置页面不缓存。

```
<meta http-equiv="pragma" content="no-cache"/>
```

类似的设置还有很多。例如：

```
<meta name="author" content="https://www.baidu.com/"/>      <!--设置网页作者-->
<meta name="copyright" content="https://www.baidu.com/"/>   <!--设置网页版权-->
<meta name="date" content="2024-10-12T20:50:30+00:00"/>     <!--设置创建时间-->
<meta name="robots" content="none"/>                        <!--设置禁止搜索引擎检索-->
```

2.1.3　定义文档视口

扫一扫，看视频

在移动设备上进行网页重构或开发，首先需要理解视口（viewport）的概念，以及如何使用<meta name="viewport">标签，使网页适配或响应各种不同分辨率的移动设备。

移动端浏览器网页的宽度通常是 240～640px，而大多 PC 端网页的宽度至少为 800px，如果仍以浏览器窗口大小显示，网站内容在手机上看起来会非常窄。因此，引入了视口概念，使移动端页面显示与 PC 端浏览器宽度不再关联。视口又包括布局视口、视觉视口和理想视口 3 个概念。

<meta name="viewport">标签的设置代码如下：

```
<meta id="viewport" name="viewport" content="width=device-width; initial-
scale=1.0; maximum-scale=1; user-scalable=no;">
```

<meta name="viewport">标签各属性说明见表 2.2。

表 2.2　<meta name="viewport">标签各属性说明

属　　　性	取　　值	说　　　明
width	正整数或 device-width	定义视口的宽度，单位为 px
height	正整数或 device-height	定义视口的高度，单位为 px，一般不用
initial-scale	[0.0～10.0]	定义初始缩放值
minimum-scale	[0.0～10.0]	定义缩小最小比例，它必须小于或等于 maximum-scale 设置
maximum-scale	[0.0～10.0]	定义放大最大比例，它必须大于或等于 minimum-scale 设置
user-scalable	yes/no	定义是否允许用户手动缩放页面，默认值为 yes

（1）布局视口。布局视口使视口与移动端浏览器屏幕宽度完全独立，CSS 布局将会根据布局视口进行计算，被它约束。布局视口的宽度/高度可以通过 document.documentElement.clientWidth/Height 获取。默认的布局视口宽度为 980px，如果要显式设置布局视口，可以按如下方式设置。

```
<meta name="viewport" content="width=400">
```

（2）视觉视口。视觉视口是用户当前看到的区域，可以通过缩放操作视觉视口，同时不会影响布局视口。当用户放大时，视觉视口将会变小，CSS 像素将跨越更多的物理像素。

（3）理想视口。布局视口的默认宽度并不是一个理想的宽度，于是苹果公司和其他浏览器厂商引入了理想视口的概念，它对于设备而言是最理想的布局视口尺寸。显示在理想视口（ideal viewport）中的网站具有最理想的宽度，用户不需要再进行缩放。

下面的方法可以使布局视口与理想视口的宽度一致，这就是响应式布局的基础。

```
<meta name="viewport" content="width=device-width">
```

【示例】下面的示例在页面中输入一个标题和两段文本，如果没有设置文档视口，则在移动设备中所呈现的效果如图 2.3 所示；而设置了文档视口之后，所呈现的效果如图 2.4 所示。

```
<!doctype html>
<html><head><meta charset="utf-8">
<title>设置文档视口</title>
<meta name="viewport" content="width=device-width, initial-scale=1">
</head>
<body>
<h1>width=device-width, initial-scale=1</h1>
<p>width=device-width 将 layout viewport（布局视口）的宽度设置为 ideal viewport
（理想视口）的宽度。</p>
<p>initial-scale=1 表示将 layout viewport（布局视口）的宽度设置为 ideal viewport
（理想视口）的宽度。</p>
</body>
</html>
```

理想视口通常是指设备的屏幕分辨率。

图 2.3　默认被缩小的页面视图

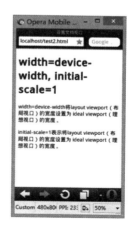

图 2.4　保持正常的页面视图

2.2　主体基本结构

HTML 文档的主体部分包括了要在浏览器中显示的所有信息。这些信息需要在特定的结构中呈现，下面介绍网页主体基本结构的设计方法。

扫一扫，看视频

2.2.1　定义文档结构

HTML5 包含 100 多个标签，大部分继承自 HTML4，新增加了 30 多个标签。这些标签基本上都被放置在主体区域内（<body>），将在后面各章节中逐一进行说明。

正确选用 HTML5 标签可以避免代码冗余。在设计网页时不仅需要使用<div>标签来构建网页通用结构，还需要使用下面几类标签完善网页结构。

（1）<h1>、<h2>、<h3>、<h4>、<h5>、<h6>：定义文档标题，1 表示一级标题，6 表示六级标题，常用标题包括一级、二级和三级。

（2）<p>：定义段落文本。

（3）<ul>、<ol>、<li>等：定义信息列表、导航列表、榜单结构等。

（4）<table>、<tr>、<td>等：定义表格结构。

（5）<form>、<input>、<textarea>等：定义表单结构。

（6）<span>：定义行内包含框。

【示例】下面的示例设计了一个简单的 HTML 页面，使用了少量 HTML 标签。它演示了一个简单的文档应该包含的内容，以及主体内容是如何在浏览器中显示的。

（1）新建文本文件，输入以下代码。

```
<html>
    <head>
        <meta charset="utf-8">
        <title>一个简单的文档包含内容</title>
    </head>
    <body>
        <h1>我的第一个网页文档</h1>
        <p>HTML 文档必须包含三个部分：</p>
        <ul>
            <li>html——网页包含框</li>
            <li>head——头部区域</li>
            <li>body——主体内容</li>
        </ul>
    </body>
</html>
```

（2）保存文本文件，命名为 test，设置扩展名为.html。

（3）使用浏览器打开这个文件，预览效果如图 2.5 所示。

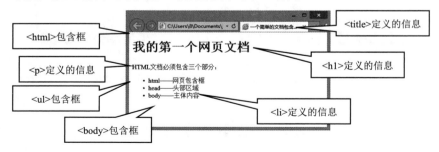

图 2.5　网页文档演示效果

为了更好地选用标签，读者可以参考 W3school 网站的页面信息。

扫一扫，看视频

2.2.2　使用 div 和 span

有时需要在一块内容外包裹一层容器，方便为其应用 CSS 样式或 JavaScript 脚本。在评估内容时，应优先考虑使用 article、section、aside、nav 等结构化语义元素，但是发现它们从语义上来分析都不合适。这时真正需要的是一个通用容器，一个没有任何语义的容器。

<div>是一个通用标签，用于设计不包含任何语义的结构块。与 header、footer、main、article、section、aside、nav、h1～h6、p 等元素一样，在默认情况下，div 元素自身没有任何默认样式，其包含的内容会占据一行显示。

在 HTML4 中，div 是使用频率最高的元素，是网页设计的主要工具。在 HTML5 中，div 的重要性有所下降，开始使用语义化的结构元素，但是 div 仍然不可缺少，它与 CSS 和 JavaScript 配合使用，主要进行结构化的样式和脚本设计。

【示例 1】下面的示例为页面内容加上 div 后，可以添加更多样式的通用容器。

```html
<div>
    <article>
        <h1>文章标题</h1>
        <p>文章内容</p>
        <footer>
            <p>注释信息</p>
            <address><a href="#">W3C</a></address>
        </footer>
    </article>
</div>
```

现在就可以使用 CSS 为该块内容添加样式。div 对使用 JavaScript 实现一些特定的交互行为或效果也是有帮助的。例如，在页面中展示一张照片或一个对话框，同时让背景页面覆盖一个半透明的层（这个层通常是一个 div）。

div 并不是唯一没有语义的元素，span 是与 div 对应的元素：div 是块级内容的通用容器，而 span 则是行内对象的无语义通用容器。span 呈现为行内显示，不会像 div 一样占一行，从而破坏行内文本流。

【示例 2】下面的代码将段落文本中的部分信息进行分隔显示，以便应用不同的类样式。

```html
<h1>新闻标题</h1>
<p>新闻内容</p>
<p>...</p>
<p>发布于<span class="date">2024 年 12 月</span>，由<span class="author">张三
</span>编辑</p>
```

在 HTML 结构化元素中，div 是除了 h1～h6 外的唯一早于 HTML5 出现的元素。在 HTML5 之前，div 是包裹大块内容的首选元素，如页眉、页脚、主要内容、文章块、区块、附栏、导航等。然后通过 id 为其定义富有语义化的名称，如 header、footer、main、article、section、aside 或 nav 等。最后再用 CSS 为其添加样式。

2.2.3　使用 id 和 class

扫一扫，看视频

id 和 class 是 HTML5 标签的基础属性，在网页中是最有效的"钩子"，用于与 CSS 和 JavaScript 进行绑定。使用 id 可以标识元素，标识的名称在页面中必须是唯一的；使用 class 可以定义类样式，与 id 不同，同一个 class 可以应用于任意数量的元素。因此，class 非常适

合标识样式相同的对象，如设计一个新闻页面，其中包含每条新闻的日期，此时不必给每条新闻的日期都分配不同的 id，而是统一为一个类名 date 即可。

【示例】下面的示例构建一个简单的列表结构，分配一个 id，用于自定义导航模块。同时，为新增的菜单项目添加一个类样式。

```
<ul id="nav">
    <li><a href="#">首页</a></li>
    <li><a href="#">新闻</a></li>
    <li class="new_hot"><a hzef="#">互动</a></li>
</ul>
```

 提示

　　id 和 class 的名称一定要保持语义性，与表现分离。例如，可以给导航元素分配 id 名为 right_nav，即希望它出现在右边。但是如果以后将它的位置改到左边，那么 CSS 和 HTML 就会发生歧义。因此，将这个元素命名为 sub_nav 或 nav_main 更适合，这种名称不涉及如何表现。对于 class 的名称也是如此。例如，如果定义所有错误消息以红色显示，不要使用类名 red，而应该选择更有语义的名称，如 error。

 注意

　　class 和 id 的名称要区分大小写，虽然 CSS 不区分大小写，但是 JavaScript 脚本是区分大小写的。最好的方式是保持一致的命名约定，如果在 HTML 中使用驼峰命名法，那么在 CSS 中最好也采用这种形式。

2.3　主体语义化结构

　　HTML5 新增了多个结构化元素，以方便用户创建更友好的页面主体框架，详细介绍如下。

2.3.1　定义页眉

扫一扫，看视频

　　header 表示页眉，用于标识标题栏，其功能是引导和导航作用的结构元素，通常用于定义整个页面的标题栏，或者一个内容块的标题区域。

　　一个页面可以设计多个 header 结构，具体含义会根据其上下文而有所不同。例如，位于页面顶端的 header 代表整个页面的页头，位于栏目区域内的 header 代表栏目的标题。

　　header 可以包含网站 Logo、主导航栏、搜索框等；也可以包含其他内容，如数据表格、表单或相关的 Logo 信息，一般整个页面的标题应该放在页面的前面。

　　【示例1】下面代码中的 header 代表整个页面的页眉，它包含一组导航的链接（在 nav 元素中）。role="banner"定义该页眉为页面级页眉，以提高访问权重。

```
<header role="banner">
    <nav>
        <ul>
            <li><a href="#">公司新闻</a></li>
            <li><a href="#">公司业务</a></li>
```

```
            <li><a href="#">关于我们</a></li>
        </ul>
    </nav>
</header>
```

【示例 2】下面的示例表示个人博客首页的头部区域，整个头部内容都放在 header 元素中。

```
<header>
    <hgroup>
        <h1>LOGO</h1>
        <a href="#">[URL]</a> <a href="#">[订阅]</a> <a href="#">[手机订阅]
</a></hgroup>
    <nav>
        <ul>
            <li>首页</li>
            <li><a href="#">目录</a></li>
            <li><a href="#">社区</a></li>
            <li><a href="#">微博我</a></li>
        </ul>
    </nav>
</header>
```

上面示例的页眉形式在网页上很常见。它包含网站名称（通常为一个标识）、指向网站主要板块的导航链接，或者也可以包含一个搜索框。

在 HTML5 中，header 内部可以包含 h1～h6 元素，也可以包含 table、form、nav 等元素，只要是应该显示在头部区域的标签，都可以包含在 header 元素中。

【示例 3】header 也适合设计一个区块的目录，代码如下：

```
<main role="main">
    <article>
        <header>
            <h1>客户反馈</h1>
            <nav>
                <ul>
                    <li><a href="#answer1">新产品什么时候上市？</a>
                    <li><a href="#answer2">客户电话是多少？</a>
                    <li> ...
                </ul>
            </nav>
        </header>
        <article id="answer1">
            <h2>新产品什么时候上市？</h2>
            <p>5 月 1 日上市</p>
        </article>
        <article id="answer2">
            <h2>客户电话是多少？</h2>
            <p>010-66668888</p>
        </article>
    </article>
</main>
```

如果使用 h1～h6 元素能满足需求，就不要使用 header 元素。header 元素与 h1～h6 元素中的标题是不能互换的，它们都有各自的语义目的。

不能在 header 元素里嵌套 footer 元素或另一个 header 元素，也不能在 footer 或 address 元素里嵌套 header 元素。当然，不一定要像示例中那样包含一个 nav 元素。不过在大多数情况下，如果 header 元素包含导航性链接，就可以使用 nav 元素，它表示页面内的主要导航组。

扫一扫，看视频

2.3.2　定义导航

nav 表示导航条，用于标识页面导航的链接组。一个页面中可以拥有多个 nav 元素，作为页面整体或不同部分的导航。具体应用场景如下：

（1）主菜单导航。一般网站都设置有不同层级的导航条，其作用是在站内快速切换，如主菜单、置顶导航条、主导航图标等。

（2）侧边栏导航。现在主流博客网站及商品网站上都有侧边栏导航，其作用是将页面从当前文章或当前商品跳转到相关文章或商品页面上去。

（3）页内导航。页内锚点链接，其作用是在本页面几个主要的组成部分之间进行跳转。

（4）翻页操作。翻页操作是指在多个页面的前后页或博客网站的前后篇文章之间进行滚动。

并不是所有的链接组都要被放进 nav 元素中，只需将主要的、基本的链接组放进 nav 元素中即可。例如，在页脚中通常会有一组链接，包括服务条款、首页、版权声明等，这时使用 footer 元素是最恰当的。

【示例 1】在 HTML5 中，只要是导航性质的链接，都可以很方便地将其放入 nav 元素中。该元素可以在一个文档中多次出现，作为页面或部分区域的导航。

```
<nav draggable="true">
    <a href="index.html">首页</a>
    <a href="book.html">图书</a>
    <a href="bbs.html">论坛</a>
</nav>
```

上述代码创建了一个可以拖动的导航区域，nav 元素中包含了 3 个用于导航的链接，即"首页""图书"和"论坛"。该导航可用于全局导航，也可放在某个段落作为区域导航。

【示例 2】下面示例设计的页面由多部分组成，每部分都带有链接，但将最主要的链接放入了 nav 元素中。

```
<h1>技术资料</h1>
<nav>
    <ul>
        <li><a href="/">主页</a></li>
        <li><a href="/blog">博客</a></li>
    </ul>
</nav>
<article>
    <header>
        <h1>HTML5+CSS3</h1>
        <nav>
            <ul>
                <li><a href="#HTML5">HTML5</a></li>
                <li><a href="#CSS3">CSS3</a></li>
            </ul>
        </nav>
```

```
    </header>
    <section id="HTML5">
        <h1>HTML5</h1>
        <p>HTML5 特性说明</p>
    </section>
    <section id="CSS3">
        <h1>CSS3</h1>
        <p>CSS3 特性说明。</p>
    </section>
    <footer>
        <p><a href="?edit">编辑</a> | <a href="?delete">删除</a> | <a href=
"?add">添加</a></p>
    </footer>
</article>
<footer>
    <p><small>版权信息</small></p>
</footer>
```

在这个示例中，第一个 nav 元素用于页面导航，将页面跳转到其他页面上去，如跳转到网站主页或博客页面；第二个 nav 元素放置在 article 元素中，表示在文章内进行导航。除此之外，nav 元素也可以用于其他所有认为是重要的、基本的导航链接组中。

在 HTML5 中，一般根据习惯使用 ul 或 ol 元素对链接进行结构化，然后在外围简单地包裹一个 nav 元素。nav 元素能够帮助不同设备和浏览器识别页面的主导航，允许用户通过键盘直接跳至这些链接。这可以提高页面的可访问性，提升访问者的体验。

2.3.3 定义主要区域

扫一扫，看视频

main 表示主要区域，用于标识网页中的主要内容。main 元素中的内容对于文档来说应当是唯一的，它不应包含网页中重复出现的内容，如侧边栏、导航栏、版权信息、站点标志或搜索表单等。

简单地说，在一个页面中，不能出现一个以上的 main 元素。main 元素不能被放在 article、aside、footer、header 或 nav 元素中。由于 main 元素不对页面内容进行分区或分块，所以不会对网页结构大纲产生影响。

【示例】下面示例设计的页面是一个完整的主体结构。main 元素包围着代表页面主题的内容。

```
<header role="banner">
    <nav role="navigation">[包含多个链接的 ul]</nav>
</header>
<main role="main">
    <article>
        <h1 id="gaudi">主要标题</h1>
        <p>[页面主要区域的其他内容]</p>
    </article>
</main>
<aside role="complementary">
    <h1>侧边标题</h1>
    <p>[附注栏的其他内容]</p>
</aside>
<footer role="info">[版权]</footer>
```

main 元素在一个页面里仅使用一次。在 main 开始标签中加上 role="main"，可以帮助屏幕阅读器定位页面的主要区域。如果创建的是 Web 应用，应该使用 main 元素包围其主要的功能。

扫一扫，看视频

2.3.4　定义文章块

article 表示文章块，用于标识页面中一块完整的、独立的、可以被转发的内容，如报纸文章、论坛帖子、用户评论、博客条目等。一些交互式小部件或小工具，或任何其他可独立的内容，原则上都可以作为 article 块，如日期选择器组件。

【**示例 1**】下面的示例演示了 article 元素的应用。

```
<header role="banner">
    <nav role="navigation">[包含多个链接的ul]</nav>
</header>
<main role="main">
    <article>
        <h1 id="news">区块链"时代号"列车驶来</h1>
        <p>对于精英们来说，这个春节有点特殊。</p>
        <p>他们身在曹营心在汉，他们被区块链搅动得燥热难耐，在兴奋、焦虑、恐慌、质疑中
度过一个漫长春节。</p>
        <h2 id="sub1">1. 三点钟无眠</h2>
        <p><img src="images/0001.jpg" width="200"/>春节期间，一个网络大V云集
的区块链群建立，有人说它"市值万亿"。这个名为"三点钟无眠区块链"的群，搅动了一池春水。</p>
        <h2 id="sub2">2. 被碾压的春节</h2>
        <p>...</p>
    </article>
</main>
```

为了精简，本示例对文章内容进行了缩写，略去了与上一节相同的 nav 代码。尽管在这个示例中只有段落和图像，但 article 元素可以包含各种类型的内容。

可以将 article 元素嵌套在另一个 article 元素中，只要里面的 article 与外面的 article 是部分与整体的关系。一个页面可以有多个 article 元素。例如，博客的主页通常包括几篇最新的文章，其中每一篇都是其自身的 article 元素。一个 article 元素可以包含一个或多个 section 元素。article 元素里包含独立的 h1～h6 元素。

【**示例 2**】下面的示例展示了嵌套在主 article 元素里面的 article 元素。其中嵌套的 article 是用户提交的评论，就像在博客或新闻网站上见到的评论部分。该示例还显示了 section 元素和 time 元素的用法。这些只是使用 article 元素及有关元素的几个常见方式。

```
<article>
    <h1 id="news">区块链"时代号"列车驶来</h1>
    <p>对于精英们来说，这个春节有点特殊。</p>
    <section>
        <h2>读者评论</h2>
        <article>
            <footer>发布时间
                <time datetime="2024-02-20">2024-02-20</time>
            </footer>
            <p>评论内容</p>
        </article>
        <article>[下一则评论]</article>
```

```
        </section>
    </article>
```

每条读者评论都包含在一个 article 元素中，这些 article 元素则嵌套在主 article 元素中。

2.3.5　定义区块

扫一扫，看视频

section 表示区块，用于标识文档中的节，多用于对内容进行分区，如章节、页眉、页脚或文档中的其他部分。

注意

section 用于定义通用的区块，但不要将它与 div 元素混淆。从语义上讲，section 元素标记的是页面中的特定区域，而 div 元素则不传达任何语义。div 元素关注结构的独立性，而 section 元素关注内容的独立性。section 元素包含的内容可以单独存储到数据库中，或输出到 Word 文档中。当一个容器需要被直接定义样式或通过脚本定义行为时，推荐使用 div 元素，而非 section 元素。

【示例 1】下面的示例把主体区域划分为 3 个独立的区块。

```
<main role="main">
    <h1>主要标题</h1>
    <section>
        <h2>区块标题 1</h2>
        <ul>[标题列表</ul>
    </section>
    <section>
        <h2>区块标题 2</h2>
        <ul>[标题列表</ul>
    </section>
    <section>
        <h2>区块标题 3</h2>
        <ul>[标题列表</ul>
    </section>
</main>
```

【示例 2】几乎任何新闻网站都会对新闻进行分类，其中的每个类别都可以标记为一个 section。

```
<h1>网页标题</h1>
<section>
    <h2>区块标题 1</h2>
    <ol>
        <li>列表项目 1</li>
        <li>列表项目 2</li>
        <li>列表项目 3</li>
    </ol>
</section>
<section>
    <h2>区块标题 2</h2>
    <ol>
        <li>列表项目 1</li>
    </ol>
</section>
```

可以将 section 元素嵌套在 article 元素中，从而显式地标出报告、故事、手册等文章的不同部分或不同章节。例如，可以在本示例中使用 section 元素包裹不同的内容。

2.3.6　定义附栏

扫一扫，看视频

aside 表示附栏，用于标识所处内容之外的内容。aside 元素中的内容应该与所处位置附近的内容相关。例如，当前页面或文章的附属信息部分可以包含与当前页面或主要内容相关的引用、侧边广告、导航条，以及其他类似的有别于主要内容的部分。

aside 元素主要有以下两种用法。

（1）作为主体内容的附属信息部分，包含在 article 元素中，aside 元素中的内容可以是与当前内容有关的参考资料、名词解释等。

（2）作为页面或站点辅助功能部分，在 article 元素之外使用。最典型的形式是侧边栏，其中的内容可以是友情链接、最新文章列表、最新评论列表、历史存档、日历等。

【示例 1】下面的示例设计了一篇文章，文章标题放在 header 元素中，在 header 元素后面将所有关于文章的部分放在了一个 article 元素中，将文章正文放在一个 p 元素中。该文章包含一个名词注释的附属部分，因此在正文下面放置了一个 aside 元素，用于存放名词解释的内容。

```
<header>
    <h1>HTML5</h1>
</header>
<article>
    <h1>HTML5 历史</h1>
    <p>HTML5 草案的前身名为 Web Applications 1.0，于 2004 年被 WHATWG 提出，于 2007 年
被 W3C 接纳，并成立了新的 HTML 工作团队。HTML5 的第一份正式草案已于 2008 年 1 月 22 日公布。
2014 年 10 月 28 日，W3C 的 HTML 工作组正式发布了 HTML5 的官方推荐标准。</p>
    <aside>
        <h1>名词解释</h1>
        <dl>
            <dt>WHATWG</dt>
            <dd>Web Hypertext Application Technology Working Group，HTML 工
作开发组的简称，目前与 W3C 组织同时研发 HTML5。</dd>
        </dl>
        <dl>
            <dt>W3C</dt>
            <dd>World Wide Web Consortium，万维网联盟，是国际著名的标准化组织。
1994 年成立后，至今已发布近百项相关万维网的标准，对万维网的发展做出了杰出的贡献。</dd>
        </dl>
    </aside>
</article>
```

这个 aside 元素放置在 article 元素内部，因此引擎将 aside 元素中的内容理解为与 article 元素中的内容相关联。

【示例 2】下面的代码使用 aside 元素为个人博客添加一个友情链接辅助板块。

```
<aside>
    <nav>
        <h2>友情链接</h2>
        <ul>
            <li> <a href="#">网站 1</a></li>
            <li> <a href="#">网站 2</a></li>
```

```
        <li> <a href="#">网站 3</a></li>
    </ul>
  </nav>
</aside>
```

　　友情链接在博客网站中比较常见，一般放在左右两侧的边栏中，因此，可以使用 aside 元素来实现。但是这个板块又具有导航作用，因此嵌套了一个 nav 元素。该侧边栏的标题是"友情链接"，放在了 h2 元素中，在标题之后使用了一个 ul 列表，用于存放具体的导航链接列表。

2.3.7　定义页脚

扫一扫，看视频

　　footer 表示脚注，用于标识文档或节的页脚，可以用在 article、aside、blockquote、body、details、fieldset、figure、nav、section 或 td 结构的页脚。页脚通常包含关于它所在区块的信息，如指向相关文档的链接、版权信息、作者及其他类似条目。页脚不一定要位于所在元素的末尾。

　　当 footer 元素作为 body 元素的页脚时，一般位于页面底部，作为整个页面的页脚，包含版权信息、使用条款链接、联系信息等。

　　【示例 1】在下面的示例中，footer 元素代表页面的页脚，因为它最近的祖先是 body 元素。

```
<header role="banner">
    <nav role="navigation">链接列表</nav>
</header>
<main role="main">
    <article>
        <h1 id="gaudi">主要标题</h1>
        <h2>次标题</h2>
    </article>
</main>
<aside role="complementary">
    <h1>次标题</h1>
</aside>
<footer>
    <p><small>版权信息</small></p>
</footer>
```

　　footer 元素本身不会为文本添加任何默认样式。这里，版权信息的字号比普通文本的字号小，这是因为它嵌套在 small 元素里。

　　【示例 2】在下面的示例中，第 1 个 footer 元素包含在 article 元素内，因此属于该 article 元素的页脚。第 2 个 footer 元素是页面级的，只能对页面级的 footer 元素使用 role="contentinfo"，且一个页面只能使用一次。

```
<article>
    <h1>文章标题</h1>
    <p>文章内容</p>
    <footer>
        <p>注释信息</p>
        <address><a href="#">W3C</a></address>
    </footer>
</article>
<footer role="contentinfo">版权信息</footer>
```

扫一扫，看视频

📢 **注意**

不能在 footer 元素里嵌套 header 元素或另一个 footer 元素。同时，也不能将 footer 元素嵌套在 header 元素或 address 元素里。

2.4 案例实战：构建 HTML5 个人网站

【案例】使用 HTML5 新结构标签构建一个个人网站，整个页面包含 3 行 2 列：第 1 行为页眉区域<header>，第 2 行为主体区域<main>，第 3 行为页脚区域<footer>。主体区域又包含 2 列：第 1 列为侧边导航区域<aside>，第 2 列为主体文章区域<article>，结构示意图如图 2.6 所示。

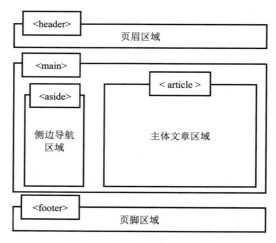

图 2.6 个人网站结构示意图

根据结构布局思路，编写网站的基本框架结构，为了方便网页居中显示，为整个页面嵌套了一层<div id="wrapper">包含框。

```
<div id="wrapper">
    <header class="SiteHeader">...</header>
    <main>
        <aside class="NavSidebar">
            <nav>
                <h2>HTML5</h2>
                <ul>...</ul>
                <h2>CSS3</h2>
                <ul>...</ul>
                <h2>JS</h2>
                <ul>...</ul>
            </nav>
            <section>
                <h2>关于我们</h2>
                <p>...</p>
            </section>
        </aside>
        <article class="Content">
            <header class="ArticleHeader">...</header>
```

```
        <p>...</p>
        <h3>进阶图谱</h3>
        <p>...</p>
        <h3>推荐手册</h3>
        <p>...</p>
      </article>
  </main>
  <footer>...</footer>
</div>
```

本 章 小 结

本章首先讲解了 HTML5 文档的头部结构,主要包括网页标题、网页元信息和文档视口;然后讲解了 HTML5 文档的主体结构,从基本结构开始介绍,重点包括 div、span 元素,以及 id、class、title、role 等通用属性;最后重点讲解了 HTML5 新增的语义化结构元素,包括 header、nav、main、article、section、aside 和 footer 元素。

课 后 练 习

一、填空题

1. 在 HTML 文档的头部区域,存储着各种_____,这些信息主要为浏览器所用,一般不会显示在网页中。
2. 使用_____标签可以定义网页标题。
3. 使用_____标签可以定义网页的元信息。
4. 使用 http-equiv 等于 content-type,可以设置网页的_____信息。
5. 使用_____标签可以设置文档视口。

二、判断题

1. 使用<meta name="description">标签可以定义页面的关键词。   (   )
2. 使用<meta charset="utf-8">标签可以定义简体中文编码。   (   )
3. 使用<h1>可以定义网页标题。   (   )
4. <div>是一个通用标签,用于设计不包含任何语义的结构块。   (   )
5. span 可以为行内对象定义类样式,是一个无语义通用标签。   (   )

三、选择题

1. (   ) 标签不可以用于表格结构。
   A. <table>   B. <tr>   C. <td>   D. <tt>
2. (   ) 标签可以定义标题栏。
   A. <h1>   B. <div>   C. <header>   D. <span>
3. (   ) 不适合使用 nav 导航。
   A. 主菜单   B. 便签   C. 翻页操作   D. 页内导航

4．main 块可以放在（　　　）标签中。

    A．<div>　　　　　　B．<article>　　　　　C．<aside>　　　　　D．<nav>

5．（　　　）不能放在 article 块中。

    A．报纸文章　　　　　B．论坛帖子　　　　　C．博客条目　　　　　D．菜单列表

四、简答题

1．简单介绍一下 section 元素的作用，以及其与 div 元素的区别。

2．footer 表示什么语义？可用在什么地方？

五、上机题

1．使用 HTML5 新结构标签设计如图 2.7 所示的页面，包括标题栏<header>、导航条<nav>、文章<article>、页脚<footer> 4 个部分；文章块又包括标题、侧边提示<aside>和主要内容区域<section>。

图 2.7　设计 HTML 页面

2．根据图 2.8 所示的文档结构示意图设计一个简单的页面，效果如图 2.9 所示。

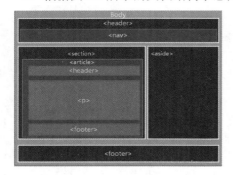
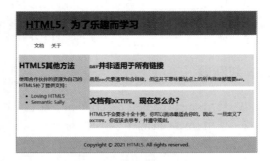

图 2.8　HTML5 文档结构示意图　　　　　　图 2.9　HTML5 页面效果

拓 展 阅 读

扫描下方二维码，了解关于本章的更多知识。

第3章　设计网页文本

【学习目标】

➷ 熟练使用常用标记文本，如标题文本、段落文本等。
➷ 在网页设计中能够根据语义需求正确地标记不同类型的文本。
➷ 熟悉字体样式，如类型、大小、颜色等。
➷ 熟悉文本样式，如文本对齐、行高、间距等。
➷ 灵活定义文本阴影样式。
➷ 正确使用自定义字体。

　　文本是网页中最主要的信息源，文本内容丰富多彩，文本版式也是形式多样，为用户提供直接、快捷的信息。HTML5 提供了很多文本标签，用于标记特殊的语义。正确使用这些标签，可以让网页文本更加语义化，方便传播和处理。本章将介绍 HTML5 常用文本标签的使用，帮助读者准确地标记不同的文本信息，同时能够使用 CSS3 设计网页文本的基本样式。

3.1　定　义　文　本

　　HTML5 强化了文本标签的语义性，弱化了其修饰性，因此不再建议使用纯样式的文本标签。

3.1.1　标题文本

扫一扫，看视频

　　在网页中，首先看到的就是标题和正文内容，它们构成了网页的主体。标题是网页信息的纲领，因此无论是浏览者还是搜索引擎，都比较重视标题所要传达的信息。HTML5 把标题分为 6 级，分别使用\<h1\>、\<h2\>、\<h3\>、\<h4\>、\<h5\>、\<h6\>标签进行标识，按语义轻重从高到低分别为 h1、h2、h3、h4、h5、h6，它们包含信息的重要性逐级递减。其中 h1 表示最重要的信息，而 h6 表示最次要的信息。

　　【示例 1】标题代表了文档的大纲。当设计网页内容时，可以根据需要为内容的每个主要部分指定一个标题和任意数量的子标题，以及三级子标题等。

```
<h1>唐诗欣赏</h1>
<h2>春晓</h2>
<h3>孟浩然</h3>
<p>春眠不觉晓，处处闻啼鸟。</p>
<p>夜来风雨声，花落知多少。</p>
```

　　在上述代码中，标记为 h2 的"春晓"是标记为 h1 的顶级标题"唐诗欣赏"的子标题，而"孟浩然"是 h3，它就成了"春晓"的子标题，也是 h1 的三级子标题。如果继续编写页面其余部分的代码，相关的内容（段落、图像、视频等）就要紧跟在对应的标题后面。

　　对任何页面来说，分级标题都是最重要的 HTML 元素。由于标题通常传达的是页面的主题，因此，对搜索引擎而言，如果标题与搜索词匹配，则这些标题就会被赋予很高的权重，尤其是等级最高的 h1。当然，不是说页面中的 h1 越多越好，搜索引擎能够聪明地判断出哪些 h1 是可用的，哪些 h1 是凑数的。

【示例 2】使用标题组织内容。在下面的示例中，所有产品分类有 3 个主要的部分，每个部分都有不同层级的子标题。标题之间的空格和缩进只是为了让层级关系更清楚一些，它们不会影响最终的显示效果。

```
<h1>所有产品分类</h1>
    <h2>进口商品</h2>
    <h2>食品饮料</h2>
        <h3>糖果/巧克力</h3>
            <h4>巧克力 果冻</h4>
            <h4>口香糖 棒棒糖 软糖 奶糖 QQ 糖</h4>
        <h3>饼干糕点</h3>
            <h4>饼干 曲奇</h4>
            <h4>糕点 蛋卷 面包 薯片/膨化</h4>
    <h2>粮油副食</h2>
        <h3>大米面粉</h3>
        <h3>食用油</h3>
```

默认情况下，浏览器会从 h1～h6 逐级减小标题的字号。所有的标题都以粗体显示，每个标题之间的间隔也是由浏览器默认的 CSS 样式定制的，它们并不代表 HTML 文档中有空行。

h1、h2 和 h3 比较常用，h4、h5 和 h6 较少使用，因为一般文档的标题层次在三级左右。标题文本一般位于栏目或文章的前面，显示在正文的顶部。

3.1.2 段落文本

扫一扫，看视频

网页正文主要通过段落文本来表现。HTML5 使用<p>标签定义段落文本。个别用户习惯使用<div>或
等标签来分段文本，这并不符合语义，妨碍了搜索引擎的检索。

【示例】下面的示例设计一首唐诗，使用<article>标签包裹，使用<h1>标签定义唐诗的名称，使用<h2>标签显示作者，使用<p>标签显示具体诗句。

```
<article>
    <h1>枫桥夜泊</h1>
    <h2>张继</h2>
    <p>月落乌啼霜满天，江枫渔火对愁眠。</p>
    <p>姑苏城外寒山寺，夜半钟声到客船。</p>
</article>
```

默认情况下，段落文本前后合计显示约一个字距的间距，用户可以根据需要使用 CSS 重置这些样式，为段落文本添加样式，如字体、字号、颜色、对齐等。

3.1.3 强调文本

扫一扫，看视频

HTML5 提供了两个强调内容的语义元素。

（1）strong：表示重要。

（2）em：表示着重，语气弱于 strong。

根据内容需要，这两个元素既可以单独使用，也可以一起使用。

【示例 1】本示例使用 strong 元素设计一段强调文本，意在引起浏览者的注意，同时使用 em 元素着重强调特定区域。

```
<h2>游客注意</h2>
<p><strong>请不要随地吐痰，特别是在<em>景区或室内</em>！</strong></p>
```

在默认状态下，strong 文本以粗体显示，em 文本以斜体显示。如果 em 元素嵌套在 strong 元素中，将同时以斜体和粗体显示。

【示例 2】strong 和 em 都可以嵌套使用，目的是使文本的重要程度递增。

```
<h2>注册反馈</h2>
<p>你好，请记住<strong>登录密码（<strong>11111111</strong>）</strong></p>
```

其中，"11111111"文本要比其他 strong 文本更重要。

可以使用 CSS 重置 strong 和 em 文本的默认显示样式。

在 HTML4 中，b 等效于 strong，i 等效于 em，它们的默认显示效果是一样的。但在 HTML5 中，不可以再使用 b 元素替代 strong 元素，也不可以使用 i 元素替代 em 元素。

在 HTML4 中，strong 元素表示的强调程度比 em 元素要高，两者语义只有轻重之分。而在 HTML5 中，em 元素表示强调，而 strong 元素表示重要，两者在语义上进行了细微的分工。

3.1.4　上标和下标文本

扫一扫，看视频

在传统印刷形式中，上标和下标是很重要的排版格式。HTML5 使用 sup 元素定义上标文本，使用 sub 元素定义下标文本。上标文本和下标文本比主体文本稍高或稍低。常见的上标文本包括商标符号、指数和脚注编号等；常见的下标文本包括化学符号等。

【示例】本示例使用 sup 元素标识脚注编号。根据从属关系，将脚注放在 article 元素的 footer 元素里，而不是页面的 footer 元素里。

```
<article>
    <h1>王维</h1>
    <p>王维参禅悟理，学庄信道，精通诗、书、画、音乐等，以诗名盛于开元、天宝年间，尤长五
言，其诗多咏山水田园，与孟浩然合称"王孟"，有"诗佛"之称<a href="#footnote-1" title="
参考注释"><sup>[1]</sup></a>。</p>
    <footer>
        <h2>参考资料</h2>
        <p id="footnote-1"><sup>[1]</sup>孙昌武·《佛教与中国文学》第二章："王
维的诗歌受佛教影响是很显著的。因此早在生前，就得到'当代诗匠，又精禅理'的赞誉。后来，更得到
'诗佛'的称号。"</p>
    </footer>
</article>
```

上述代码为文章中每个脚注编号创建了链接，指向 footer 元素内对应的脚注，从而让访问者更容易找到它们。同时，注意链接中的 title 属性也提供了一些提示。

提示

sub 元素和 sup 元素会轻微地增大行高。不过使用 CSS 可以修复这个问题，修复样式的代码如下：

```
<style type="text/css">
sub, sup {font-size: 75%; line-height: 0; position: relative; vertical-
align: baseline;}
sup {top: -0.5em;}
sub {bottom: -0.25em;}
</style>
```

用户还可以根据内容的字号对这个 CSS 代码做一些调整，使各行行高保持一致。

扫一扫，看视频

3.1.5　代码文本

使用 code 元素可以标记代码或文件名。例如：

```
<code>
p{margin:2em;}
</code>
```

如果代码需要显示"<"或">"字符，应分别使用"<"和">"表示。如果直接使用"<"或">"字符，浏览器会将这些代码当作 HTML 元素处理，而不是当作文本处理。

【示例】要显示单独的一块代码，可以用 pre 元素包裹住 code 元素以维持其格式。

```
<pre>
<code>
p{
    margin:2em;
}
</code>
</pre>
```

扫一扫，看视频

3.1.6　预定义文本

使用 pre 元素可以定义预定义文本。预定义文本能够保持文本固有的换行和空格格式。

【示例】下面的示例使用 pre 元素显示 CSS 样式代码，显示效果如图 3.1 所示。

```
<pre>
pre {
    margin: 20px auto;
    padding: 20px;
    background-color: #aea8a8;        /*根据自己需要修改背景底色颜色*/
    white-space: pre-wrap;
    word-wrap: break-word;
    letter-spacing: 0;
    font: 14px/26px 'courier new';
    position: relative;
    border-radius: 4px;
}
</pre>
```

图 3.1　定制 pre 元素预定义格式效果

预定义文本默认以等宽字体显示，可以使用 CSS 改变字体样式。如果要显示包含 HTML 标签的文本，应将包围元素名称的"<"和">"字符分别替换为"<"和">"。

pre 元素默认为块显示，即从新一行开始显示，浏览器通常会对 pre 文本关闭自动换行。因此，如果包含很长的单词，就会影响页面的布局或产生横向滚动条。使用如下 CSS 样式可以使 pre 元素包含的内容自动换行。

```
pre {white-space: pre-wrap;}
```

注意

不要使用 CSS 的 white-space:pre 代替 pre 元素的效果，这会破坏预定义文本的语义性。

3.1.7　缩写词

扫一扫，看视频

使用 abbr 元素可以标记缩写词并解释其含义，同时可以使用 title 属性提供缩写词的全称。也可以将全称放在缩写词后面的括号里或混用这两种方式。如果使用复数形式的缩写词，全称也要使用复数形式。

abbr 元素的使用场景：仅在缩写词第 1 次在视图中出现时使用。使用括号提供缩写词的全称是解释缩写词最直接的方式，能够让访问者更直观地看到这些内容。例如，使用智能手机和平板电脑等触摸屏设备的用户可能无法移到 abbr 元素上查看 title 的提示框。因此，如果要提供缩写词的全称，应该尽量将它放在括号里。

【示例】部分浏览器对于设置了 title 的 abbr 文本会显示为下划虚线样式，如果看不到，可以为 abbr 元素的包含框添加 line-height 样式。下面使用 CSS 设计下划虚线样式，以兼容所有浏览器。

```
<style>
abbr[title] {border-bottom: 1px dotted #000;}
</style>
<p><abbr title="HyperText Markup Language">HTML</abbr>是一门标识语言。</p>
```

当访问者将鼠标指针移至 abbr 元素上时，浏览器会以提示框的形式显示 title 文本，类似于 a 元素的 title。

提示

在 HTML5 之前有 acronym（首字母缩写词）元素，但设计和开发人员常常分不清楚缩写词和首字母缩写词，因此，HTML5 废除了 acronym 元素，让 abbr 元素适用于所有的场合。

3.1.8　引用文本

扫一扫，看视频

使用 cite 元素可以定义作品的标题，以指明对某内容源的引用或参考。例如，戏剧、脚本或图书的标题，歌曲、电影、照片或雕塑的名称，演唱会或音乐会，规范、报纸或法律文件等。

【示例】在下面的示例中，cite 元素标记的是音乐专辑、电影、图书和艺术作品的标题。

```
<p>他正在看<cite>红楼梦</cite></p>
```

对于要从引用来源中引述内容的情况，可以使用 blockquote 或 q 元素标记引述的文本。

cite 元素只用于参考源本身，而不是从中引述内容。

> **注意**
>
> HTML5 声明，不应使用 cite 元素作为对人名的引用，但 HTML4 允许这样做，而且很多设计和开发人员仍在这样做。HTML4 的规范有以下示例。
>
> ```
> <cite>鲁迅</cite>说过：<q>地上本没有路，走的人多了就成了路.</q>
> ```

除了这些示例，有的网站经常使用 cite 元素标记在博客和文章中发表评论的访问者的名字（WordPress 的默认主题就是这样做的）。很多开发人员表示他们将继续对与页面中的引文有关的名称使用 cite 元素，因为 HTML5 没有提供可接收的其他元素。

扫一扫，看视频

3.1.9 引述文本

HTML5 支持以下两种引述第三方内容的方法。

（1）blockquote：引述独立的内容，一般比较长，默认显示在新的一行。

（2）q：引述短语，一般比较短，用于句子中。

如果要添加署名，署名应该放在 blockquote 元素外面。可以把署名放在 p 元素内。建议使用 figure 元素和 figcaption 元素，因为其能够更好地将引述文本与其来源关联起来。如果 blockquote 元素中仅包含一个单独的段落或短语，可以不必将其包裹在 p 元素中再放入 blockquote 元素。

默认情况下，blockquote 文本缩进显示，q 文本自动加上引号，但不同浏览器的效果并不相同。q 元素引用的内容不能跨越多段，这种情况下应使用 blockquote 元素。不能仅仅因为需要在字词两端添加引号就使用 q 元素。

【示例】下面的示例结构综合展示了 cite、q 和 blockquote 元素及 cite 引文属性的用法，演示效果如图 3.2 所示。

```
<div id="article">
    <h1>智慧到底是什么呢？</h1>
    <h2>《卖拐》智慧摘录</h2>
    <blockquote cite="http://www.szbf.net/Article_Show.asp?ArticleID=1249">
        <p>有人把它说成是知识，以为知识越多，就越有智慧。我们今天无时无处不在受到信息的
包围和信息的轰炸，似乎所有的信息都是真理，仿佛离开了这些信息，就不能生存下去了。但是你掌握的信
息越多，只能说明你知识的丰富，并不等于你掌握了智慧。有的人，知识丰富，智慧不足，难有大用；有的
人，知识不多，但却无所不能，成为奇才。</p>
    </blockquote>
    <p>下面让我们看看<cite>大忽悠</cite>赵本山的这段台词，从中可以体会到语言的智慧。
</p>
    <div id="dialog">
        <p>赵本山：<q>对头，就是你的腿有病，一条腿短！</q></p>
        <p>范  伟：<q>没那个事儿！我要一条腿长，一条腿短的话，那卖裤子人就告诉我了！
</q> </p>
        <p>赵本山：<q> 卖裤子的告诉你你还买裤子么，谁像我心眼这么好哇？这样吧，我给你
调调。信不信，你的腿随着我的手往高抬，能抬多高抬多高，往下使劲落，好不好？信不信？腿指定有病，
右腿短！来，起来！</q> </p>
        <p class="action">（范伟配合做动作）</p>
        <p>赵本山：<q>停！麻没？</q> </p>
        <p>范  伟：<q>麻了 </q> </p>
```

```
            <p>高秀敏：<q>哎，他咋麻了呢？</q></p>
            <p>赵本山：<q>你踩，你也麻！</q></p>
        </div>
    </div>
```

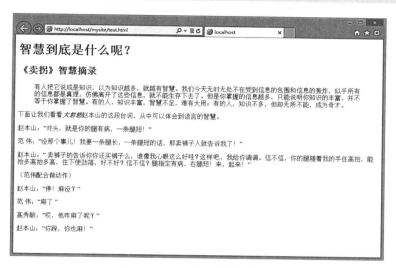

图 3.2　引用信息的语义结构效果

提示

blockquote 和 q 元素都有一个可选的 cite 属性，提供引述内容来源的 URL。该属性对搜索引擎或其他收集引述文本及其引用的脚本来说是有用的。默认 cite 属性值不会显示出来，如果要让访问者看到这个 URL，可以在内容中使用链接（a）重复这个 URL。也可以使用 JavaScript 将 cite 的值暴露出来，但是这样做的效果稍差一些。

blockquote 和 q 元素可以嵌套。嵌套的 q 元素应该自动加上正确的引号。由于内外引号在不同语言中的处理方式不一样，因此要根据需要在 q 元素中加上 lang 属性，但浏览器对嵌套 q 元素和非嵌套 q 元素的支持程度并不相同。

3.2　设 计 样 式

CSS3 定义了两大类文本属性：字体和文本。字体样式包括类型、大小、颜色、粗细、下划线、斜体、大小写等，属性名以 font 为前缀命名；文本样式主要设计正文的排版效果，如行高、水平对齐、垂直对齐、首行缩进、文本间距、文本溢出、文本换行等，属性名以 text 为前缀命名。由于这些属性用法简单，读者直接参考 CSS3 参考手册就可以快速上手，本节重点介绍 5 个常用的文本属性，以及 CSS3 新增的 2 个重要功能。

3.2.1　字体

使用 font-family 属性可以定义字体类型。用法如下：

```
font-family : name
```

其中，name 表示字体名称或字体名称列表。多个字体类型按优先顺序排列，以英文逗号隔

扫一扫，看视频

41

开。如果字体名称包含空格，则应使用引号括起。

使用 font-size 属性可以定义字体大小。用法如下：

```
font-size : xx-small | x-small | small | medium | large | x-large | xx-
large | larger | smaller | length
```

其中，xx-small（最小）、x-small（较小）、small（小）、medium（正常）、large（大）、x-large（较大）、xx-large（最大）表示绝对字体。larger（增大）和 smaller（减少）表示相对字体，根据父元素字体大小进行相对增大或者缩小。length 可以是百分数、浮点数，但不可以是负值。百分比取值基于父元素字体大小进行计算，与 em 元素相同。

使用 color 属性可以定义字体颜色。用法如下：

```
color : color
```

其中，参数 color 表示颜色值，可以为颜色名、十六进制值、RGB 等颜色函数。

【示例】本示例使用 em 元素和%设计网页字体大小，各个栏目的字体大小配置方案如下，模板演示效果如图 3.3 所示。

图 3.3　在模板页面中预览效果

- ➥ 网站标题：16px。
- ➥ 栏目标题：14px。
- ➥ 导航栏：13px。
- ➥ 正文内容：12px。
- ➥ 版权、注释信息：11px。

（1）新建 HTML5 文档，在文档中构建一个简单的网页模板结构用于练习。

```html
<div id="wrap">
    <div id="header">
        <h1>网站标题（<span style="font-size:16px;">网站标题-16px</span>）</h1>
    </div>
    <ul id="nav">
        <li>菜单（<span style="font-size:13px;">菜单-13px</span>）</li>
    </ul>
    <div id="main">
    <h2>栏目标题（<span style="font-size:14px;">栏目标题-14px</span>）</h2>
        <p>网页正文（<span style="font-size:12px;">网页正文-12px</span>）</p>
    </div>
    <div id="footer">
        <p>版权信息（<span style="font-size:11px;">版权信息-11px</span>）</p>
    </div>
</div>
```

（2）新建内部样式表，定义网页字体大小，(12px/16px)*1em＝0.75em，初始化网页字体大小为 0.75em（相当于 12px）。

```css
body {font-size:0.75em;}
```

（3）以网页字体大小为参考，分别定义各个栏目的字体大小。其中，正文内容直接继承 body 字体大小，因此无须重复定义。

```css
body {font-size:0.75em;}
#header h1 {font-size:1.333em;}
#main h2 {font-size:1.167em;}
```

```
#nav li{font-size:1.08em;}
#footer p {font-size:0.917em;}
```

3.2.2 行高

使用 line-height 属性可以定义行高。用法如下：

```
line-height : normal | length
```

其中，normal 表示默认值，约为 1.2em；length 为长度值或百分比，允许为负值。

【示例】行高设计原则：方便阅读，看着舒服，不宜过疏或过密。设计技巧：内容少，宜疏；内容多，宜密；文字小，宜疏；文字多，宜密。本示例设计较疏的正文文本，效果如图 3.4 所示。

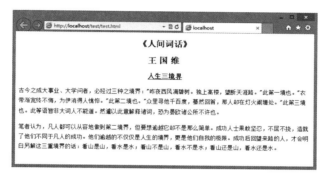

图 3.4　疏朗的行高演示效果

（1）新建 HTML5 文档，在<head>标签内添加<style type="text/css">标签，定义一个内部样式表，然后输入如下样式代码。

```
body {
    font-size: 0.875em;                                /*网页字体大小为13px*/
    font-family: "新宋体", Arial, Helvetica, sans-serif;  /*网页字体类型为新宋体*/
}
h1, h2, h3 {text-align: center;}      /*统一标题文本居中显示*/
h2 {letter-spacing: 0.3em;}           /*二级标题增大字间距，与三级标题同宽*/
h3 {text-decoration: underline;}      /*三级标题添加下划线样式，表示强调*/
p {line-height: 1.8em;}               /*正文增大行高，疏朗显示*/
```

（2）在<body>标签中输入网页正文内容。具体结构和内容请参考本小节示例源代码。

3.2.3 缩进

使用 text-indent 属性可以定义首行缩进。用法如下：

```
text-indent : length
```

其中，length 表示长度值或百分比，允许为负值。建议以 em 为单位，em 表示一个字距，这样可以让缩进效果更整齐、美观。

text-indent 取负值可以设计悬垂缩进效果。使用 margin-left 和 margin-right 可以设计左右缩进效果。

【示例】本示例设计正文内容中段落文本首行缩进 2 个字符，引文左右缩进 2.5 个字符，并附加左侧粗边线，以标识引文内容，效果如图 3.5 所示。

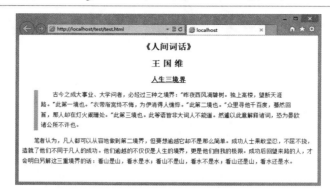

图 3.5　设计首行缩进和左右缩进效果

（1）以上一小节中的示例为基础，在样式表中添加如下样式代码，定义段落文本首行缩进 2 个字符。

```
p {text-indent:2em;}                            /*首行缩进 2 个字符*/
```

（2）继续输入如下样式代码，定义左右缩进 2.5 个字符，以及为引文添加左侧标识线。

```
p:first-of-type {                               /*匹配第 1 段文本，该段文本为引文内容*/
    margin-left:2em;                            /*左缩进 2 个字符*/
    margin-right:2.5em;                         /*右缩进 2.5 个字符*/
    padding-left:0.5em;                         /*左留白 0.5 个字符*/
    border-left:solid 10px #bbb;                /*左侧标识线*/
}
```

输入如下样式代码可以设计悬垂缩进，定义段落文本首行缩进-2 个字符，并定义左侧补白为 2 个字符，防止取负值缩进导致首行文本伸到段落的边界外。

```
p {                                             /*悬垂缩进 2 个字符*/
    text-indent:-2em;                           /*首行缩进*/
    padding-left:2em;                           /*左侧补白*/
}
```

扫一扫，看视频

3.2.4　文本阴影

使用 text-shadow 属性可以给文本添加阴影效果。用法如下：

```
text-shadow: none | <length>{2,3} && <color>?
```

取值简单说明如下。

（1）none：无阴影，为默认值。

（2）<length>①：第 1 个长度值用于设置对象的阴影水平偏移值，可以为负值。

（3）<length>②：第 2 个长度值用于设置对象的阴影垂直偏移值，可以为负值。

（4）<length>③：如果提供了第 3 个长度值，则用于设置对象的阴影模糊值，不允许为负值。

（5）<color>：设置对象的阴影颜色。

【示例 1】下面为段落文本定义一个简单的阴影效果，演示效果如图 3.6 所示。

图 3.6　定义文本阴影

```
<style type="text/css">
p {
    text-align: center;
    font: bold 60px helvetica, arial, sans-serif;
    color: #999;
    text-shadow: 0.1em 0.1em #333;
}
</style>
<p>HTML5+CSS3</p>
```

【示例 2】text-shadow 属性可以使用在:first-letter 和:first-line 伪元素上。本示例使用阴影叠加设计立体文本特效，通过左上和右下各添加一个 1px 错位的补色阴影，营造一种淡淡的立体效果。主要代码如下，演示效果如图 3.7 所示。

```
p {text-shadow: -1px -1px white, 1px 1px #333;}
```

【示例 3】本示例设计凹陷效果，设计方法就是把示例 2 中左上和右下的阴影颜色颠倒。主要代码如下，演示效果如图 3.8 所示。

```
p {text-shadow: 1px 1px white, -1px -1px #333;}
```

图 3.7　定义凸起的文字效果

图 3.8　定义凹陷的文字效果

3.2.5　自定义字体

使用@font-face 规则可以自定义字体类型。用法如下：

```
@font-face {<font-description>}
```

<font-description>是一个键值对的属性列表，属性及其取值说明如下。

（1）font-family：设置字体名称。

（2）font-style：设置字体样式。

（3）font-variant：设置是否大小写。

（4）font-weight：设置粗细。

（5）font-stretch：设置是否横向拉伸变形。

（6）font-size：设置字体大小。

（7）src：设置字体文件的路径。需要注意的是，该属性只用在@font-face 规则里。

【示例】本示例通过@font-face 规则引入外部字体文件 glyphicons-halflings-regular.eot，然后定义几个字体图标，嵌入在导航菜单项目中，效果如图 3.9 所示。

图 3.9　设计包含字体图标的导航菜单

本示例主要代码如下：

```
<style type="text/css">
@font-face {                                    /*引入外部字体文件*/
    font-family: 'Glyphicons Halflings';        /*选择默认的字体类型*/
```

```
    /*外部字体文件列表*/
    src: url('fonts/glyphicons-halflings-regular.eot');
    src: url('fonts/glyphicons-halflings-regular.eot?#iefix') format
('embedded-opentype'),
        url('fonts/glyphicons-halflings-regular.woff2') format('woff2'),
        url('fonts/glyphicons-halflings-regular.woff') format('woff'),
        url('fonts/glyphicons-halflings-regular.ttf') format('truetype'),
        url('fonts/glyphicons-halflings-regular.svg#glyphicons_
halflingsregular') format('svg');
    }
    /*应用外部字体*/
    .glyphicon {font-family: 'Glyphicons Halflings';}
    .glyphicon-home:before {content: "\e021";}
    .glyphicon-user:before {content: "\e008";}
    .glyphicon-search:before {content: "\e003";}
    .glyphicon-plus:before {content: "\e081";}
    </style>
    <ul>
        <li><span class="glyphicon glyphicon-home"></span> <a href="#">主页
</a></li>
        <li><span class="glyphicon glyphicon-user"></span> <a href="#">登录
</a></li>
        <li><span class="glyphicon glyphicon-search"></span> <a href="#">搜索
</a></li>
        <li><span class="glyphicon glyphicon-plus"></span> <a href="#">添加
</a></li>
    </ul>
```

3.3 案例实战

扫一扫，看视频

3.3.1 设计杂志风格的页面

【案例】本案例模拟设计一个类杂志风格的正文网页版式：段落文本缩进 2 个字符，标题居中显示，文章首字下沉显示，演示效果如图 3.10 所示。

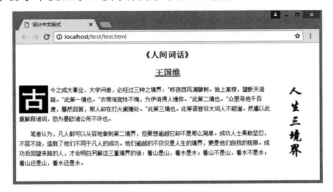

图 3.10 类杂志风格的正文网页版式

（1）新建 HTML5 文档，设计网页结构。HTML 文档结构可以参考本案例源代码。

（2）新建内部样式表，定义网页基本属性。设计网页背景色为白色，字体为黑色，字体大小为 14px，字体为宋体。

```
body {                                   /*页面基本属性*/
    background:#fff;                     /*背景色*/
    color:#000;                          /*前景色*/
    font-size:0.875em;                   /*网页字体大小*/
    font-family:"新宋体", Arial, Helvetica, sans-serif;     /*网页字体默认类型*/
}
```

（3）定义标题居中显示，适当调整标题底边距，统一为一个字距。间距设计的一般规律：字距小于行距，行距小于段距，段距小于块距。

```
h1, h2 {                                 /*标题样式*/
    text-align:center;                   /*居中对齐*/
    margin-bottom:1em;                   /*定义底边界*/
}
```

（4）为二级标题定义一个下划线，并调暗字体颜色，目的是使一级标题、二级标题有变化，避免单调。

```
h2 {                                     /*设计二级标题样式*/
    color:#999;                          /*字体颜色*/
    text-decoration:underline;           /*下划线*/
}
```

（5）设计三级标题向右浮动，并按垂直模式书写。

```
h3 {                                     /*设计三级标题样式*/
    font-family: "华文行楷";             /*行书更有个性*/
    font-size: 2.5em;                    /*放大显示*/
    float: right;                        /*靠右显示*/
    writing-mode: tb-rl;                 /*上-下，右-左*/
}
```

（6）定义段落文本的样式。定义行高为 1.8 倍字体大小，右侧增加距离以便显示三级标题，首行缩进 2 个字符。

```
p {                                      /*统一段落文本样式*/
    text-indent: 2em;
    margin-right: 3em;
    line-height:1.8em;                   /*定义行高*/
}
```

（7）定义首字下沉效果。为了使首字下沉效果更明显，这里设计首字加粗、反白显示。

```
p:first-of-type:first-letter {          /*首字下沉样式类*/
    font-size:60px;                      /*字体大小*/
    float:left;                          /*向左浮动显示*/
    margin-right:6px;                    /*增加右侧边距*/
    padding:6px;                         /*增加首字四周的补白*/
    font-weight:bold;                    /*加粗字体*/
    line-height:1em;                     /*定义字距为一个字体大小，避免行高影响段落版式*/
    background:#000;                     /*背景色*/
    color:#fff;                          /*前景色*/
}
```

在设计网页正文版式时，应该遵循中文用户的阅读习惯，段落文本应以块状呈现。如果说单个字是点，一行文本为线，那么段落文本就是面。而面以方形呈现的效率最高，网站的视觉设计大部分其实都是在拼方块。在页面版式设计中，建议坚持以下设计原则。

（1）方块感越强，越能给用户方向感。

（2）方块越少，越容易阅读。

（3）方块之间以空白的形式进行分隔，从而组合为一个更大的方块。

扫一扫，看视频

3.3.2 设计缩进版式的页面

【案例】设计一个简单的缩进式中文版式，把一级标题、二级标题、三级标题和段落文本以阶梯状缩进，从而使信息的轻重分明，更有利于用户阅读，演示效果如图 3.11 所示。

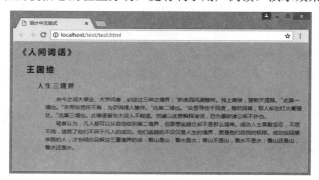

图 3.11 缩进式中文版式效果

（1）复制 3.3.1 小节中的案例源代码，删除所有的 CSS 内部样式表代码。

（2）定义页面的基本属性。这里定义页面背景色为灰绿浅色，前景色为深黑色，字体大小为 0.875em（约为 14px）。

```
body {                                        /*页面基本属性*/
    background:#99CC99;                        /*背景色*/
    color:#333333;                             /*前景色（字体颜色）*/
    margin:1em;                                /*页边距*/
    font-size:0.875em;                         /*页面字体大小*/
}
```

（3）统一标题为非加粗显示，限定上下边距为 1 个字距。默认情况下，不同级别的标题上下边界是不同的，应适当调整字距之间的疏密。

```
h1, h2, h3 {                                  /*统一标题样式*/
    font-weight:normal;                        /*正常字体粗细*/
    letter-spacing:0.2em;                      /*增加字距*/
    margin-top:1em;                            /*固定上边界*/
    margin-bottom:1em;                         /*固定下边界*/
}
```

（4）分别定义不同标题级别的缩进大小，设计阶梯状缩进效果。

```
h1 {                                          /*一级标题样式*/
    font-family:Arial, Helvetica, sans-serif;  /*标题无衬线字体*/
    margin-top:0.5em;                          /*缩小上边界*/}
h2 {padding-left:1em;}                         /*左侧缩进 1 个字符*/
h3 {padding-left:3em;}                         /*左侧缩进 3 个字符*/
```

（5）定义段落文本左缩进，同时定义首行缩进效果，清除段落默认的上下边界距离。

```
p {                                          /*段落文本样式*/
    line-height:1.6em;                       /*行高*/
    text-indent:2em;                         /*首行缩进*/
    margin:0;                                /*清除边界*/
    padding:0;                               /*清除补白*/
    padding-left:5em;                        /*左缩进*/
}
```

3.3.3 设计黑铁风格的页面

扫一扫，看视频

【案例】重点练习网页色彩搭配，以适应宅居人群的阅读习惯。页面以深黑色为底色，浅灰色为前景色，营造一种安静的、富有内涵的网页效果。通过前景色与背景色的对比，标题右对齐，适当收缩行距，使页面看起来炫目、个性，行文也趋于紧凑，效果如图3.12所示。

图3.12 黑铁风格页面效果

（1）复制3.3.2小节中的案例源代码，删除所有的CSS内部样式表源代码。
（2）调整页面基本属性。加深背景色，增强前景色。其他基本属性可以保持一致。

```
body {                                       /*页面基本属性*/
    background: #191919;                     /*深黑背景色*/
    color: #bbb;                             /*浅灰前景色*/
    font-size: 13px;                         /*网页字体大小*/
    margin: 2em;                             /*增大页边距*/
}
```

（3）定义标题下边界为一个字符大小，以小型大写样式显示，适当增加字距。

```
h1, h2, h3 {                                 /*统一标题样式*/
    margin-bottom: 1em;                      /*定义底边界*/
    text-transform: uppercase;              /*小型大写字体*/
    letter-spacing: 1.5em;                   /*增大字距*/
}
```

（4）分别定义一级、二级和三级标题的样式，实现在统一标题样式基础上的差异化显示。在设计标题时，使一级、二级标题右对齐，三级标题左对齐，形成标题错落排列的版式效果。同时为了避免左右标题轻重不一（右侧标题偏重），为此定义左侧的三级标题显示左边线，以增加左右平衡。

```
h1 {                                         /*一级标题样式*/
    font-size: 1.8em;                        /*字体大小为1.8倍默认大小*/
    color:#ddd;                              /*加亮字体色*/
    text-align:right;                        /*右对齐*/
```

49

```
}
h2 {                                              /*二级标题样式*/
    font-size: 1.4em;                             /*字体大小为1.4倍默认大小*/
    text-align:right;                             /*右对齐*/
}
h3 {                                              /*三级标题样式*/
    font-size: 1.2em;                             /*字体大小为1.2倍默认大小*/
    padding-left:6px;                             /*调整边框线与文本的空隙*/
    border-left:6px solid #fff;                   /*定义左边线*/
}
```

（5）收缩段落文本行的间距，压缩段落之间的间距，适当减弱段落文本的颜色。

```
p {                                               /*段落文本样式*/
    margin: 0.6em 0;                              /*压缩段距*/
    line-height: 150%;                            /*减少行距*/
    color:#999;                                   /*调弱字体颜色*/
}
```

本 章 小 结

本章首先讲解了网页中最主要的文本样式：标题和段落；然后讲解了多种修饰性文本样式，包括强调、上标、下标、代码、预定义格式、缩写词、引用、引述；最后介绍了字体和文本样式的设计，重点讲解了文本阴影和自定义字体。

课 后 练 习

一、填空题

1．HTML5 把标题分为 6 级，分别使用_____、_____、_____、_____、_____、_____标签进行标识，其中_____表示最重要的信息，而_____表示最次要的信息。

2．网页正文主要通过_____文本来表现。HTML5 使用_____标签定义。

3．HTML5 提供了两个强调内容的语义标签：_____和_____。

4．使用 CSS3 的_____属性可以定义字体大小。

5．使用 CSS3 的_____属性可以定义文本首行缩进。

6．使用_____属性可以给文本添加阴影效果。

二、判断题

1．HTML5 使用 sup 元素定义上标文本，使用 sub 元素定义上标和下标。上标文本和下标文本比正文稍高或稍低。   （   ）

2．使用 pre 元素可以定义代码文本。   （   ）

3．initial 表示初始值，所有的属性都可以接收该值。用于重置样式。   （   ）

4．inherit 表示原始值，所有的属性都可以接收该值。   （   ）

5．em 是相对于根元素的字体大小进行计算。   （   ）

三、选择题

1. 使用（　　）元素可以标记缩写词并解释其含义。
   A．abbr 　　　　　　B．title 　　　　　　C．acronym 　　　　　　D．dfn
2. 使用（　　）元素可以定义作品的标题，以指明对某内容源的引用或参考。
   A．tt 　　　　　　　B．cite 　　　　　　 C．del 　　　　　　　 D．kbd
3. 使用（　　）元素可以引述短语。
   A．blockquote 　　　B．cite 　　　　　　 C．q 　　　　　　　　 D．kbd
4. （　　）规则可以在当前页面导入自定义字体文件。
   A．@import 　　　　B．@charset 　　　　 C．@media 　　　　　 D．@font-face
5. 使用 text-shadow: -1px 1px #000;声明可以产生（　　）效果。
   A．左上阴影 　　　　B．左下阴影 　　　　 C．右上阴影 　　　　 D．右下阴影

四、简答题

1. 结合本章内容简单说说你对网页文本的认识，你觉得哪个文本标签有趣或更有价值？
2. 简单介绍一下定义字体颜色的方式。
3. 灵活使用 text-shadow 属性可以设计各种艺术字体，请简单介绍一下该属性的用法。

五、上机题

1. 定义 5 段文本，包含粗体文本、大字体文本、斜体文本、输出文本和下标、上标文本。
2. 有如下 CSS 样式代码，请使用预定义格式显示出来。

```
.warning {
    background-color: #ffffcc;
    border-left: 6px solid #ffeb3b;
}
```

3. 尝试使用 text-shadow 属性设计文本阴影、辉光效果、氛光效果、苹果风格、浮雕效果、模糊效果、嵌入效果、描边效果，如图 3.13 所示。
4. 使用 font-awesome 属性自定义字体设计图标菜单栏，如图 3.14 所示。

图 3.13　各种文本效果

图 3.14　自定义字体设计图标菜单栏

拓 展 阅 读

扫描下方二维码，了解关于本章的更多知识。

第 4 章 设计网页图像和背景

【学习目标】

⬎ 能够在网页中添加 HTML5 图像并设置基本属性。
⬎ 可以设计简单的图文混排页面。
⬎ 正确使用 CSS3 设置背景图像并精确控制背景图像。
⬎ 灵活使用多重背景图像设计网页版面。
⬎ 正确使用线性渐变和径向渐变。
⬎ 熟练使用渐变背景设计网页效果。

网页中的文本信息通常比较直观、明了，而图像信息更丰富、视觉冲击力更强。恰当地使用图像可以展示个性，突出重点，吸引用户。HTML5 支持响应式图像技术，满足在不同设备下都能获得最佳的用户体验。CSS3 在 CSS2 的 background 基础上新增了很多实用功能和子属性，允许为同一个对象定义多个背景图像，允许改变背景图像的大小，还可以指定背景图像的显示范围，以及背景图像的绘制起点等。另外，CSS3 允许用户使用渐变函数绘制背景，这就极大地降低了网页设计的难度，激发了用户的设计灵感。

4.1 网 页 图 像

HTML5.1 新增<picture>标签和<img>标签的 srcset 和 sizes 属性，使响应式图像的实现更为简单、便捷。

扫一扫，看视频

4.1.1 使用<img>标签

在 HTML5 中，使用<img>标签可以把图像插入网页，语法格式如下：

```
<img src="URL"  alt="替代文本"/>
```

<img>标签向网页中嵌入一张图像，从技术上分析，<img>标签并不会在网页中插入图像，而是从网页上链接图像，<img>标签创建的是被引用图像的占位空间。

🔒 **提示**

<img>标签有两个必需的属性：alt 和 src，具体说明如下。
（1）alt：设置图像的替代文本。
（2）src：定义显示图像的 URL。

【示例 1】下面的示例在页面中插入一张照片。

```
<img src="images/1.jpg" width="400"  alt="读书女生"/>
```

HTML5 为<img>标签和<source>标签新增了 srcset 属性。srcset 属性是一个包含一个或多个源图的集合，不同源图用逗号分隔，每个源图由以下两部分组成。

（1）图像 URL。

（2）x（像素比描述）或 w（图像像素宽度描述）描述符。描述符需要与图像 URL 以一个空格进行分隔，w 描述符的加载策略是通过 sizes 属性里的声明来计算选择的。

如果没有设置第二部分，则默认为 1x。在同一个 srcset 里，不能混用 x 描述符和 w 描述符，或者在同一张图像中，不能既使用 x 描述符，又使用 w 描述符。

sizes 属性的写法与 srcset 属性相同，也是用逗号分隔的一个或多个字符串，每个字符串由以下两部分组成。

（1）媒体查询。最后一个字符串不能设置媒体查询，作为匹配失败后回退选项。

（2）图像 size（大小）信息。需要注意的是，不能使用%来描述图像大小，如果想用百分比来表示，应使用类似于 vm（100vm = 100%设备宽度）这样的单位来描述，其他的单位（如 px、em 等）可以正常使用。

sizes 属性里给出的不同媒体查询选择图像大小的建议，只对 w 描述符起作用。也就是说，如果 srcset 属性里用的是 x 描述符，或根本没有定义 srcset 属性，则这个 sizes 是没有意义的。

【示例 2】设计屏幕 5 像素比（如高清 2K 屏）的设备使用 2500px×2500px 的图像，3 像素比的设备使用 1500px×1500px 的图像，2 像素比的设备使用 1000px×1000px 的图像，1 像素比（如普通笔记本显示屏）的设备使用 500px×500px 的图像。对于不支持 srcset 属性的浏览器，显示 src 的图像。

```
<img width="500" srcset="
        images/2500.png 5x,
        images/1500.png 3x,
        images/1000.png 2x,
        images/500.png 1x"
    src="images/500.png"
/>
```

【示例 3】设计如果视口小于等于 500px，使用 500w 的图像；如果视口小于等于 1000px，使用 1000w 的图像，以此类推。最后再设置在媒体查询都满足的情况下，使用 2000w 的图像。实现代码如下：

```
<img width="500" srcset="
        images/2000.png 2000w,
        images/1500.png 1500w,
        images/1000.png 1000w,
        images/500.png 500w
        "
    sizes="
        (max-width: 500px) 500px,
        (max-width: 1000px) 1000px,
        (max-width: 1500px) 1500px,
        2000px"
    src="images/500.png"
/>
```

如果没有对应的 w 描述符，一般选择第 1 个大于它的。例如，如果有一个媒体查询是 700px，则加载 1000w 对应的源图。

4.1.2 使用\<picture\>标签

使用\<picture\>标签可以设计响应式图像。\<picture\>标签仅作为容器，可以包含一个或多个\<source\>子标签。\<source\>可以加载多媒体源，它包含以下属性。

（1）srcset：必需，设置图像文件路径，如 srcset=" img/minpic.png"。或者是逗号分隔的用像素密度描述的图像路径，如 srcset="img/minpic.png,img/maxpic.png 2x"。

（2）media：设置媒体查询，如 media=" (min-width: 320px) "。

（3）sizes：设置宽度，如 sizes="100vw"，或者媒体查询宽度，如 sizes="(min-width: 320px) 100vw"。另外，也可以是逗号分隔的媒体查询宽度列表，如 sizes="(min-width: 320px) 100vw, (min-width: 640px) 50vw, calc(33vw－100px)"。

（4）type：设置 MIME 类型，如 type= "image/webp"或 type= "image/vnd.ms-photo"。

浏览器将根据\<source\>标签的列表顺序，使用第 1 个合适的\<source\>标签，并根据该标签设置的属性，加载具体的图像源，同时忽略掉后面的\<source\>标签。

建议在\<picture\>标签尾部添加\<img\>标签，用于兼容不支持\<picture\>标签的浏览器。

【示例 1】使用\<picture\>标签设计在不同视图下加载不同的图像，演示效果如图 4.1 所示。

```html
<picture>
    <source media="(min-width: 650px)" srcset="images/kitten-large.png">
    <source media="(min-width: 465px)" srcset="images/kitten-medium.png">
    <!--img 标签用于不支持 picture 元素的浏览器-->
    <img src="images/kitten-small.png" alt="a cute kitten" id="picimg">
</picture>
```

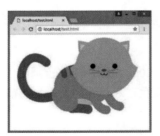
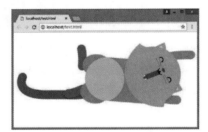

（a）小屏　　　　　　　　　（b）中屏　　　　　　　　　（c）大屏

图 4.1　根据视图大小加载图像

【示例 2】本示例利用\<source\>标签的 srcset 属性，以屏幕像素密度作为条件，设计当像素密度为 2x 时，加载后缀为_retina.png 的图像；当像素密度为 1x 时，加载无后缀 retina 的图像。

```html
<picture>
    <source media="(min-width: 320px) and (max-width: 640px)" srcset="images/
minpic_retina.png 2x">
    <source media="(min-width: 640px)" srcset="img/middle.png,img/
middle_retina.png 2x">
    <img src="img/picture.png,img/picture_retina.png 2x" alt="this is a
picture">
</picture>
```

【示例 3】本示例利用<source>标签的 type 属性，以图像的文件格式作为条件。支持 webp 格式图像时，加载 webp 格式图像；不支持时加载 png 格式图像。

```
<picture>
    <source type="image/webp" srcset="images/picture.webp">
    <img src="images/picture.png" alt="this is a picture">
</picture>
```

【示例 4】本示例利用<source>标签的 media 属性，根据屏幕的方向作为条件。当屏幕方向为横屏方向时，加载 kitten-large.png 图像；当屏幕方向为竖屏方向时，加载 kitten-medium.png 图像，演示效果如图 4.2 所示。

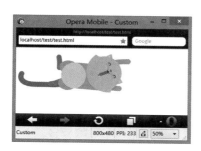

（a）横屏　　　　　　　　　　　　　　　　　（b）竖屏

图 4.2　根据屏幕方向加载图像

```
<picture>
    <source media="(orientation: portrait)" srcset="images/kitten-
medium.png">
    <source media="(orientation: landscape)" srcset="images/kitten-
large.png">
    <!--img 标签用于不支持 picture 元素的浏览器-->
    <img src="images/kitten-small.png" alt="a cute kitten" id="picimg">
</picture>
```

4.2　背　景　图　像

CSS3 增强了 CSS2 的 background 属性的功能，还新增了 3 个与背景相关的子属性：background-clip、background-origin、background-size。

4.2.1　定义背景图像

使用 CSS 的 background-image 属性可以定义背景图像，默认值为 none，表示无背景图像。

【示例】如果背景包含透明的 GIF 或 PNG 格式图像，则这些透明区域依然被保留。在下面这个示例中，先为网页定义背景图像，再为段落文本定义透明的 GIF 背景图像，显示效果如图 4.3 所示。

扫一扫，看视频

```
html, body, p{height:100%;}
```

```
body {background-image:url(images/bg.jpg);}
p {background-image:url(images/ren.png);}
```

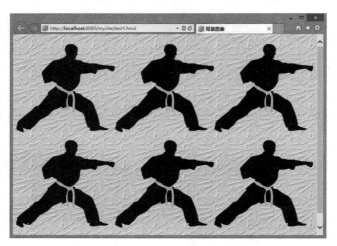

图 4.3 透明背景图像的显示效果

扫一扫，看视频

4.2.2 定义显示方式

使用 CSS 的 background-repeat 属性可以控制背景图像的显示方式。具体用法如下：

```
background-repeat: repeat-x | repeat-y | [repeat | space | round | no-
repeat]{1,2}
```

取值说明如下。

（1）repeat-x：背景图像在横向上平铺。

（2）repeat-y：背景图像在纵向上平铺。

（3）repeat：背景图像在横向和纵向上平铺。

（4）space：背景图像以相同的间距平铺且填充满整个容器或某个方向。

（5）round：背景图像自动缩放直到适应且填充满整个容器。

（6）no-repeat：背景图像不平铺。

【示例】下面的示例设计一个公司公告栏，其中宽度是固定的，但是其高度可能会根据正文内容进行动态调整。为了适应这种设计需要，不妨利用垂直平铺来进行设计。

（1）把"公司公告"栏目分隔为上、中、下 3 块，设计上和下为固定宽度，而中间块可以随时调整高度。设计的结构如下：

```
<div id="call">
    <div id="call_tit">公司公告</div>
    <div id="call_mid"></div>
    <div id="call_btm"></div>
</div>
```

（2）主要背景样式代码如下。经过调整中间块元素的高度以形成不同高度的公告牌，演示效果如图 4.4 所示。

```
#call_tit {
    background:url(images/call_top.gif);              /*头部背景图像*/
    background-repeat:no-repeat;                      /*不平铺显示*/
    height:43px;                                      /*固定高度，与背景图像高度一致*/
```

```
}
#call_mid {
    background-image:url(images/call_mid.gif);  /*背景图像*/
    background-repeat:repeat-y;                  /*垂直平铺*/
    height:160px;                                /*可自由设置的高度*/
}
#call_btm {
    background-image:url(images/call_btm.gif);  /*底部背景图像*/
    background-repeat:no-repeat;                 /*不平铺显示*/
    height:11px;                                 /*固定高度，与背景图像高度一致*/
}
```

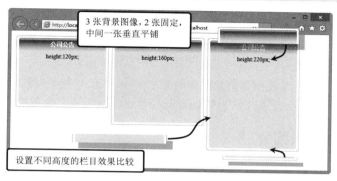

图 4.4　背景图像垂直平铺示例模拟效果

4.2.3　定义显示位置

默认情况下，背景图像显示在元素的左上角。使用 CSS 的 background-position 属性可以精确定位背景图像。background-position 属性取值包括两个，分别用于定位背景图像的 x 轴、y 轴坐标。默认值为 0% 0%，等效于 left top。

百分比是最灵活的定位方式，同时也是最难把握的定位单位。默认状态下，定位的位置为（0% 0%），定位点是背景图像的左上顶点，定位距离是该点到包含框左上角顶点的距离，即两点重合。如果定位背景图像为（100% 100%），则定位点是背景图像的右下角顶点，定位距离是该点到包含框左上角顶点的距离，这个距离等于包含框的宽度和高度。百分比也可以取负值，负值的定位点是包含框的左上角顶点，而定位距离则以图像自身的宽和高来决定。

提示

CSS 还提供了 5 个关键字：left、right、center、top 和 bottom。这些关键字实际上就是百分比特殊值的一种固定用法。详细列表说明如下：

```
/*普通用法*/
top left、left top                      = 0% 0%
right top、top right                    = 100% 0%
bottom left、left bottom                = 0% 100%
bottom right、right bottom              = 100% 100%
/*居中用法*/
center、center center                   = 50% 50%
/*特殊用法*/
top、top center、center top             = 50% 0%
left、left center、center left          = 0% 50%
```

right、right center、center right	=100% 50%
bottom、bottom center、center bottom	= 50% 100%

在默认情况下，背景图像能够跟随网页内容上下滚动。可以使用 background-attachment 属性定义背景图像在窗口内固定显示。取值包括 fixed（相对于浏览器窗体固定）、scroll（相对于元素固定，默认值）、local（相对于元素内容固定）。

background-origin 属性定义 background-position 属性的定位原点。在默认情况下，backgroundposition 属性总是根据元素左上角为坐标原点进行定位背景图像。使用 background-origin 属性可以改变这种定位方式。取值包括 border-box（从边框开始）、padding-box（从补白开始，默认值）、content-box（仅在内容区域）。

background-clip 属性定义背景图像的裁剪区域。取值包括 border-box（从边框向外，默认值）、padding-box（从补白向外）、content-box（从内容区域向外）、text（从前景内容向外，通常用于文本阴影等效果）。

background-size 属性可以控制背景图像的显示大小。取值包括长度值、百分比或关键字，如 cover（等比缩放后完全覆盖背景）和 contain（等比缩放后不完全覆盖背景）。

扫一扫，看视频

4.2.4 定义多重背景图像

CSS3 支持在同一个元素内定义多个背景图像，还可以将多个背景图像进行叠加显示，从而使设计多图背景栏目变得更加容易。

【示例】本示例使用 CSS3 多重背景设计花边框，使用 background-origin 属性定义仅在内容区域显示背景，使用 background-clip 属性定义背景从边框区域向外裁剪，如图 4.5 所示。

图 4.5 设计花边框效果

主要样式代码如下：

```
.multipleBg {
    /*定义 5 张背景图像，分别定位到 4 个顶角，其中前 4 个禁止平铺，最后一个可以平铺*/
    background: url("images/bg-tl.png") no-repeat left top,
                url("images/bg-tr.png") no-repeat right top,
                url("images/bg-bl.png") no-repeat left bottom,
                url("images/bg-br.png") no-repeat right bottom,
                url("images/bg-repeat.png") repeat left top;
    /*改变背景图像的 position 原点，4 朵花都是 border 原点，而平铺背景是 padding 原点*/
    background-origin: border-box, border-box, border-box, border-box,
padding-box;
    /*控制背景图像的显示区域，所有背景图像如果超出 border 外边缘，都将被剪切掉*/
    background-clip: border-box;
}
```

4.3　渐变背景

　　W3C 于 2010 年 11 月正式支持渐变背景样式，该草案作为图像值和图像替换内容模块的一部分进行发布。主要包括 linear-gradient()、radial-gradient()、repeating-linear-gradient()和 repeating-radial-gradient() 4 个渐变函数。

4.3.1　定义线性渐变

扫一扫，看视频

　　定义一个线性渐变,至少需要两个颜色,可以选择设置一个起点或一个方向。语法格式如下：

```
linear-gradient(angle, color-stop1, color-stop2, ...)
```

　　参数简单说明如下。

　　（1）angle：用于指定渐变的方向，可以使用角度或关键字来设置。关键字包括 4 个，说明如下。

　　1）to left：设置渐变为从右到左，相当于 270deg。

　　2）to right：设置渐变从左到右，相当于 90deg。

　　3）to top：设置渐变从下到上，相当于 0deg。

　　4）to bottom：设置渐变从上到下，相当于 180deg。该值为默认值。

　　如果创建对角线渐变，可以使用 to top left（从右下到左上）类似组合来实现。

　　（2）color-stop：用于指定渐变的色点。包括一个颜色值和一个起点位置，颜色值和起点位置以空格分隔。起点位置可以是一个具体的长度值（不可为负值），也可以是一个百分比值。如果是百分比值，则参考应用渐变对象的尺寸，最终会被转换为具体的长度值。

　　【示例 1】下面的示例为<div id="demo">对象应用了一个简单的线性渐变背景，方向从上到下，颜色由白色到浅灰显示，效果如图 4.6 所示。

```
#demo {
    width:300px; height:200px;
    background: linear-gradient(#fff, #333);
}
```

提示

在示例 1 的基础上可以继续尝试做以下练习，实现以不同的设置得到相同的设计效果。

（1）设置一个方向：从上到下，覆盖默认值。

```
linear-gradient(to bottom, #fff, #333);
```

（2）设置反向渐变：从下到上，同时调整起止颜色位置。

```
linear-gradient(to top, #333, #fff);
```

（3）使用角度值设置方向。

```
linear-gradient(180deg, #fff, #333);
```

（4）明确起止颜色的具体位置，覆盖默认值。

```
linear-gradient(to bottom, #fff 0%, #333 100%);
```

　　【示例 2】下面的示例演示了从左上角开始到右下角的线性渐变，起点是红色，慢慢过渡到蓝色，效果如图 4.7 所示。

```
#demo {
    width:300px; height:200px;
    background: linear-gradient(to bottom right, red, blue);
}
```

图 4.6　应用简单的线性渐变效果

图 4.7　应用对角线性渐变效果

扫一扫，看视频

4.3.2　定义重复线性渐变

使用 repeating-linear-gradient()函数可以定义重复线性渐变，用法与 linear-gradient()函数相同，用户可以参考 4.3.1 小节的说明。

 提示

使用重复线性渐变的关键是要定义好色点，让最后一个颜色和第 1 个颜色能够很好地连接起来，处理不当将导致颜色的急剧变化。

【示例 1】下面的示例设计重复显示的垂直线性渐变，颜色从红色到蓝色，间距为 20%，效果如图 4.8 所示。

```
#demo {
    height:200px;
    background: repeating-linear-gradient(#f00, #00f 20%, #f00 40%);
}
```

 提示

使用 linear-gradient()函数可以设计 repeating-linear-gradient()函数的效果。例如，通过重复设计每一个色点。

【示例 2】下面的示例设计重复显示的对角线性渐变，效果如图 4.9 所示。

```
#demo {
    height:200px;
    background: repeating-linear-gradient(135deg, #cd6600, #0067cd 20px,
#cd6600 40px);
}
```

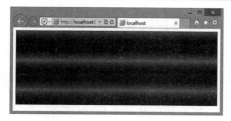

图 4.8　设计重复显示的垂直线性渐变效果

图 4.9　设计重复显示的对角线性渐变效果

【示例 3】下面的示例设计使用重复线性渐变创建对角条纹背景，效果如图 4.10 所示。

```
#demo {
    height:200px;
    background: repeating-linear-gradient(60deg, #cd6600, #cd6600 5%,
#0067cd 0, #0067cd 10%);
}
```

图 4.10　设计重复显示的对角条纹背景效果

4.3.3　定义径向渐变

扫一扫，看视频

创建一个径向渐变，也至少需要定义两个颜色，同时可以指定渐变的中心点位置、形状类型（圆形或椭圆形）和半径大小。语法格式如下：

```
radial-gradient(shape size at position, color-stop1, color-stop2, ...);
```

参数简单说明如下。

（1）shape：用于指定渐变的类型，包括 circle（圆形）和 ellipse（椭圆形）两种。

（2）size：如果类型为 circle，则指定一个值设置圆的半径；如果类型为 ellipse，则指定两个值分别设置椭圆的 x 轴和 y 轴半径。取值包括长度值、百分比、关键字。关键字说明如下。

1）closest-side：指定径向渐变的半径长度为从中心点到最近的边。

2）closest-corner：指定径向渐变的半径长度为从中心点到最近的角。

3）farthest-side：指定径向渐变的半径长度为从中心点到最远的边。

4）farthest-corner：指定径向渐变的半径长度为从中心点到最远的角。

（3）position：用于指定中心点的位置。如果提供两个参数，则第 1 个表示 x 轴坐标，第 2 个表示 y 轴坐标；如果只提供一个参数，则第 2 个参数值默认为 50%，即 center。取值可以是长度值、百分比或者关键字，关键字包括 left（左侧）、center（中心）、right（右侧）、top（顶部）、center（中心）、bottom（底部）。position 值位于 shape 和 size 值后面。

（4）color-stop：用于指定渐变的色点。包括一个颜色值和一个起点位置，颜色值和起点位置以空格分隔。起点位置可以是一个具体的长度值（不可以为负值）；也可以是一个百分比值。如果是百分比值，则参考应用渐变对象的尺寸，最终会被转换为具体的长度值。

【示例 1】默认情况下，渐变的中心是 center（对象中心点），渐变的形状是 ellipse（椭圆形），渐变的大小是 farthest-corner（表示到最远的角）。下面的示例仅为 radial-gradient()函数设置 3 个颜色值，将按默认值绘制径向渐变效果，如图 4.11 所示。

```
#demo {
    height:200px;
    background: radial-gradient(red, green, blue);
}
```

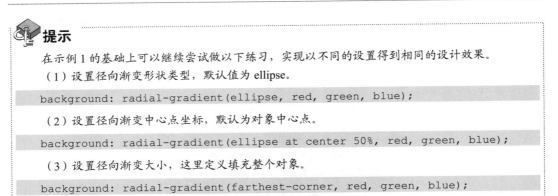

提示

在示例 1 的基础上可以继续尝试做以下练习，实现以不同的设置得到相同的设计效果。

（1）设置径向渐变形状类型，默认值为 ellipse。

```
background: radial-gradient(ellipse, red, green, blue);
```

（2）设置径向渐变中心点坐标，默认为对象中心点。

```
background: radial-gradient(ellipse at center 50%, red, green, blue);
```

（3）设置径向渐变大小，这里定义填充整个对象。

```
background: radial-gradient(farthest-corner, red, green, blue);
```

【示例 2】下面的示例设计一个红色圆球，并逐步径向渐变为绿色背景。代码如下所示，演示效果如图 4.12 所示。

```
#demo {
    height:200px;
    background: radial-gradient(circle 100px, red, green);
}
```

| 图 4.11　设计简单的径向渐变效果 | 图 4.12　设计径向圆球效果 |

【示例 3】下面的示例演示了色点不均匀分布的径向渐变，效果如图 4.13 所示。

```
#demo {
    height:200px;
    background: radial-gradient(red 5%, green 15%, blue 60%);
}
```

【示例 4】shape 参数定义了形状，取值包括 circle 和 ellipse，其中 circle 表示圆形，ellipse 表示椭圆形，默认值是 ellipse。下面的示例设计圆形径向渐变，效果如图 4.14 所示。

```
#demo {
    height:200px;
    background: radial-gradient(circle, red, yellow, green);
}
```

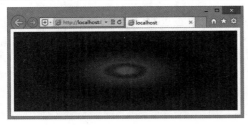
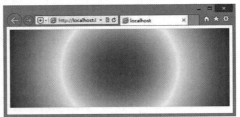

图 4.13　设计色点不均匀分布的径向渐变效果　　　　图 4.14　设计圆形径向渐变效果

扫一扫，看视频

4.3.4　定义重复径向渐变

使用 repeating-radial-gradient()函数可以定义重复径向渐变，用法与 radial-gradient()函数相同，用户可以参考 4.3.3 小节的说明。

【**示例 1**】下面的示例设计三色重复显示的径向渐变，效果如图 4.15 所示。

```
#demo {
    height:200px;
    background: repeating-radial-gradient(red, yellow 10%, green 15%);
}
```

【**示例 2**】使用径向渐变同样可以创建条纹背景，方法与线性渐变类似。下面的示例设计圆形径向渐变条纹背景，效果如图 4.16 所示。

```
#demo {
    height:200px;
    background: repeating-radial-gradient(circle at center bottom, #00a340,
            #00a340 20px, #d8ffe7 20px, #d8ffe7 40px);
}
```

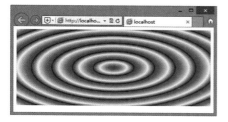

图 4.15　设计三色重复显示的径向渐变效果

图 4.16　设计圆形径向渐变条纹背景效果

4.4　案 例 实 战

4.4.1　使用图片精灵设计列表图标

扫一扫，看视频

【**案例**】CSS 图片精灵主要通过将多个图像融合到一张图像中，然后通过 CSS 的 background 背景定位技术布局网页背景。该技术的优点是：减少多图像的频繁加载，降低 HTTP 请求，提升网站性能，特别适用于小图使用较多的网站。该技术适合小图标素材，不适合大图、大背景。

（1）将栏目列表中所需的图标拼接为一张图像，命名为 ico.png，如图 4.17 所示。

（2）构建列表结构，同时为每一个 span 设置 class 值。

```
<ul class="Sprites">
    <li><span class="a1"></span><a href="#">WORD 文章标题</a></li>
    ...
</ul>
```

（3）关键 CSS 代码如下：

```
ol, ul ,li{margin:0; padding:0;list-style:none}
a{color:#000000;text-decoration:none}
```

```
a:hover{color:#BA2636;text-decoration:underline}
ul.Sprites{margin:0 auto; border:1px solid #F00; width:300px;
padding:10px;}
ul.Sprites li{height:24px; font-size:14px;line-height:24px; text-
align:left; overflow:hidden}
ul.Sprites li span{
     float:left; padding-top:5px;
     width:17px;height:17px; overflow:hidden;
     background:url(ico.png) no-repeat;
}
ul.Sprites li a{padding-left:5px}
ul.Sprites li span.a1{background-position: -62px -32px}
ul.Sprites li span.a2{background-position: -86px -32px}
ul.Sprites li span.a3{background-position: -110px -32px}
ul.Sprites li span.a4{background-position: -133px -32px}
ul.Sprites li span.a5{background-position: -158px -32px}
```

首先为 span 引入合成的背景图像，再分别为不同的 span 设置相对于图标的具体定位值。background-position 有两个数值，第 1 个代表靠左距离值，第 2 个代表靠上距离值。当为正数时，作为对象盒子背景图像时，表示靠左和靠上多少距离开始显示；当为负数时，作为对象盒子背景图像时，表示将背景图拖出盒子对象左边多远及拖出盒子对象上边多远开始显示。示例效果如图 4.18 所示。

图 4.17　设计的图片精灵　　　　　　　图 4.18　设计背景图像效果

扫一扫，看视频

4.4.2　设计个人简历

【案例】设计一个具有台历效果的个人简历，页面整体效果精致、典雅，样式主要应用了 CSS 定位技术，设计图像显示位置，定义图像边框效果。页面效果如图 4.19 所示。

图 4.19　精致典雅的界面设计风格

（1）新建 HTML5 文档，构建网页结构。

```
<div id="info">
    <h1>个人简历</h1>
    <h2><img src="images/header.jpg" alt="张三的头像" title="张三"></h2>
    <dl>
        <h3>基本信息</h3>
    </dl>
</div>
```

上面的代码显示了页面基本框架结构，完整结构请参考本小节案例源代码。个人信息使用列表结构来定义，<dt>标签表示列表项的标题，<dd>标签表示列表项的详细说明内容。整个结构既符合语义性，又层次清晰，没有冗余代码。

（2）在<head>标签内添加<style type="text/css">标签，定义一个内部样式表。网页包含框基本样式如下：

```
#info {
    background:url(images/bg1.gif) no-repeat center;   /*定义背景图，居中显示*/
    width:893px; height:384px;                 /*定义网页显示宽度和高度*/
    position:relative;                         /*为定位包含的元素指定参照坐标系*/
    margin:6px auto;                           /*调整网页的边距，并设置居中显示*/
    text-align:left;                           /*恢复文本默认的左对齐*/
}
```

（3）定义标题和图像样式。

```
#info h1 {position:absolute; right:180px; top:60px;}   /*一级标题定位到右侧显示*/
#info h2 img {                             /*定义二级标题包含图像的样式*/
    position:absolute;                     /*绝对定位*/
    right:205px;                           /*距离包含框右侧的距离*/
    top:160px;                             /*距离包含框顶部的距离*/
    width:120px;                           /*定义图像显示宽度*/
    padding:2px;                           /*为图像增加补白*/
    background:#fff;                       /*定义白色背景色，设计白色边框效果*/
    border-bottom:solid 2px #888;          /*定义底部边框，设计阴影效果*/
    border-right:solid 2px #444;           /*定义右侧边框，设计阴影效果*/
}
```

使用绝对定位方式设置标题右侧居中显示，同时使用绝对定位方式设置图像在信息包含框右侧显示，位于一级标题的下面。使用 padding:2px 给图像镶边，当定义 background:#fff 样式后，就会在边沿露出 2px 的背景色，然后使用 border-bottom:solid 2px #888;和 border-right:solid 2px #444;模拟阴影效果。

（4）定义列表样式。

```
#info dl {                                /*定义列表包含框样式*/
    margin-left:70px;                     /*调整距离包含框左侧的距离*/
    margin-top:20px;                      /*调整距离包含框顶部的距离*/
}
#info dt {                                /*定义列表结构中列表项的标题样式*/
    float:left;                           /*设计列表项标题和列表项并列显示的效果*/
    clear:left;                           /*清除左侧浮动，禁止列表项标题随意浮动*/
    margin-top:6px;                       /*调整顶部距离*/
```

```
    width:60px;                                    /*固定宽度*/
    background:url(images/dou.gif) no-repeat 36px center;/*为列表项增加冒号效果*/
}
```

使用 margin-left:70px 和 margin-top:20px 语句设置文字信息位于单线格中显示，同时定义字体大小和字体颜色；使用 float:left 定义 dt 向左浮动显示；使用 margin-top:6px 调整上下间距；使用 width:60px 定义显示宽度；使用 margin-top:6px 定义 dd 的顶部距离。最后即可得到最终效果。

本 章 小 结

本章首先讲解了如何在网页中插入图像，如何设计响应式图像；然后介绍了使用 CSS 设置背景图像，包括设置背景图像源、显示方式、显示位置、多重背景图像等；最后讲解了渐变背景的设计方法，包括线性渐变、重复线性渐变、径向渐变和重复径向渐变。通过本章的学习，读者能够设计出图文并茂的页面。

课 后 练 习

一、填空题

1. 在网页中，_____信息直观明了，而_____信息更具内涵和视觉冲击力。
2. <img>标签包含两个必需的属性：_____和_____。
3. 使用_____标签可以设计响应式图片，该标签仅作为容器，可以包含一个或多个_____子标签。
4. 使用_____属性可以定义背景图像，默认值为_____，表示无背景图。
5. 默认情况下，背景图像显示在元素的_____。使用_____属性可以精确定位背景图像。
6. CSS3 提供了_____、_____、_____和_____ 4 个渐变函数。

二、判断题

1. <img>标签的 alt 属性可以定义提示文本。　　　　　　　　　　　（　　）
2. <picture>标签可以定义响应式图像，它可以包含一个或多个<img>子标签。（　　）
3. 定位背景图像为 0% 0%，定位点是背景图像的左上顶点，即左上角对齐。（　　）
4. 定位背景图像为 100% 100%，定位背景图像的中心点位于右下顶点。（　　）
5. 默认情况下，背景图像能够跟随网页内容上下滚动。　　　　　　　（　　）
6. background-origin 属性定义 background-position 属性的定位原点。（　　）

三、选择题

1. 在<img>标签的 srcset 属性中，x 描述符表示（　　　）。
   A．像素比　　　　　B．宽度比　　　　　C．密度比　　　　　D．倍数比

2. \<source media="(orientation: portrait)" srcset="a.png"\>表示（　　）。

    A. 横屏显示　　　　　B. 竖屏显示　　　　　C. 倒立显示　　　　　D. 平方显示

3. radial-gradient()函数可以定义径向渐变，包含多个参数，但（　　）参数不恰当。

    A. 渐变的类型　　　　B. 半径　　　　　　　C. 中心点的位置　　　D. 颜色

4. 设置渐变从左到右，则采用（　　）关键字进行设置正确。

    A. to left　　　　　　B. to right　　　　　　C. to top　　　　　　D. to bottom

5. linear-gradient(to bottom, #fff 0%, #333 100%)定义（　　）样式的渐变。

    A. 从上到下，白到深灰　　　　　　　　　B. 从下到上，白到深灰

    C. 从上到下，深灰到白　　　　　　　　　D. 从下到上，深灰到白

6. 定义背景图像的位置为 0% 100%，则（　　）。

    A. 左下角对齐　　　B. 左上角对齐　　　C. 右上角对齐　　　D. 右下角对齐

四、简答题

1. 结合个人学习体会，简述使用网页图像的作用及注意问题。
2. 简单介绍一下线性渐变函数的使用方法。
3. 简单介绍一下径向渐变函数的使用方法。

五、上机题

1. 模仿图 4.20 所示的效果设计一个卡片式图文版式。

图 4.20　卡片式图文板式

2. 尝试通过 list-style-image 属性为 ul 元素定义自定义图标，该图标通过渐变特效进行绘制，从而产生一种精致的双色效果，如图 4.21 所示。

3. 利用 CSS3 多重背景图像技术设计圆角栏目效果，如图 4.22 所示。

图 4.21　渐变图标

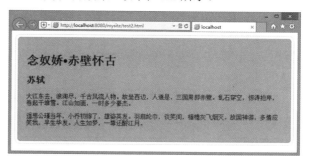

图 4.22　圆角栏目

4. 尝试使用 CSS3 线性渐变函数制作纹理图案，主要利用多重背景进行设计，然后使用线性渐变绘制每一条线，通过叠加和平铺，完成重复性纹理背景效果，如图 4.23 所示。

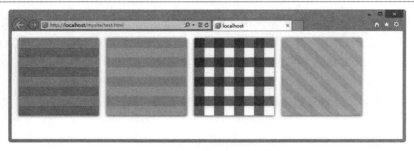

图 4.23　制作纹理图案

拓 展 阅 读

扫描下方二维码，了解关于本章的更多知识。

第 5 章　设计列表和超链接

【学习目标】

❥ 正确使用各种列表标签。
❥ 根据网页内容需求设计合理的列表结构。
❥ 正确定义各种类型的超链接。
❥ 用动态伪类定义超链接的样式。
❥ 根据页面风格设计恰当的超链接样式和列表样式。

　　网页中的大部分信息都是列表结构，如菜单栏、图文列表、分类导航、新闻列表、栏目列表等。HTML5 定义了三套列表标签，通过列表结构实现对网页信息的合理组织。另外，网页中还包含大量超链接，超链接能够把整个网站、全球互联网联系在一起。列表结构与超链接关系紧密，经常结合使用。本章将讲解如何定义列表结构和超链接对象，以及如何设计它们的样式。

5.1　定　义　列　表

5.1.1　无序列表

扫一扫，看视频

　　无序列表是一种不分排序的列表结构，使用<ul>标签定义。在<ul>标签中可以包含一个或多个<li>标签定义的列表项目。它们的结构关系与嵌套语法格式如下：

```
<ul>                              <!--标识列表框-->
    <li>[包含项目信息]</li>        <!--标识列表项-->
    ...                           <!--省略的列表项-->
</ul>                             <!--结束列表框-->
```

　　【示例 1】下面的示例使用列表结构设计一个普通菜单，在列表容器中每个列表项目包含一个超链接文本。然后使用 CSS 让每个列表项目向左浮动，实现并列显示，最后一个列表项目向右浮动，效果如图 5.1 所示。有关 CSS 样式请参考本小节示例源代码，在本章后面的内容中会详细讲解列表样式的设计方法。

```
<ul>
    <li><a class="active" href="#home">主页</a></li>
    <li><a href="#news">相册</a></li>
    <li><a href="#contact">日志</a></li>
    <li style="float:right"><a class="active" href="#about">关于</a></li>
</ul>
```

　　列表可以嵌套使用，即列表项目可以再包含一个列表结构，因此列表结构可以分为一级列表和多级列表。无序列表在嵌套结构中随着其所包含的列表级数的增加而逐渐缩进，并且随着列表级数的增加而改变不同的修饰符。合理使用列表结构能让页面的结构更加清晰。

【示例2】下面的示例设计二级菜单。在传统网页设计中，经常会看到二级菜单，很多 Web 应用也喜欢模仿桌面应用大量使用二级菜单。在扁平化网页设计中，二级菜单设计风格慢慢淡化。二级菜单是嵌套列表结构的典型应用，一般是在外层列表结构的项目中再包含一级列表结构。

```
<div class="menuDiv">
    <ul>
        <li> <a href="#">菜单一</a>
            <ul>
                <li><a href="#">二级菜单</a></li>
                ...
            </ul>
        </li>
        ...
    </ul>
</div>
```

外层列表的<li>包含一个<a>和一个<ul>，<a>用于激活二级<ul>列表结构，显示下拉菜单，如图 5.2 所示。在此基础上，可以设计多层嵌套的列表结构。子菜单的显示和隐藏通过 CSS 控制。本示例重点学习二级菜单的结构设计，有关示例的完整结构和样式代码请参考本小节示例源代码。

图 5.1　普通水平菜单显示效果

图 5.2　二级菜单显示效果

扫一扫，看视频

5.1.2　有序列表

有序列表是一种在意排序位置的列表结构，使用<ol>标签定义。在<ol>标签中可以包含一个或多个<li>标签定义的列表项目。在强调项目排序的栏目中，选用有序列表会更科学，如新闻列表（根据新闻时间排序）、排行榜（强调项目的名次）等。

【示例1】列表结构在网页中比较常见，其应用范畴比较宽泛，可以是新闻列表、销售列表，也可以是导航、菜单、图表等。下面的示例显示 3 种列表应用样式。

```
<h1>列表应用</h1>
<h2>百度互联网新闻分类列表</h2>
<ol>
    <li>网友热论网络文学：渐入主流还是刹那流星？</li>
    <li>电信封杀路由器？消费者质疑：强迫交易</li>
    <li>大学生创业俱乐部为大学生自主创业助力</li>
</ol>
<h2>焊机产品型号列表</h2>
<ul>
    <li>直流氩弧焊机系列 </li>
    <li>空气等离子切割机系列</li>
    <li>氩焊/手弧/切割三用机系列</li>
</ul>
<h2>站点导航菜单列表</h2>
```

```
<ul>
    <li>微博</li>
    <li>社区</li>
    <li>新闻</li>
</ul>
```

有序列表也可以分为一级有序列表和多级有序列表，浏览器默认解析时都是将有序列表以阿拉伯数字表示，并增加缩进。

<ol>标签包含 3 个比较实用的属性，具体说明见表 5.1。

表 5.1　<ol>标签属性

属　　性	取　　值	说　　明
reversed	reversed	定义列表顺序为降序，如 9、8、7、…
start	number	定义有序列表的起始值
type	1、A、a、I、i	定义在列表中使用的标记类型

start 和 type 是两个重要的属性，建议始终使用数字排序，这对于用户和搜索引擎都比较友好。页面呈现效果可以通过 CSS 设计预期的标记样式。

【示例 2】下面的示例设计有序列表降序显示，序列的起始值为 5，类型为大写罗马数字，效果如图 5.3 所示。

```
<ol type="I" start="5" reversed>
    <li>黄鹤楼<span>崔颢</span></li>
    <li>送元二使安西<span>王维</span></li>
    <li>凉州词（黄河远上）<span>王之涣</span></li>
    <li>登鹳雀楼<span>王之涣</span></li>
    <li>登岳阳楼<span>杜甫</span></li>
</ol>
```

<li>标签也包含两个实用属性：type 和 value，其中 value 可以设置项目编号的值。使用 value 属性可以对某个列表项目的编号进行修改，后续的列表项目会相应地重新编号。因此，可以使用 value 属性在有序列表中指定两个或两个以上位置相同的编号。例如，在分数排名的列表中，通常该列表会显示为 1、2、3、4 和 5，但如果存在两个并列第 2 名，则可以将第 3 个项目设置为<li value="2">，将第 4 个项目设置为<li value="4">，这时列表将显示为 1、2、2、4 和 5。

图 5.3　在浏览器中的预览效果

5.1.3　描述列表

描述列表是一种特殊的列表结构，它包括词条和解释两部分内容，使用<dl>标签可以定义描述列表。在<dl>标签中可以包含一个或多个<dt>（标识词条）和<dd>（标识解释）标签。

描述列表内的<dt>和<dd>标签组合形式有多种，简单说明如下。

（1）单条形式。

```
<dl>
    <dt>描述标题</dt>
```

```
    <dd>描述内容</dd>
</dl>
```

（2）一带多形式。

```
<dl>
    <dt>描述标题</dt>
    <dd>描述内容 1</dd>
    <dd>描述内容 2</dd>
    ...
</dl>
```

（3）配对形式。

```
<dl>
    <dt>描述标题 1</dt>
    <dd>描述内容 1</dd>
    <dt>描述标题 2</dt>
    <dd>描述内容 2</dd>
    ...
</dl>
```

【示例 1】 下面的示例定义了一个中药词条列表。

```
<h2>中药词条列表</h2>
<dl>
    <dt>丹皮</dt>
    <dd>为毛茛科多年生落叶小灌木植物牡丹的根皮。产于安徽、山东等地。秋季采收，晒干。生用
或炒用。</dd>
</dl>
```

在上面的代码中，"丹皮"是词条，而"为毛茛科多年生落叶小灌木植物牡丹的根皮。产于安徽、山东等地。秋季采收，晒干。生用或炒用。"是对词条进行的描述（或解释）。

【示例 2】 下面的示例使用描述列表显示两个成语的解释。

```
<h1>成语词条列表</h1>
<dl>
    <dt>知无不言，言无不尽</dt>
    <dd>知道的就说，要说就毫无保留。</dd>
    <dt>智者千虑，必有一失</dt>
    <dd>不管多聪明的人，在很多次的考虑中，也一定会出现个别错误。</dd>
</dl>
```

【示例 3】 下面的描述列表中包含了两个词条，介绍花圃中花的种类。

```
<div class="flowers">
    <h1>花圃中的花</h1>
    <dl>
        <dt>玫瑰花</dt>
        <dd>玫瑰花，一名赤蔷薇，为蔷薇科落叶灌木。茎多刺。花有紫、白两种，形似蔷薇和月
季。一般用作蜜饯、糕点等食品的配料。花瓣、根均作药用，入药多用紫玫瑰。</dd>
        <dt>杜鹃花</dt>
        <dd>中国十大名花之一。在所有观赏花木之中，称得上花、叶兼美，地栽、盆栽皆宜，用
途最为广泛。...</dd>
    </dl>
</div>
```

当列表包含的内容较为集中时，可以适当添加一个标题，演示效果如图 5.4 所示。

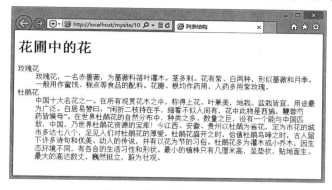

图 5.4 描述列表演示效果

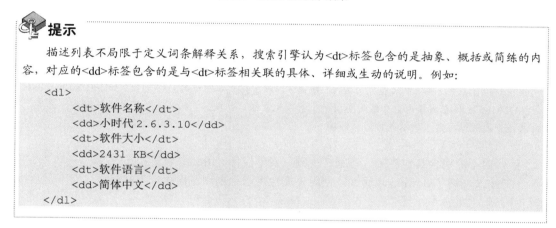

提示

描述列表不局限于定义词条解释关系，搜索引擎认为\<dt\>标签包含的是抽象、概括或简练的内容，对应的\<dd\>标签包含的是与\<dt\>标签相关联的具体、详细或生动的说明。例如：

```
<dl>
    <dt>软件名称</dt>
    <dd>小时代 2.6.3.10</dd>
    <dt>软件大小</dt>
    <dd>2431 KB</dd>
    <dt>软件语言</dt>
    <dd>简体中文</dd>
</dl>
```

5.2 定义超链接

5.2.1 普通链接

超链接一般包含两部分内容：链接目标和链接对象。链接目标通过\<a\>标签的 href 属性设置，定义当单击链接对象时会发生什么；链接对象是\<a\>标签包含的文本或图片等对象，是访问者在页面中看到的内容。

扫一扫，看视频

使用\<a\>标签可以定义超链接，语法格式如下：

```
<a href="链接目标">链接文本</a>
```

链接目标是目标网页的 URL，可以是相对路径，也可以是绝对路径。链接文本默认显示为下划线，单击后会跳转到目标页面。链接对象也可以是图像等内容。

【示例 1】下面的示例创建指向另一个网站的链接。

```
<a href="http://www.w3school.com.cn" rel="external"> W3School</a>
```

rel 属性是可选的，可以对带有 rel="external"的链接添加不同的样式，从而告知访问者这是一个指向外部网站的链接。

\<a\>标签包含多个属性，其中 HTML5 支持的属性见表 5.2。

表 5.2 HTML5 支持的<a>标签属性

属　　性	取　　值	说　　明
download	filename	规定被下载的链接目标
href	URL	规定链接指向的页面的 URL
hreflang	language_code	规定被链接文档的语言
media	media_query	规定被链接文档是为何种媒介/设备而优化的
rel	text	规定当前文档与被链接文档之间的关系
target	_blank、_parent、_self、_top、framename	规定在何处打开链接文档
type	MIME type	规定被链接文档的 MIME 类型

如果不使用 href 属性，则不可以使用 download、hreflang、media、rel、target 和 type 属性。默认状态下，链接页面会显示在当前窗口中，可以使用 target 属性改变页面显示的窗口。

提示

在 HTML4 中，<a>标签可以定义链接，也可以定义锚点。但是在 HTML5 中，<a>标签只能定义链接，如果不设置 href 属性，则只是链接的占位符，而不再是一个锚点。

在 HTML4 中，链接中只能包含图像、短语，以及标记文本短语的行内元素，如 em、strong、cite 等。HTML5 允许在链接内包含任何类型的元素或元素组，如段落、列表、整篇文章和区块，这些元素大部分为块级元素，所以也称为块链接。

链接内不能包含其他链接、音频、视频、表单控件、iframe 等交互式内容。

HTML5 新增了 download 属性，使用该属性可以强制浏览器执行下载操作，而不是直接解析并显示出来。

【示例 2】下面的示例比较了链接使用 download 属性和不使用 download 属性的区别。

```
<p><a href="images/1.jpg" download>下载图片</a></p>
<p><a href="images/1.jpg">浏览图片</a></p>
```

扫一扫，看视频

5.2.2 锚点链接

锚点链接是定向同一页面或者其他页面中的特定位置的链接。例如，在一个很长的页面底部设置一个锚点链接，当浏览到页面底部时直接单击该链接，会立即跳转到页面顶部，避免上下滚动。

创建锚点链接的步骤如下：

（1）定义锚点。任何被定义了 ID 值的元素都可以作为锚点标记。ID 锚点命名时不要含有空格，同时不要置于绝对定位元素内。

（2）定义链接。为<a>标签设置 href 属性，值为"#+锚点名称"，如"#p4"。如果要链接到其他页面，如 test.html，则输入"test.html#p4"，可以使用相对路径或绝对路径。锚点名称区分大小写。

【示例】下面的示例定义一个锚点链接，链接到同一个页面的不同位置，效果如图 5.5 所示。当单击网页顶部的文本链接后，会跳转到页面底部的图片 4 所在位置。

```
<!doctype html>
<body>
<p><a href="#p4">查看图片 4</a> </p>
```

```
<h2>图片 1</h2>
<p><img src="images/1.jpg"/></p>
<h2>图片 2</h2>
<p><img src="images/2.jpg"/></p>
<h2>图片 3</h2>
<p><img src="images/3.jpg"/></p>
<h2 id="p4">图片 4</h2>
<p><img src="images/4.jpg"/></p>
<h2>图片 5</h2>
<p><img src="images/5.jpg"/></p>
<h2>图片 6</h2>
<p><img src="images/6.jpg"/></p>
</body>
```

（a）跳转前　　　　　　　　　　　　　（b）跳转后

图 5.5　定义锚点链接

5.2.3　目标链接

扫一扫，看视频

　　链接指向的目标可以是网页、位置，也可以是一张图片、一个电子邮件地址、一个文件、FTP 服务器，甚至是一个应用程序、一段 JavaScript 脚本。

　　【示例 1】如果浏览器能够识别 href 属性指向链接的目标类型，则会直接在浏览器中显示；如果浏览器不能识别该类型，则会弹出"文件下载"对话框，允许用户下载到本地。

```
<p><a href="images/1.jpg">链接到图片</a></p>
<p><a href="demo.html">链接到网页</a></p>
<p><a href="demo.docx">链接到 Word 文档</a></p>
```

　　定义链接地址为邮箱地址，即为 e-mail 链接。通过 e-mail 链接可以为用户提供方便的反馈与交流机会。当浏览者单击 e-mail 链接时，会自动打开客户端浏览器默认的电子邮件处理程序，收件人邮件地址被 e-mail 链接中指定的地址自动更新，浏览者不用手动输入。

　　创建 e-mail 链接的方法：为<a>标签设置 href 属性，值为"mailto:+电子邮件地址+?+subject=+邮件主题"，其中 subject 表示邮件主题，为可选项目，如 mailto:name@mysite.cn?subject=意见和建议。

　　【示例 2】下面的示例使用<a>标签创建 e-mail 链接。

```
<a href="mailto:name@mysite.cn">name@mysite.cn</a>
```

75

如果将 href 属性设置为 "#"，则表示一个空链接，单击空链接，页面不会发生变化。

```
<a href="#">空链接</a>
```

如果将 href 属性设置为 JavaScript 脚本，单击脚本链接，将会执行脚本。

```
<a href="javascript:alert(&quot;谢谢关注，投票已结束。&quot;);">我要投票</a>
```

5.3　超链接样式

默认状态下，超链接文本显示为蓝色下划线效果。当鼠标指针经过超链接时显示为手形，访问过的超链接文本显示为紫色。

扫一扫，看视频

5.3.1　定义动态伪类选择器

动态伪类选择器可以定义超链接的 4 种状态样式，简单说明如下。
（1）a:link：定义超链接的默认样式。
（2）a:visited：定义超链接被访问后的样式。
（3）a:hover：定义鼠标指针经过超链接时的样式。
（4）a:active：定义超链接被激活时的样式。
【示例】在下面的示例中，定义页面所有超链接默认为红色下划线效果，当鼠标指针经过时显示为绿色下划线效果，而当单击超链接被激活时显示为黄色下划线效果，超链接被访问后显示为蓝色下划线效果。

```
a:link {color: #FF0000;/*红色*/}              /*超链接默认样式*/
a:visited {color: #0000FF; /*蓝色*/}          /*超链接被访问后的样式*/
a:hover {color: #00FF00; /*绿色*/}            /*鼠标指针经过超链接时的样式*/
a:active {color: #FFFF00; /*黄色*/}           /*超链接被激活时的样式*/
```

提示

超链接的 4 种状态样式的排列顺序是固定的，一般不能随意调换。正确顺序是 link、visited、hover 和 active。如果仅希望超链接显示两种状态样式，可以使用 a:link 伪类定义默认样式，使用 a:hover 伪类定义鼠标指针经过时的样式。

```
a:link {color: #FF0000;}
a:hover {color: #00FF00;}
```

扫一扫，看视频

5.3.2　设计下划线

超链接文本默认显示为下划线样式，可以使用 CSS3 的 text-decoration 清除。

```
a {text-decoration:none;}
```

但是从用户体验的角度考虑，在取消下划线之后，应确保浏览者能够正确识别超链接，如加粗显示、变色、缩放、高亮背景等。也可以设计当鼠标指针经过时增加下划线，因为下划线具有很好的提示作用。

```
a:hover {text-decoration:underline;}
```

下划线样式不仅可以是一条实线，还可以根据需要自定义设计。主要设计思路如下：

（1）借助<a>标签的底边框线来实现。

（2）利用背景图像来实现，背景图像可以设计出更多精巧的下划线样式。

【示例 1】 下面的示例设计当鼠标指针经过超链接文本时，显示为下划虚线、字体加粗、色彩高亮的效果，如图 5.6 所示。

```
a {                                    /*超链接的默认样式*/
    text-decoration:none;              /*清除超链接下划线*/
    color:#999;                        /*浅灰色文字效果*/
}
a:hover {                              /*鼠标指针经过时的样式*/
    border-bottom:dashed 1px red;      /*鼠标指针经过时显示下划虚线效果*/
    color:#000;                        /*加重颜色显示*/
    font-weight:bold;                  /*加粗字体显示*/
    zoom:1;                            /*解决 IE 浏览器无法显示的问题*/
}
```

【示例 2】 使用 CSS3 的 border-bottom 属性也可以定义超链接文本的下划线样式。下面的示例定义超链接始终显示为下划线效果，并通过颜色变化提示鼠标指针经过时的状态，效果如图 5.7 所示。

```
a {                                    /*超链接的默认样式*/
    text-decoration:none;              /*清除超链接下划线*/
    border-bottom:dashed 1px red;      /*红色下划虚线效果*/
    color:#666;                        /*灰色字体效果*/
    zoom:1;                            /*解决 IE 浏览器无法显示的问题*/
}
a:hover {                              /*鼠标指针经过时的样式*/
    color:#000;                        /*加重颜色显示*/
    border-bottom:dashed 1px #000;     /*改变下划虚线的颜色*/
}
```

【示例 3】 使用 CSS3 的 background 属性可以定义个性化下划线样式，效果如图 5.8 所示。

```
a {                                    /*超链接的默认样式*/
    text-decoration:none;              /*清除超链接下划线*/
    color:#666;                        /*灰色字体效果*/
}
a:hover {                              /*鼠标指针经过时的样式*/
    color:#000;                        /*加重颜色显示*/
    /*定义背景图像，定位到超链接元素的底部，并沿 x 轴水平平铺*/
    background:url(images/dashed1.gif) left bottom repeat-x;
}
```

图 5.6 定义下划线样式（1）

图 5.7 定义下划线样式（2）

图 5.8 定义个性化下划线样式

5.3.3 设置光标样式

默认状态下，鼠标指针经过超链接时显示为手形，使用 CSS 的 cursor 属性可以改变这种默认效果。cursor 属性定义鼠标指针经过对象时的样式，取值可以参考 CSS 参考手册。在网页设计中，cursor 属性的常用值包括 default（默认）、auto（自动）、pointer（指针光标）。

【示例】下面的示例在样式表中定义多个鼠标指针样式，然后为表格单元格应用不同的样式，完整代码可以参考本小节示例源代码，演示效果如图 5.9 所示。

```
.auto {cursor: auto;}
.default {cursor: default;}
.none {cursor: none;}
.context-menu {cursor: context-menu;}
.help {cursor: help;}
.pointer {cursor: pointer;}
.progress {cursor: progress;}
.wait {cursor: wait;}
...
```

cursor光标类型						
auto	default	none	context-menu	help	pointer	progress
wait	cell	crosshair	text	vertical-text	alias	copy
move	no-drop	not-allowed	e-resize	n-resize	ne-resize	nw-resize
s-resize	se-resize	sw-resize	w-resize	ew-resize	ns-resize	nesw-resize
nwse-resize	col-resize	row-resize	all-scroll	url	zoom-in	zoom-out

图 5.9　比较不同鼠标指标样式效果

5.4　列 表 样 式

列表项目默认会缩进显示，并在左侧显示项目符号。在网页设计中，一般可以根据需要重新定义超链接和列表的样式，确保导航菜单与页面风格保持一致。CSS3 为列表定义了 4 个专用属性：list-style（设置列表项目，复合属性）、list-style-image（项目符号的图像）、list-style-position（项目符号的位置）、list-style-type（项目符号的类型），以方便对列表进行控制，接下来具体进行讲解。

5.4.1 定义项目符号类型

使用 CSS3 的 list-style-type 属性可以定义列表项目符号的类型，也可以取消项目符号，该属性取值可参考 CSS 参考手册。

使用 CSS3 的 list-style-position 属性可以定义项目符号的显示位置。该属性取值包括 outside 和 inside，其中 outside 表示把项目符号显示在列表项的文本行以外。项目符号默认显示为 outside，inside 表示把项目符号显示在列表项文本行以内。

注意

如果要清除列表项目的缩进显示样式，可以使用下面的样式实现。

```
ul, ol {padding: 0; margin: 0;}
```

【示例】下面的示例定义项目符号显示为空心圆，并位于列表行内部显示，效果如图 5.10 所示。

```
body {margin: 0; padding: 0;}          /*清除页边距*/
ul {                                   /*列表基本样式*/
    list-style-type: circle;           /*空心圆符号*/
    list-style-position: inside;       /*显示在内部*/
}
```

提示

项目符号显示在内部和外部会影响项目符号与列表文本之间的距离，同时影响列表项的缩进效果。不同浏览器在解析时会存在差异。

5.4.2　定义项目符号图像

扫一扫，看视频

使用 CSS3 的 list-style-image 属性可以自定义项目符号。该属性允许指定一个图标文件，以此满足个性化设计需求。用法如下所示，默认值为 none。

```
list-style-image: none | <url>
```

【示例】以 5.4.1 小节中的示例为基础，重新设计内部样式表，增加自定义项目符号，设计项目符号为外部图标 bullet_main_02.gif，效果如图 5.11 所示。

```
ul {                                                    /*列表基本样式*/
    list-style-type: circle;                            /*空心圆符号*/
    list-style-position: inside;                        /*显示在内部*/
    list-style-image: url(images/bullet_main_02.gif);   /*自定义列表项目符号*/
}
```

图 5.10　定义列表项目符号

图 5.11　自定义列表项目符号

提示

当同时定义项目符号类型和自定义项目符号时，自定义项目符号将覆盖默认的符号类型。但是，如果 list-style-type 属性值为 none 或指定的外部图标文件不存在时，则 list-style-type 属性值有效。

5.4.3　设计项目符号

扫一扫，看视频

使用 CSS3 的 background 属性也可以模拟列表项目的符号，实现方法如下：先使用 list-style-type:none 属性隐藏列表的默认项目符号；然后使用 background 属性为列表项目定义背景图像，精确定位其显示位置；最后使用 padding-left 属性为列表项目定义左侧空白，避免背景图像被文本遮盖。

【示例】在下面的示例中，先清除列表的默认项目符号，然后为列表项目定义背景图像，并定位到左侧垂直居中的位置。为了避免列表文本覆盖背景图像，定义左侧补白为一个字符宽度，这样就可以把列表信息向右缩进显示，显示效果如图 5.12 所示。

图 5.12　使用背景图像模拟项目符号

```css
ul {                                                    /*清除列默认样式*/
    list-style-type: none;
    padding: 0;
    margin: 0;
}
li {                                                    /*定义列表项目的样式*/
    background-image: url(images/bullet_sarrow.gif);    /*定义背景图像*/
    background-position: left center;                   /*精确定位背景图像的位置*/
    background-repeat: no-repeat;                       /*禁止背景图像平铺显示*/
    padding-left: 1em;                                  /*为背景图像挤出空白区域*/
}
```

5.5　案例实战

扫一扫，看视频

5.5.1　设计下拉菜单

【案例】下拉菜单是一种简化的菜单组件，应用比较广泛，可以使用任何 HTML 标签打开下拉菜单，如<span>、<a>、<button>等。使用容器标签（如<div>）可以创建下拉菜单的内容，并放在页面内任何位置。然后使用 CSS 设置下拉内容的样式。本示例设计的下拉菜单结构如下：

```html
<div class="dropdown">
    <button class="dropbtn">下拉菜单</button>
    <div class="dropdown-content">
        <a href="#">菜单项目 1</a>
        <a href="#">菜单项目 2</a>
        <a href="#">菜单项目 3</a>
    </div>
</div>
```

dropdown 类使用 position:relative 定义定位框，通过绝对定位设置下拉菜单的内容放置在下拉按钮的右下角位置。dropdown-content 类默认隐藏下拉菜单，在鼠标指针移动到下拉菜单容器<div class="dropdown">包裹的下拉按钮上时，使用:hover 选择器显示容器包含的子容器（下拉菜单），效果如图 5.13 所示。

图 5.13　下拉菜单效果

```css
.dropdown {                     /*容器<div>——需要定位下拉菜单的内容*/
    position: relative;         /*定义定位包含框*/
```

```
    display: inline-block;
}
.dropdown-content {                              /*下拉内容（默认隐藏）*/
    display: none;                               /*隐藏显示*/
    position: absolute;                          /*绝对定位*/
}
.dropdown-content a {                            /*下拉菜单的链接样式*/
    color: black; padding: 12px 16px; text-decoration: none;
    display: block;
}
.dropdown-content a:hover {background-color: #f1f1f1}  /*鼠标指针经过时修改下拉
                                                          链接颜色*/
.dropdown:hover .dropdown-content {display: block;}    /*在鼠标指针经过后显示
                                                          下拉菜单*/
.dropdown:hover .dropbtn {background-color: #3e8e41;}  /*显示下拉内容后修改
                                                          按钮样式*/
```

5.5.2　设计选项卡

【案例】选项卡组件包含导航按钮容器和 Tab 面板容器，单击不同的导航按钮，将显示对应的 Tab 容器内容，同时隐藏其他 Tab 容器内容。因此，标准的选项卡结构如下：

```
<div class="tab">
    <button class="tablinks" onclick="openCity(event, 'London')"
id="defaultOpen">伦敦</button>
    <button class="tablinks" onclick="openCity(event, 'Paris')">巴黎</button>
    <button class="tablinks" onclick="openCity(event, 'Tokyo')">东京</button>
</div>
<div id="London" class="tabcontent">
    <h3>伦敦市</h3>
    <p>伦敦市介绍......</p>
</div>
<div id="Paris" class="tabcontent">
    <h3>巴黎市</h3>
    <p>巴黎市介绍.......</p>
</div>
<div id="Tokyo" class="tabcontent">
    <h3>东京市</h3>
    <p>东京市介绍......</p>
</div>
```

上面的示例代码定义了三个选项卡，对应设计了三个内容容器。默认状态下，使用 CSS 显示第 1 个选项卡和第 1 个内容容器。当单击其他选项卡时，使用 JavaScript 动态显示当前选项卡和对应的内容容器，同时隐藏其他内容容器。效果如图 5.14 所示。

图 5.14　选项卡效果

5.5.3　设计便签

【案例】便签组件是一种吸附式侧边超链接集，当鼠标指针经过时会自动滑出超链接按钮，移开之后又会自动缩回并吸附在边框上，主要结构如下，效果如图 5.15 所示。

```
<div id="mySidenav" class="sidenav">
    <a href="#" id="about">关于</a>
    <a href="#" id="blog">博客</a>
    <a href="#" id="projects">产品</a>
    <a href="#" id="contact">联系</a>
</div>
```

图 5.15　便签效果

便签组件的结构比较简单，通过一个<div id="mySidenav" class="sidenav">容器包裹一组超链接信息。主要通过 CSS 定位技术，让便签超链接都吸附在窗口边框上。设计当鼠标指针经过时，修改 left 定位值，实现滑出效果。

```
#mySidenav a {                           /*默认样式*/
    position: absolute;                  /*绝对定位*/
    left: -110px;                        /*隐藏到左侧窗口外*/
    transition: 0.3s;                    /*添加动画效果*/
    padding: 15px 12px;                  /*设置左右空白*/
    width: 100px;                        /*固定宽度*/
}
#mySidenav a:hover {                     /*鼠标指针经过时的样式*/
    left: -20px;                         /*显示便签*/
    text-align: right;                   /*文本右对齐，显示文本*/
    padding: 15px 24px 15px 0;           /*调整左右空白*/
}
```

5.5.4　设计侧边栏

扫一扫，看视频

　　【案例】侧边栏组件在移动 Web 网页中经常会看到，它能够在有限的屏幕空间中收纳更多的内容，使用手指一划，就能够从一侧划出一个面板，不需要时可以关闭，实用而又不占用空间。本案例针对桌面应用设计一个侧边栏，需要鼠标操作，单击主界面按钮才能滑出面板，主要结构如下：

```
<div id="mySidenav" class="sidenav">
    <a href="javascript:void(0)" class="closebtn" onclick="closeNav()">
&times;</a>
    <a href="#">关于</a>
    <a href="#">服务</a>
    <a href="#">产品</a>
    <a href="#">联系</a>
</div>
```

```
<div id="main">
    <h2>左侧边栏</h2>
    <p>单击以下图标按钮, 打开侧边栏, 主体内容向右偏移。</p>
    <span style="font-size:30px;cursor:pointer" onclick="openNav()">&#9776;
打开</span>
</div>
```

默认状态下,侧边栏面板<div id="mySidenav" class="sidenav">被隐藏,单击主界面的"≡ 打开"按钮可以打开面板,而单击面板中的"×"按钮,可以收起面板,效果如图 5.16 所示。

图 5.16 侧边栏面板

侧边栏可以位于页面的左侧、右侧、顶部或底部,具体形式可以根据应用需要而定。

本 章 小 结

本章详细讲解了列表结构的设计,包括无序列表、有序列表和描述列表;另外,还讲解了超链接的类型及其定义方法。接着介绍了超链接的基本样式形式,以及列表专用属性的使用。在网页设计中,列表和超链接一般会配合使用,通过列表项目包含超链接设计完整的导航组件。导航组件的结构和样式多种多样,但其核心结构基本相同,设计的重点是确保超链接和列表样式与页面整体设计风格保持一致。

课 后 练 习

一、填空题

1. 使用＿＿＿＿标签可以定义描述列表,其中可以包含一个或多个＿＿＿＿和＿＿＿＿标签。

2. 超链接一般包括＿＿＿＿和＿＿＿＿两部分内容。链接目标通过＿＿＿＿属性设置。

3. 默认状态下,超链接文本显示为＿＿＿＿＿＿效果。

4. 默认状态下,当鼠标指针经过超链接时显示为＿＿＿＿＿＿,访问过的超链接文本显示为＿＿＿＿。

5. 列表项目默认会＿＿＿＿显示,并在左侧显示＿＿＿＿。

6. CSS3 为列表定义了＿＿＿＿、＿＿＿＿、＿＿＿＿和＿＿＿＿4 个专用属性。

二、判断题

1. 链接目标是目标网页的 URL，必须提供完整的路径。　　　　　　（　　）
2. 链接对象是<a>标签包含的文本，是访问者在页面中看到的链接文本。　（　　）
3. 链接内不能包含其他链接、音频、视频、表单控件、iframe 等内容。　（　　）
4. 描述列表内的<dt>和<dd>标签必须配对使用。　　　　　　　　　（　　）
5. 结构伪类选择器可以定义超链接的 4 种状态样式。　　　　　　　　（　　）
6. 超链接的 4 种状态样式的排列顺序是固定的，一般不要随意调换。　（　　）

三、选择题

1. 将<a>标签的 href 属性值设置为（　　）可以定义锚点链接。
   A．#name　　　　　　B．@name　　　　　C．?name　　　　　D．%name
2. （　　）不可以使用列表结构。
   A．菜单　　　　　　　B．新闻头条　　　　　C．文章正文　　　　D．分类信息
3. 设计一个站点导航菜单，应该使用（　　）标签组合。
   A．<ul>和<li>　　　　B．<ol>和<li>　　　C．<dl>和<dt>　　　D．<dl>和<dd>
4. （　　）属性不可以定义超链接的下划线样式。
   A．margin-bottom　　　　　　　　　B．text-decoration
   C．border-bottom　　　　　　　　　D．background
5. 使用 cursor: pointer 声明可以为鼠标指针定义（　　）样式。
   A．十字形　　　　　　B．手形　　　　　　C．箭头　　　　　　D．等待
6. 如果要清除列表项目的缩进显示样式，需要用到（　　）属性。
   A．padding　　　　　B．list-style　　　C．list-style-image　D．list-style-position

四、简答题

1. 结合个人学习经历，谈谈设计超链接应该注意的问题。
2. 说说列表结构的种类及它们的使用边界。
3. 简单介绍一下为超链接设计下划线样式的方法。

五、上机题

1. 图文列表结构是将列表内容以图片的形式显示，在图中展示的内容主要包含标题、图片和图片相关说明的文字，如图 5.17 所示。请尝试设计一个图文列表结构。

图 5.17　图文列表结构

2．新闻栏目多使用列表结构构建，然后通过 CSS 列表样式进行美化。请模仿图 5.18 设计一个分类新闻列表结构，主要使用描述列表和无序列表嵌套实现。

图 5.18　分类新闻列表结果

3．设计页面左边是全屏高度的固定导航条，右边是可滚动的内容，效果如图 5.19 所示。

图 5.19　固定导航条

4．使用 CSS 创建一个带搜索的导航栏，如图 5.20 所示。

图 5.20　带搜索的导航栏

拓 展 阅 读

扫描下方二维码，了解关于本章的更多知识。

第6章　设计表单和表格

【学习目标】

❱ 正确使用文本框、文本区域等输入型表单控件。

❱ 正确使用单选按钮、复选框、选择框等选择型表单控件。

❱ 定义完整表单结构，能够根据需求设计结构合理、用户体验好的表单。

❱ 正确使用与表格相关的标签。

❱ 根据数据显示的需求合理创建表格结构。

表单为访问者提供了与网站进行互动的途径，其主要功能是收集用户的信息，如姓名、地址、电子邮件地址等，这些信息可以通过各种表单控件来完成。表格主要用于显示包含行、列结构的二维数据，如财务报表、日历表、时刻表、节目表等。本章将重点介绍 HTML 表单的基本结构、常用表单控件的使用，以及如何设计符合 HTML5 标准的表格结构。

6.1　定　义　表　单

扫一扫，看视频

HTML5 基于 Web Forms 2.0 标准对 HTML4 表单进行全面升级，在保持简洁、易用的基础上，新增了很多控件和属性，减轻了开发人员的负担。

每个表单都以<form>标签开始，以</form>标签结束。两个标签之间是各种标签和控件。每个控件都有一个 name 属性，用于在提交表单时标识数据。访问者通过提交按钮提交表单，触发提交按钮时，填写的表单数据将被发送给服务器端的处理程序。

【示例】新建 HTML5 文档，保存为 test.html。在<body>标签内使用<form>标签设计一个简单反馈信息表单，主要用到文本框<input type="text">、下拉列表<select>、文本区域<textarea>和提交按钮<input type="submit">，并使用<label>标签附加控件说明，效果如图 6.1 所示。

```
<form action="/action_page.php">
    <label for="cname">联系人</label>
    <input type="text" id="cname" name="cname" placeholder="请输入姓名..">
    <label for="email">邮箱</label>
    <input type="text" id="email" name="email" placeholder="请输入邮箱..">
    <label for="country">城市</label>
    <select id="country" name="country">
        <option value="australia">北京</option>
        <option value="canada">上海</option>
        <option value="usa">厦门</option>
    </select>
    <label for="subject">反馈信息</label>
    <textarea id="subject" name="subject" placeholder="反馈内容.." style=
"height:200px"></textarea>
    <input type="submit" value="提交">
</form>
```

（a）无 CSS 效果　　　　　　　　　　（b）CSS 渲染后的效果

图 6.1　设计表单结构

完整的表单一般由 HTML 控件和 JavaScript 脚本两部分组成，HTML 控件提供用户交互界面，JavaScript 脚本提供表单验证和数据处理。完善的表单结构通常包括表单标签、表单控件和表单按钮。表单标签用于定义采集数据的范围；表单控件包含文本框、文本区域、密码框、隐藏域、复选框、单选按钮、选择框和文件域等，用于采集用户的输入或选择的数据；表单按钮包括提交按钮、重置按钮和普通按钮，提交按钮用于将数据传送到服务器端的程序，重置按钮可以取消输入，普通按钮可以定义其他处理工作。

<form>标签包含很多属性，如果要与服务器进行交互，其中必须设置的属性包括以下两个。

（1）method：设置发送表单数据的 HTTP 方法。如果使用 method="get"方式提交，则表单数据以查询字符串的形式传输，会显示在浏览器的地址栏里；如果使用 method="post"方式提交，则表单数据在请求正文中以二进制数据流的形式传输，这样比较安全。同时，使用 post 可以向服务器发送更多的数据。

（2）action：设置当提交表单时向服务器端的哪个处理程序发送表单数据，值为 URL 字符串。

6.2　使用表单控件

表单控件分为 4 类：输入型控件，如文本框、文本区域、密码框、文件域；选择型控件，如单选按钮、复选框和选择框；操作按钮，如提交按钮、重置按钮和普通按钮；辅助型控件，如隐藏字段、标签控件等。

6.2.1　文本框

文本框是输入单行信息的控件，如姓名、地址等。普通文本框使用带有 type="text"属性的<input>标签定义。

```
<input type="text" name="控件名称" value="默认值">
```

除了 type 属性外，使用 name 属性可以帮助服务器程序获取访问者在文本框中输入的

扫一扫，看视频

值，使用 value 属性可以设置文本框的默认值。需要注意的是，name 和 value 属性对其他的表单控件来说也是很重要的，具有相同的功能。

type 属性的默认值为"text"，因此 HTML5 允许使用下面两种形式定义文本框。

```
<input type="text"/>
<input>
```

提示

为了满足特定类型信息的输入需求，HTML5 在文本框的基础上新增以下单行输入型表单控件。

（1）电子邮件框：<input type="email">。

（2）搜索框：<input type="search">。

（3）电话框：<input type="tel">。

（4）URL 框：<input type="url">。

（5）日期：<input type="date">。

（6）数字：<input type="number">。

（7）范围：<input type="range">。

（8）颜色：<input type="color"/>。

（9）全局日期和时间：<input type="datetime"/>。

（10）局部日期和时间：<input type="datetime-local"/>。

（11）月：<input type="month"/>。

（12）时间：<input type="time"/>。

（13）周：<input type="week"/>。

（14）输出：<output></output>。

扫一扫，看视频

6.2.2 文本区域

如果要输入一段不限格式的文本，如回答问题、评论反馈等，可以使用文本区域控件。使用<textarea>标签可以定义文本区域控件。

```
<textarea rows="行高" cols="列宽">默认文本</textarea>
```

该标签包含多个属性，常用属性说明如下。

（1）maxlength：设置输入的最大字符数，也适用于文本框控件。

（2）cols：设置文本区域的宽度（以字符为单位）。

（3）rows：设置文本区域的高度（以行为单位）。

（4）wrap：定义输入内容大于文本区域宽度时的显示方式。

1）wrap="hard"，如果文本区域内的文本自动换行显示，则提交文本中会包含换行符。当使用"hard"时，必须设置 cols 属性。

2）wrap="soft"，为默认值，提交的文本不会在自动换行位置添加换行符。

如果没有使用 maxlength 属性限制文本区域的最大字符数，最大可以输入 32700 个字符。如果输入内容超出文本区域，会自动显示滚动条。

<textarea>标签没有 value 属性，在<textarea>和</textarea>标签之间包含的文本将作为默认值，显示在文本区域内。可以使用 placeholder 属性定义用于占位的文本，该属性也适用于文本框控件。

扫一扫，看视频

6.2.3 密码框

密码框是特殊类型的文本框，与文本框的唯一区别在于，密码框中输入的文本会显示为圆点或星号。密码框的作用：防止身边的人看到用户输入的密码。使用 type="password"的<input>标签可以创建密码框。

```
<input type="password" name="password"/>
```

当访问者在密码框中输入密码时，输入字符会用圆点或星号进行隐藏。但提交表单时访问者输入的真实信息会被发送给服务器。信息在发送过程中没有加密。如果要真正地保护密码，可以使用 https://协议进行传输。

使用 size 属性可以定义密码框的大小，以字符为单位。如果需要，可以使用 maxlength 属性设置密码框允许输入的最大长度。

扫一扫，看视频

6.2.4 文件域

文件域也是特殊类型的输入框，用于将本地文件上传到服务器。使用 type="file"的<input>标签可以创建文件域。

```
<input type="file" id="picture" name="picture"/>
```

文件域默认只能单文件上传，需要多文件上传时需要添加 multiple 属性。

```
<input type="file" multiple id="picture" name="picture"/>
```

在传统浏览器中，文件域显示为一个只读文本框和选择按钮，而在现代浏览器中多数显示为"选择文件"按钮和提示信息，如图 6.2 所示。

（a）未选择文件

（b）选择单文件

（c）选择多文件

图 6.2 文件域界面显示效果

当选择并上传文件后，在服务器端的程序中可以通过文件域对象（name）的 files 获取到选择的文件列表对象，文件列表对象里每个 file 对象都有对应的文件属性。

扫一扫，看视频

6.2.5 单选按钮

如果从一组相关但又互斥的选项中进行单选，可以使用单选按钮，如性别。使用 type="radio"属性的<input>标签可以创建单选按钮。

【示例】单选按钮一般成组使用，每个选项都表示为组中的一个单选按钮。默认状态下，单选按钮处于未选中状态，一旦选中，就不能取消，除非在单选按钮组中进行切换。

```
<p class="row">性别:
    <input type="radio" id="gender-male" name="gender" value="male"/>
    <label for="gender-male">男士</label>
    <input type="radio" id="gender-female" name="gender" value="female"/>
```

```
            <label for="gender-female">女士</label>
        </p>
```

同一组单选按钮的 name 属性必须相同，确保只有一个能被选中，服务器会根据 name 属性获取单选按钮组的值。value 属性也很重要，因为对于单选按钮来说，访问者无法输入值。

提示

> 当用户需要在作出选择前查看所有选项时，可以使用单选按钮。单选按钮平等地强调所有选项。如果所有选项不值得平等关注，或者没有必要呈现，则可以考虑使用下拉菜单，如城市、年、月、日等。如果只有两个可能的选项，且这两个选项可以清楚地表示为二选一，可以考虑使用复选框，如使用单个复选框表示"我同意"，而不是使用两个单选按钮表示"我同意"和"我不同意"。

扫一扫，看视频

6.2.6　复选框

如果要选择或取消操作，或者在一组选项中进行多选，则可以使用复选框，如是否同意、个人特长等。使用 type="checkbox"属性的<input>标签可以创建复选框。

【示例】下面的示例用于创建一组联系方式的复选框。

```
<p class="row">
    <input type="checkbox" id="email" name="email[]" value="电子邮箱"/>
    <label for="email">电子邮件</label>
    <input type="checkbox" id="phone" name="email[]" value="电话"/>
    <label for="phone">电话</label>
</p>
```

使用 checked 属性可以设置复选框在默认状态下处于选中状态，也适用于单选按钮。每个复选框对应的 value 值，以及复选框组的 name 名称都会被发送给服务器端。

在服务器端的程序中可以使用 name 属性获取上传的复选框的信息。对于组内所有复选框使用同一个 name 属性的情况，可以将多个复选框组织在一起。空的方括号是为 PHP 脚本的 name 属性准备的，如果使用 PHP 程序处理表单，使用 name="email[]"可以自动创建一个包含复选框值的数组，名为$_POST['email']。

扫一扫，看视频

6.2.7　选择框

选择框为访问者提供一组选项，允许从中进行选择。如果允许单选，则呈现为下拉菜单样式；如果允许多选，则呈现为一个列表框，在需要时会自动显示滚动条。

选择框由两个标签组成：<select>和<option>。一般在<select>标签里设置 name 属性，在每个<option>标签里设置 value 属性。

【示例 1】下面的示例用于创建一个简单的城市选择框。

```
<label for="state">省市</label>
<select id="state" name="state">
    <option value="BJ">北京</option>
    <option value="SH">上海</option>
    ...
</select>
```

在下拉菜单中，默认选中的是第 1 个选项；而在列表框中，默认没有选中的项。

使用 multiple 属性可以设置多选，使用 size 属性可以设置选择框的高度（以行为单位）。

每个选项的 value 属性值是选中选项后要发送给服务器的数据，如果省略 value，则包含的文本会被发送给服务器。使用 selected 属性可以设置选项默认为选中状态。

使用<optgroup>标签可以对选择项目进行分组，一个<optgroup>标签包含多个<option>标签，然后使用 label 属性设置分类标题，分类标题是一个不可选的伪标题。

【示例 2】下面的示例使用<optgroup>标签对下拉菜单中的项目进行分组。

```
<select name="city">
    <optgroup label="山东省">
    <option value="潍坊">潍坊</option>
    <option value="青岛"selected="selected">青岛</option>
    </optgroup>
    <optgroup label="山西省">
    <option value="太原">太原</option>
    <option value="榆次">榆次</option>
    </optgroup>
</select>
```

6.2.8 标签

标签是描述表单控件的文本，使用<label>标签可以定义标签，它有一个特殊的 for 属性。如果 for 属性的值与一个表单控件的 id 值相同，则这个标签就与该表单控件绑定起来。如果单击这个标签，与之绑定的表单控件就会获得焦点，这能够提升用户体验。

```
<label for="name">用户名</label>
<input type="text" id="name" name="name"/>
```

如果将一个表单控件放在<label>和</label>之间，也可以实现绑定。

```
<label>用户名<input type="text" name="name"/></label>
```

在这种情况下就不再需要使用 for 和 id 属性了。不过，将标签与表单控件分开会更容易添加样式。

6.2.9 隐藏字段

隐藏字段用于记录与表单相关联的值，该信息不会显示在页面中，可以视为不可见的文本框，但在源代码中可见。隐藏字段使用带有 type="hidden"属性的<input>标签定义。

```
<input type="hidden" name="form_key" value="form_id_1234567890"/>
```

隐藏字段的值会被提交给服务器。常用隐藏字段记录先前表单收集的信息，或者与当前页面或表单相关的标志，以便将这些信息同当前表单的数据一起提交给服务器程序进行处理。

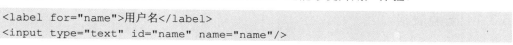

注意

不要将密码、信用卡号等敏感信息放在隐藏字段中。虽然它们不会显示到网页中，但访问者可以通过查看 HTML 源代码看到它。

6.2.10 按钮

表单按钮包括提交按钮、重置按钮和普通按钮三种类型。

扫一扫，看视频

（1）当单击提交按钮时，会对表单的内容进行提交。定义方法：<input type="submit"/>、<input type="image"/>或者<button>按钮名称<button/>。

（2）当单击重置按钮时，可以清除用户在表单中输入的信息，恢复默认值。定义方法：<input type="reset"/>。按钮默认显示为"重置"，使用 value 属性可以设置按钮显示的名称。

（3）普通按钮默认没有功能，需要配合 JavaScript 脚本才能实现具体的功能。定义方法：<input type="button"/>。

提交按钮可以呈现为文本。

```
<input type="submit" value="提交表单"/>
```

也可以呈现为图像，使用 type="image"可以创建图像按钮，width 和 height 属性为可选。

```
<input type="image" src="submit.png" width="188" height="95" alt="提交表单"/>
```

如果省略 name 属性，则提交按钮的 value 属性值就不会发送给服务器。

如果省略 value 属性，则根据不同的浏览器，提交按钮会显示为默认的"提交"文本。如果有多个提交按钮，可以为每个提交按钮设置 name 属性和 value 属性，从而让脚本知道用户单击的是哪个按钮；否则，最好省略 name 属性。

6.3 定 义 表 格

扫一扫，看视频

6.3.1 普通表格

表格一般由一个<table>标签，以及一个或多个<tr>和<td>标签组成，其中<table>标签负责定义表格框，<tr>标签负责定义表格行，<td>标签负责定义单元格。它们的结构关系与嵌套语法格式如下：

```
<table>                      <!--标识表格框-->
    <tr>                     <!--标识表格行，行的顺序与位置一致-->
        <td>[包含数据]</td>   <!--标识单元格，默认顺序从左到右并列显示-->
        ...                  <!--省略单元格-->
    </tr>                    <!--结束表格行-->
    ...                      <!--省略的行与单元格-->
</table>                     <!--结束表格框-->
```

【示例】下面的示例设计一个 HTML5 表格，包含两行两列，效果如图 6.3 所示。

```
<article>
    <h1>《春晓》</h1>
    <table>
        <tr>
            <td>春眠不觉晓，</td>
            <td>处处闻啼鸟。</td>
        </tr>
        <tr>
            <td>夜来风雨声，</td>
            <td>花落知多少。</td>
        </tr>
```

```
        </table>
</article>
```

图 6.3　设计简单的表格

6.3.2　标题单元格

在 HTML 表格中，单元格分为以下两种类型。

（1）标题单元格：包含列或行的标题，由\<th\>标签创建。

（2）数据单元格：包含数据，由\<td\>标签创建。

默认状态下，\<th\>标签包含的文本呈现居中、加粗显示，而\<td\>标签包含的文本呈现左对齐、正常字体显示。

【示例 1】下面的示例设计一个包含标题信息的表格，效果如图 6.4 所示。

```
<table>
    <tr><th>用户名</th><th>电子邮箱</th></tr>
    <tr><td>张三</td><td>zhangsan@163.com</td></tr>
</table>
```

标题单元格一般位于表格内第 1 行，可以根据需要把标题单元格放在表格内任意位置，如第 1 行或最后一行、第 1 列或最后一列等。也可以定义多重标题，如同时定义行标题和列标题。

【示例 2】下面的示例设计一个简单课程表，包含行标题和列标题，效果如图 6.5 所示。

```
<table>
    <tr><th> </th>
        <th>星期一</th><th>星期二</th><th>星期三</th><th>星期四</th><th>星期五</th>
    </tr>
    <tr><th>第 1 节</th>
        <td>语文</td><td>物理</td><td>数学</td><td>语文</td><td>美术</td>
    </tr>
    <tr><th>第 2 节</th>
        <td>数学</td><td>语文</td><td>体育</td><td>英语</td><td>音乐</td>
    </tr>
    <tr><th>第 3 节</th>
        <td>语文</td><td>体育</td><td>数学</td><td>英语</td><td>地理</td>
    </tr>
    <tr><th>第 4 节</th>
        <td>地理</td><td>化学</td><td>语文</td><td>语文</td><td>美术</td>
    </tr>
</table>
```

图 6.4　设计包含标题信息的表格　　　　　　　　　图 6.5　设计双标题的表格

扫一扫，看视频

6.3.3　表格标题

使用\<caption\>标签可以定义表格的标题。每个表格只能定义一个标题，\<caption\>标签必须位于\<table\>标签后面，作为紧邻的子元素存在。

【示例】下面为 6.3.2 小节中示例 1 设计的表格添加一个标题，效果如图 6.6 所示。默认状态下，标题位于表格上面居中显示。

图 6.6　为表格添加一个标题

```
<table>
    <caption>通讯录</caption>
    <tr><th>用户名</th><th>电子邮箱</th></tr>
    <tr><td>张三</td><td>zhangsan@163.com</td></tr>
</table>
```

6.3.4　表格行分组

表格行可以分组，这对于复杂的表格来说很重要，以便对表格结构进行功能分区。其中，使用\<thead\>标签定义表格的标题区域；使用\<tbody\>标签定义表格的数据区域；使用\<tfoot\>标签定义表格的脚部区域，如注释、数据汇总等。

【示例】下面的示例使用表格行分组标签设计一个功能完备的表格结构。

```
<table>
    <caption>结构化表格标签</caption>
    <thead>
        <tr><th>标签</th><th>说明</th></tr>
    </thead>
    <tfoot>
        <tr><td colspan="2">* 在表格中，上述标签属于可选标签。</td></tr>
    </tfoot>
    <tbody>
        <tr><td>&lt;thead&gt;</td><td>定义表头结构。</td></tr>
        <tr><td>&lt;tbody&gt;</td><td>定义表格主体结构。</td></tr>
        <tr><td>&lt;tfoot&gt;</td><td>定义表格的页脚结构。</td></tr>
    </tbody>
</table>
```

在上面的代码中，\<tfoot\>标签放在\<thead\>和\<tbody\>标签之间，而在浏览器中会发现\<tfoot\>标签的内容显示在表格底部。\<tfoot\>标签有一个 colspan 属性，该属性的主要功能是横向合并单元格，将表格底部的两个单元格合并为一个单元格，示例效果如图 6.7 所示。

图 6.7 表格结构效果图

 注意

<thead>、<tfoot>和<tbody>标签应该结合使用，且必须位于<table>标签内部，正常顺序是<thead>、<tfoot>、<tbody>，这样浏览器在收到所有数据前会先呈现表格标题、脚部区域，即先渲染表格的整体面貌。默认情况下，这些元素不会影响表格的布局。

6.3.5 表格列分组

扫一扫，看视频

<col>和<colgroup>标签可以对表格的列进行分组。它们可以组合使用，也可以单独使用，且都只能作为<table>标签的子元素使用。表格列分组的主要功能：对列单元格进行快速格式化，避免对列中每个单元格逐一格式化，这对大容量的表格来说，至关重要。

【**示例 1**】下面的示例使用<col>标签为表格中的三列设置不同的对齐方式，效果如图 6.8 所示。

```
<table width="100%" border="1">
    <col align="left"/>                        <!--设置第 1 列格式-->
    <col align="center"/>                      <!--设置第 2 列格式-->
    <col align="right"/>                       <!--设置第 3 列格式-->
    <tr><td>慈母手中线，</td><td>游子身上衣。</td><td>临行密密缝，</td></tr>
    <tr><td>意恐迟迟归。</td><td>谁言寸草心，</td><td>报得三春晖。</td></tr>
</table>
```

图 6.8 表格列分组样式

上面的示例使用 HTML 标签属性 align 设置对齐方式，建议使用 CSS 类样式会更为标准。

【**示例 2**】下面的示例使用<colgroup>标签为表格中每列定义不同的宽度，效果如图 6.9 所示。

```
<style type="text/css">
.col1 {width:25%; color:red; font-size:16px;}
.col2 {width:50%; color:blue;}
</style>
<table width="100%" border="1">
    <colgroup span="2" class="col1"></colgroup>      <!--设置第 1、2 列样式-->
```

```
    <colgroup class="col2"></colgroup>                    <!--设置第3列样式-->
    <tr><td>慈母手中线，</td><td>游子身上衣。</td><td>临行密密缝，</td></tr>
    <tr><td>意恐迟迟归。</td><td>谁言寸草心，</td><td>报得三春晖。</td></tr>
</table>
```

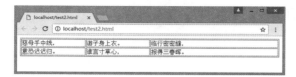

图 6.9　定义表格列分组样式

span 是<colgroup>和<col>标签的专用属性，设置列组应该横跨的列数，取值为正整数。例如，在一个包含 6 列的表格中，第 1 组有 4 列，第 2 组有 2 列。

```
<colgroup span="4"></colgroup>
<colgroup span="2"></colgroup>
```

浏览器将表格的单元格合成列时，会将每行前 4 个单元格合成第 1 个列组，将后面 2 个单元格合成第 2 个列组。如果没有 span 属性，则每个<colgroup>或<col>标签代表一列，按顺序排列。

【示例 3】也可以把<col>标签嵌入<colgroup>标签中使用。

```
<table width="100%" border="1">
    <colgroup>
        <col span="2" class="col1"/>
        <col class="col2"/>
    </colgroup>
    <tr><td>慈母手中线，</td><td>游子身上衣。</td><td>临行密密缝，</td></tr>
    <tr><td>意恐迟迟归。</td><td>谁言寸草心，</td><td>报得三春晖。</td></tr>
</table>
```

如果没有对应的<col>标签，列会从<colgroup>标签那里继承所有的属性。

 提示

现代浏览器都支持<col>和<colgroup>标签，但是大部分浏览器仅支持<col>和<colgroup>标签的 span 和 width 属性。因此只能通过列分组为表格的列定义宽度，也可以定义背景色，但是其他 CSS 样式不支持。通过示例 2，也能看到 CSS 类样式中的 color:red;和 font-size:16px;都没有效果。

扫一扫，看视频

6.3.6　跨列/跨行显示

<table>、<td>和<th>标签都包含多个属性，其中大部分属性可以使用 CSS 属性直接替代，因此不再建议使用。也有多个专用属性无法使用 CSS 实现，这些专用属性对于表格来说很重要，其中比较常用的是单元格的 colspan 和 rowspan 属性，它们分别用于定义单元格跨列或跨行显示，取值为正整数。

【示例】下面的示例使用 colspan=5 属性定义单元格跨列显示，效果如图 6.10 所示。

```
<table border=1>
    <tr><th align=center colspan=5>课程表</th></tr>
    <tr><th>星期一</th><th>星期二</th><th>星期三</th><th>星期四</th><th>星期五</th>
    </tr>
```

```
        <tr><td align=center colspan=5>上午</td></tr>
        <tr><td>语文</td><td>物理</td><td>数学</td><td>语文</td><td>美术</td></tr>
        <tr><td>数学</td><td>语文</td><td>体育</td><td>英语</td><td>音乐</td></tr>
        <tr><td>语文</td><td>体育</td><td>数学</td><td>英语</td><td>地理</td></tr>
        <tr><td>地理</td><td>化学</td><td>语文</td><td>语文</td><td>美术</td></tr>
        <tr><td align=center colspan=5>下午</td></tr>
        <tr><td>作文</td><td>语文</td><td>数学</td><td>体育</td><td>化学</td></tr>
        <tr><td>生物</td><td>语文</td><td>物理</td><td>自修</td><td>自修</td></tr>
</table>
```

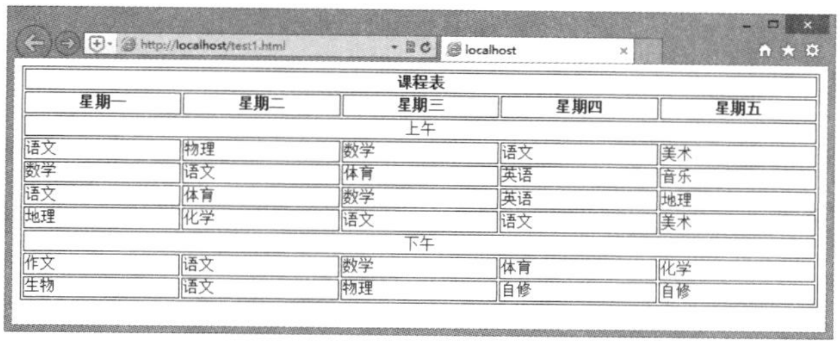

课程表				
星期一	星期二	星期三	星期四	星期五
上午				
语文	物理	数学	语文	美术
数学	语文	体育	英语	音乐
语文	体育	数学	英语	地理
地理	化学	语文	语文	美术
下午				
作文	语文	数学	体育	化学
生物	语文	物理	自修	自修

图 6.10　定义单元格跨列显示

6.4　设计表格样式

CSS3 为表格对象定义了 border-collapse（分开单元格边框）、border-spacing（定义单元格边的间距）、caption-side（定义表格标题的位置）、empty-cells（空单元格显示）和 table-layout（表格布局解析）5 个专用属性。除了这 5 个专用属性外，CSS 其他属性也适用于表格对象。

6.4.1　单线表格

扫一扫，看视频

【示例】本小节将设计单线表格效果，使用 border-radius 属性定义圆角；使用 box-shadow 属性为表格添加内阴影，设计高亮边效果；使用 transition 属性定义过渡动画，让鼠标指针移过数据行，渐显浅色背景；使用 linear-gradient()函数定义标题列渐变背景效果，以替换传统使用背景图像模拟渐变效果；使用 text-shadow 属性定义文本阴影，让标题更富立体感。演示效果如图 6.11 所示。

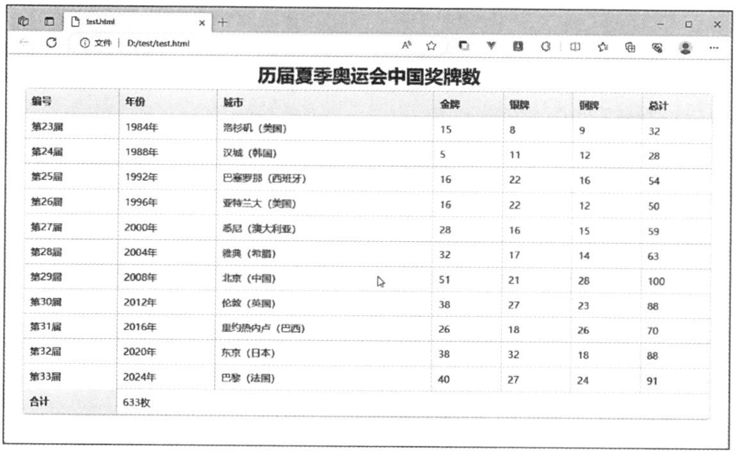

历届夏季奥运会中国奖牌数

编号	年份	城市	金牌	银牌	铜牌	总计
第23届	1984年	洛杉矶（美国）	15	8	9	32
第24届	1988年	汉城（韩国）	5	11	12	28
第25届	1992年	巴塞罗那（西班牙）	16	22	16	54
第26届	1996年	亚特兰大（美国）	16	22	12	50
第27届	2000年	悉尼（澳大利亚）	28	16	15	59
第28届	2004年	雅典（希腊）	32	17	14	63
第29届	2008年	北京（中国）	51	21	28	100
第30届	2012年	伦敦（英国）	38	27	23	88
第31届	2016年	里约热内卢（巴西）	26	18	26	70
第32届	2020年	东京（日本）	38	32	18	88
第33届	2024年	巴黎（法国）	40	27	24	91
合计	633枚					

图 6.11　设计单线表格效果

（1）新建 HTML5 文档，数据表格结构可以参考本小节示例源代码。

（2）在头部区域<head>标签中插入一个<style type="text/css">标签，在该标签中输入如下样式代码，定义表格默认样式，并定制表格外框主题类样式。

```
table {border-spacing: 0; width: 100%;}
.bordered {
    border: solid #ccc 1px; border-radius: 6px;
    box-shadow: 0 1px 1px #ccc;
}
```

（3）统一单元格样式，定义边框、空隙效果。

```
.bordered td, .bordered th {
    border-left: 1px solid #ccc; border-top: 1px solid #ccc;
    padding: 10px; text-align: left;
}
```

（4）设计表格标题列样式，使用 CSS3 渐变设计标题列背景，添加阴影，营造立体效果。

```
.bordered th {
    background-color: #dce9f9;
    background-image: linear-gradient(top, #ebf3fc, #dce9f9);
    box-shadow: 0 1px 0 rgba(255,255,255,.8) inset;
    border-top: none;  text-shadow: 0 1px 0 rgba(255,255,255,.5);
}
```

（5）设计圆角效果，具体代码如下：

```
/*==整个表格设置了边框，并设置了圆角==*/
.bordered {border: solid #ccc 1px; border-radius: 6px;}
/*==表格头部第 1 个 th 需要设置一个左上角圆角==*/
.bordered th:first-child {border-radius: 6px 0 0 0;}
/*==表格头部最后一个 th 需要设置一个右上角圆角==*/
.bordered th:last-child {border-radius: 0 6px 0 0;}
/*==表格最后一行的第 1 个 td 需要设置一个左下角圆角==*/
.bordered tr:last-child td:first-child {border-radius: 0 0 0 6px;}
/*==表格最后一行的最后一个 td 需要设置一个右下角圆角==*/
.bordered tr:last-child td:last-child {border-radius: 0 0 6px 0;}
```

（6）使用 box-shadow 属性制作表格的阴影。

```
.bordered {box-shadow: 0 1px 1px #ccc;}
```

使用 transition 属性制作 hover 过渡效果。

```
.bordered tr {transition: all 0.1s ease-in-out;}
```

使用 linear-gradient 函数制作表头渐变色。

```
.bordered th {
    background-color: #dce9f9;
    background-image: linear-gradient(to top, #ebf3fc, #dce9f9);
}
```

（7）为<table>标签应用 bordered 类样式。

```
<table summary="历届夏季奥运会中国奖牌数" class="bordered">
```

扫一扫，看视频

6.4.2 隔行换色表格

【示例】本小节使用 CSS3 设计一款隔行换色表格，效果如图 6.12 所示。

历届夏季奥运会中国奖牌数

编号	年份	城市	金牌	银牌	铜牌	总计
第23届	1984年	洛杉矶 (美国)	15	8	9	32
第24届	1988年	汉城 (韩国)	5	11	12	28
第25届	1992年	巴塞罗那 (西班牙)	16	22	16	54
第26届	1996年	亚特兰大 (美国)	16	22	12	50
第27届	2000年	悉尼 (澳大利亚)	28	16	15	59
第28届	2004年	雅典 (希腊)	32	17	14	63
第29届	2008年	北京 (中国)	51	21	28	100
第30届	2012年	伦敦 (英国)	38	27	23	88
第31届	2016年	里约热内卢 (巴西)	26	18	26	70
第32届	2020年	东京 (日本)	38	32	18	88
第33届	2024年	巴黎 (法国)	40	27	24	91
合计	633枚					

图 6.12 设计隔行换色表格效果

（1）新建 HTML5 文档，在<body>标签内定义表格结构。读者可以直接复制 6.4.1 小节中示例的数据表格结构。

（2）在头部区域<head>标签中插入一个<style type="text/css">标签，在该标签中输入如下样式代码，定义表格默认样式，并定制表格外框主题类样式。

```
table {
    *border-collapse: collapse;              /*IE7 and lower*/
    border-spacing: 0;
    width: 100%;
}
```

（3）设计单元格样式，以及标题单元格样式，取消标题单元格的默认加粗和居中显示。

```
.table td, .table th {
    padding: 4px;                    /*增大单元格补白，避免拥挤*/
    border-bottom: 1px solid #f2f2f2;     /*定义下边框线*/
    text-align: left;                /*文本左对齐*/
    font-weight:normal;              /*取消加粗显示*/
}
```

（4）为列标题行定义渐变背景，同时增加高亮内阴影效果，为标题文本增加淡阴影色。

```
.table thead th {
    text-shadow: 0 1px 1px rgba(0,0,0,.1);
    border-bottom: 1px solid #ccc;
    background-color: #eee;
    background-image: linear-gradient(to top, #f5f5f5, #eee);
}
```

（5）设计数据隔行换色效果。

```
.table tbody tr:nth-child(even) {
    background: #f5f5f5;
    box-shadow: 0 1px 0 rgba(255,255,255,.8) inset;
}
```

（6）设计表格圆角效果。

```
/*左上角圆角*/
.table  thead  th:first-child {border-radius: 6px 0 0 0;}
/*右上角圆角*/
.table  thead  th:last-child {border-radius: 0 6px 0 0;}
/*左下角圆角*/
.table tfoot td:first-child, .table tfoot th:first-child{border-radius:
0 0 0 6px;}
/*右下角圆角*/
.table tfoot td:last-child,.table tfoot th:last-child {border-radius:
0 0 6px 0;}
```

扫一扫，看视频

6.5 案例实战：设计手机端登录页面

表单页面设计的基本原则：简单、好操作。"简单"表现在表单结构不要太复杂，控件种类不要太多；"好操作"表现在控件顺序要遵循用户习惯，为控件设置默认值，建议采用提示性的标签文本，或者默认值。良好的表单结构，配合好看的 CSS 样式，加上 JavaScript 互动加持，能够综合提升用户体验。

在设计表单时，正确选用各种表单控件很重要，这是结构标准化和语义化的要求，也是设计成功的基础。主要建议如下：

（1）不确定性的信息，应该使用输入型控件，如姓名、地址、电话等。

（2）易错信息，或者答案固定的信息，应该使用选择型控件，如国家、年、月、日、星座等。

（3）如果希望所有选项一览无余，应该使用单选按钮组或复选框组，不应该使用下拉菜单。下拉菜单会隐藏部分选项，用户需要多次操作才能够浏览全部选项。

（4）当选项很少时，应该使用单选按钮组或复选框组；而当选项很多时，应该使用下拉菜单。

【案例】模拟在手机端如何设计会员登录页，主要考虑在小屏下不影响用户手指操作，效果如图 6.13 所示。

（1）新建 HTML5 文档，在<body>标签内定义表单结构。限于篇幅，表单代码请参考本节案例源代码。

（2）在样式表中，统一表单对象样式：100%宽度显示，取消轮廓线、边框线和阴影。

图 6.13 设计用户登录页面效果

```
article.bottom_c input[type="text"], article.bottom_c input[type="password"]
{width: 100%; text-align: left; outline: none; box-shadow: none; border: none;
color: #333; background-color: #fff; height: 20px; margin-left: -5px; font-
family: microsoft yahei;}
```

（3）定义表单对象外框样式，添加底边框线效果。

```
#selectBank {border-bottom: 1px solid #ccc;}
section span {float: left; padding-left: 5px}
```

（4）为替换文本添加样式，设置字体颜色为浅灰色。

```
input::-webkit-input-placeholder {color: #ccc;}
```

（5）设置表单对象包含 span 元素的样式。

```
section span.fRight {float: none; padding-left: 12px; position: relative;
overflow: hidden; display: block; height: 44px; line-height: 44px;}
```

（6）分别在用户名输入框和密码框左侧定义一个图标。

```
.username {background: url("../images/ico-user.png") no-repeat; display:
inline-block; width: 25px; height: 25px; background-size: cover; margin: 6px -
5px 0;}
    .password {background: url("../images/ico-password.png") no-repeat; display:
inline-block; width: 25px; height: 26px !important; height: 25px; background-
size: cover; margin: 6px -5px 0;}
```

（7）设计按钮风格样式。

```
.btn-blue {margin-top: 10px; background: #fe932b; border: none; border-
radius: 3px; font-family: microsoft yahei; font-size: 18px;}
```

（8）设计按钮基本样式。

```
.btn {width: 100%; height: 40px; display: block; line-height: 40px; text-
align: center; font-size: 18px; color: #fff; margin-bottom: 10px;}
```

placeholder 属性是 HTML5 新增的表单属性，用于设置输入框的提示占位符，可以给用户一些友好的提示，告诉用户应如何进行操作。这种效果在 HTML5 之前一般都需要使用 JavaScript 来实现。

本 章 小 结

本章首先介绍了表单的基本结构，然后详细讲解了常用表单控件，包括文本框、文本区域、密码框、文件域、单选按钮、复选框、选择框、标签、隐藏字段和按钮。最后讲解了 HTML5 表格结构设计，主要包括 10 个标签，其中<table>、<tr>、<td>、<th>用于设计表格基本结构，<caption>用于定义表格标题，<thead>、<tbody>、<tfoot>、<col>、<colgroup>用于分组。正确使用它们对于设计结构合理、逻辑清晰的表格很重要。

课 后 练 习

一、填空题

1. 完善的表单结构通常包括_____、_____和_____。
2. 表单按钮包括_____、_____和_____。
3. 表单控件分为_____、_____、_____和_____4 类。
4. 在表格结构中，_____标签负责定义表格框，_____标签负责定义表格行，_____标签负责定义单元格。
5. 单元格分为两种类型：_____，由_____标签创建；_____，由_____标签创建。

6．使用_____标签定义表格的标题区域，使用_____标签定义表格的数据区域，使用_____标签定义表格的脚部区域。

二、判断题

1．每个控件都有一个 id 属性，用于在提交表单时标识数据。（　　）
2．单击提交按钮时，填写的表单数据将被发送给 JavaScript 脚本程序。（　　）
3．大部分表单控件都应定义 name 和 value 属性。（　　）
4．密码框是特殊类型的文本框，与文本框的唯一区别是输入的信息会被加密显示。
（　　）
5．默认状态下，th 文本居中、加粗显示，而 td 文本左对齐、正常字体显示。（　　）
6．<col>和<colgroup>标签可以对表格列进行分组。它们可以组合使用，也可以单独使用。（　　）

三、选择题

1．（　　）不是输入型控件。
A．<input type="tel">　　　　　　　　B．<input type="url">
C．<input type="date">　　　　　　　　D．<input type="reset">
2．（　　）信息适合选用单选按钮。
A．日期　　　　　B．年龄　　　　　C．性别　　　　　D．兴趣
3．（　　）信息适合选用下拉菜单。
A．国籍　　　　　B．姓名　　　　　C．性别　　　　　D．兴趣
4．上传表单时希望把用户在表单页面停留的时间也提交给服务器，以便改善表单的用户体验，该选用（　　）控件。
A．文本框　　　　B．文件域　　　　C．隐藏字段　　　D．文本区域
5．使用（　　）属性可以定义单元格跨列显示。
A．colspan　　　　B．rowspan　　　　C．col　　　　D．span
6．定义细线表格不需要（　　）属性。
A．border-collapse　B．padding　　　C．border-style　D．border-width

四、简答题

1．在设计表单时，正确选用各种表单控件很重要，这是结构标准化和语义化的要求，也是用户体验的需要。说说你的建议和想法。
2．HTML5 表单包含很多布尔值属性，请列举几个并说明它们的作用。
3．简单介绍一下表格包含的标签，并说明它们的作用。
4．简单介绍一下表格和表单样式的设计特点。

五、上机题

1．设计一个简单的登录表单，结构包括文本框、复选框和提交按钮，如图 6.14 所示。
2．设计一个简单的留言表单，表单功能为用户留言，结构包括文本框和提交按钮，如图 6.15 所示。

图 6.14　登录表单

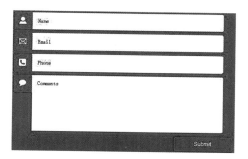

图 6.15　留言表单

3. 模仿设计受理员业务统计表，如图 6.16 所示。

4. 模仿图 6.17 设计部门管理表格。提示，图标使用 font-awesome.css。

图 6.16　受理员业务统计表

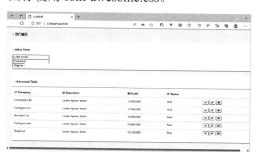

图 6.17　部门管理表格

拓 展 阅 读

扫描下方二维码，了解关于本章的更多知识。

第 7 章　CSS3 网页布局

- ↘ 了解 CSS3 布局的相关概念。
- ↘ 熟悉流动布局。
- ↘ 熟练掌握浮动布局。
- ↘ 正确使用定位布局。
- ↘ 灵活应用弹性盒布局。
- ↘ 能够混用不同布局形式设计网页效果。

CSS 布局始于第 2 个版本，CSS2.1 把网页布局方式分为流动、浮动和定位三种，CSS3 推出了更多布局方案，如多列布局、弹性盒、模板层、网格定位、网格层、浮动盒等。本章主要介绍 CSS2.1 的三种布局方式，同时讲解 CSS3 弹性盒布局，其他布局方案由于浏览器支持不统一或者应用不广泛，就不再介绍。

扫一扫，看视频

7.1　认识 CSS 盒模型

在网页设计中，经常会遇到内容（content）、补白（padding）、边框（border）、边界（margin）等概念，这些概念与日常生活中盒子的结构类似，因此称为 CSS 盒模型。

CSS 盒模型具有以下特点，结构示意图如图 7.1 所示。

（1）每个元素都有 4 个区域：边界、边框、补白、内容。

（2）每个区域都包括 4 个部分：上、右、下、左。

（3）每个区域可以统一设置，也可以分别设置。

（4）边界和补白只能定义大小，而边框可以定义样式、大小和颜色。

（5）内容可以定义宽度、高度、前景色和背景色。

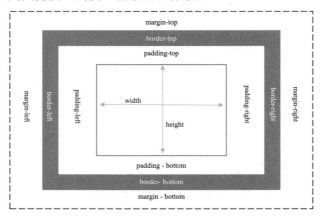

图 7.1　CSS 盒模型结构示意图

默认状态下，所有元素的初始状态：margin、border、padding、width 和 height 都为 0，

背景为透明。当元素包含内容后，width 和 height 会自动调整为内容的宽度和高度。调整补白、边框和边界的大小，不会影响内容的大小，但会影响元素在网页内的显示区域。

1．大小

使用 width（宽）和 height（高）属性可以定义元素包裹的内容区域的大小。

（1）元素的总宽度=左边界 + 左边框 + 左补白 + 宽 + 右补白 + 右边框 + 右边界。

（2）元素的总高度=上边界 + 上边框 + 上补白 + 高 + 下补白 + 下边框 + 下边界。

在怪异模式下或者声明了 box-sizing:border-box 样式，元素在页面中占据的实际大小如下：

（1）元素的总宽度=左边界 + 宽 + 右边界。

（2）元素的总高度=上边界 + 高 + 下边界。

也就是说，padding 和 border 被包含在 width 和 height 之内。

2．边框

边框可以为栏目添加分界线或者内容修饰线。当定义边框时，必须设置边框样式，因为 border-style 默认为 none（不显示），所以仅设置边框宽度和颜色，会看不到边框效果。例如：

```
#box {                              /*定义盒子的边框样式*/
    border-style: solid;            /*定义边框为实线显示*/
    border-width: 50px;             /*定义边框的宽度*/
    border-color: #aaa;             /*定义边框颜色为十六进制值*/
}
```

3．边界

元素与元素边框外壁之间的空隙称为边界，也称为外边距。设置边界可以使用 margin 属性。margin 默认值为 0，可以取负值。如果设置为负值，将反向偏移元素的位置。

在浮动布局中，上下相邻的流动元素与浮动元素之间可能会存在边界重叠现象，此问题在网页设计时需要关注，避免出现希望通过 margin 来调整板块之间的距离时没有任何效果的现象。

4．补白

元素包含内容与边框内壁之间的空隙称为补白，也称为内边距。设置补白可以使用 padding 属性。补白和边界一样，都是透明的，但是补白不会重叠，同时补白取值不可以为负。

7.2　CSS3 增强盒模型

CSS3 对盒模型进行了增强，新增了多个属性以满足用户的设计需求，如 box-sizing（元素显示方式）、resize（允许调整大小）、zoom（缩放比例）、outline（轮廓）、border-radius（圆角）和 box-shadow（盒子阴影）。下面重点讲解后 3 个属性的使用。

7.2.1　轮廓

轮廓与边框不同，它不占用页面空间，且不一定是矩形。轮廓属于动态样式，只有当对象获取焦点或者被激活时呈现，是一个与用户体验密切相关的属性。使用 outline 属性可以定

扫一扫，看视频

义元素的轮廓线，语法格式如下（取值用法与 border 属性相似）：

```
outline: <'outline-width'> || <'outline-style'> || <'outline-color'> ||
<'outline-offset'>
```

取值简单说明如下。

（1）<'outline-width'>：指定轮廓边框的宽度。

（2）<'outline-style'>：指定轮廓边框的样式。

（3）<'outline-color'>：指定轮廓边框的颜色。

（4）<'outline-offset'>：指定轮廓边框偏移值。

【示例】下面的示例设计当文本框获得焦点时，在周围画一个粗实线外廓，以便高亮提醒用户，效果如图 7.2 所示。

```
/*设计表单内文本框和按钮在被激活和获取焦点状态时，轮廓线的宽度、样式和颜色*/
input:focus, button:focus {outline: thick solid #b7ddf2}
input:active, button:active {outline: thick solid #aaa}
```

（a）默认状态　　　　　　　（b）激活状态　　　　　　　（c）获取焦点状态

图 7.2　设计文本框的轮廓线

7.2.2　圆角

使用 border-radius 属性可以设计元素的边框以圆角样式显示，语法格式如下：

```
border-radius: [<length> | <percentage> ]{1,4} [ / [ <length> |
<percentage> ]{1,4}]?
```

取值简单说明如下。

（1）<length>：用长度值设置对象的圆角半径长度，不允许为负值。

（2）<percentage>：用百分比设置对象的圆角半径长度，不允许为负值。

border-radius 属性派生了 4 个子属性，简单说明如下。

（1）border-top-right-radius：定义右上角的圆角。

（2）border-bottom-right-radius：定义右下角的圆角。

（3）border-bottom-left-radius：定义左下角的圆角。

（4）border-top-left-radius：定义左上角的圆角。

 提示

border-radius 属性可包含 2 个参数值：第 1 个值表示圆角的水平半径，第 2 个值表示圆角的垂直半径。如果仅包含 1 个参数值，则第 2 个值与第 1 个值相同。如果参数值中包含 0，则该方向的角呈现矩形，不会显示为圆角。

每个参数值又可以包含 1～4 个值，具体说明如下。

（1）当水平半径与垂直半径相同时。

1）提供 1 个参数：如 border-radius:10px;，定义所有角的半径。

2）提供 2 个参数：如 border-radius:10px 20px;，第 1 个值定义左上角和右下角的半径，第 2 个值定义右上角和右下角的半径左侧的角。

3）提供 3 个参数：如 border-radius:10px 20px 30px;，第 1 个值定义左上角的半径，第 2 个值定义右上角和左下角的半径，第 3 个值定义右下角的半径。

4）提供 4 个参数：如 border-radius:10px 20px 30px 40px;，每个值分别按左上角、右上角、右下角和左下角的顺序定义边框的半径。

（2）当水平半径与垂直半径不同时，需要使用斜杠分开水平半径和垂直半径的值。

1）提供 1 个参数：如 border-radius:10px/5px;。

2）提供 2 个参数：如 border-radius:10px 20px/5px 10px;。

3）提供 3 个参数：如 border-radius:10px 20px 30px/5px 10px 15px;。

4）提供 4 个参数：如 border-radius:10px 20px 30px 40px/5px 10px 15px 20px;。

> **注意**
>
> 每个半径的 4 个值的顺序是左上角、右上角、右下角、左下角。如果省略左下角，则与右上角相同；如果省略右下角，则与左上角相同；如果省略右上角，则与左上角相同。

【示例】下面的示例定义 img 元素显示为圆形，当图像宽高比不同时，显示效果不同，比较效果如图 7.3 所示。

```
img {border: solid 1px red;
    border-radius: 50%;                /*定义圆角*/
}                                      /*定义图像圆角边框*/
.r1 {width:300px; height:300px;}       /*定义第 1 张图像的宽高比为 1:1*/
.r2 {width:300px; height:200px;}       /*定义第 2 张图像的宽高比为 3:2*/
.r3 {width:300px; height:100px;        /*定义第 3 张图像的宽高比为 3:1*/
    border-radius: 20px;               /*定义圆角*/
}
```

图 7.3　定义圆形显示的元素效果

7.2.3　盒子阴影

使用 box-shadow 属性可以定义元素的盒子阴影效果，语法格式如下：

```
box-shadow: none | inset | h-shadow v-shadow blur spread color;
```

取值简单说明如下。

（1）none：无阴影。

（2）inset：设置阴影类型为内阴影。该参数为可选参数，为空时则阴影类型为外阴影。

（3）h-shadow（水平）：指定阴影水平偏移距离。值为 0，不偏移；正值（如 5px），则阴影向右偏移；负值（如-5px），则阴影向左偏移。

（4）v-shadow（垂直）：指定阴影垂直偏移距离。值为 0，不偏移；正值（如 5px），则阴影向下偏移；负值（如-5px），则阴影向上偏移。

（5）blur（模糊）：设置柔化半径。值为 0，阴影不模糊；正值，则增加模糊度，值越大越模糊；不允许负值。

（6）spread（伸展）：设置阴影尺寸。该参数为可选参数，默认值为 0，代表阴影和当前的实体大小一样。正值表示大于实体的尺寸，负值表示小于实体的尺寸。

（7）color（颜色）：设置阴影的颜色值。

该属性可以应用于任意标签，如<img>、<div>、<span>、<p>等。

【示例 1】下面的示例定义一个简单的阴影效果，演示效果如图 7.4 所示。

```
img{height:300px; box-shadow:5px 5px;}
```

【示例 2】下面的示例定义一个复杂的阴影效果，定义位移、阴影大小和阴影颜色，则演示效果如图 7.5 所示。

```
img{height:300px; box-shadow:2px 2px 10px #06C;}
```

图 7.4　定义简单的阴影效果　　　　　　　　图 7.5　定义复杂的阴影效果

7.3　流动布局

扫一扫，看视频

默认状态下，HTML 文档将根据流动模型进行渲染，所有网页对象自上而下按顺序动态呈现。改变 HTML 文档的结构，网页对象的呈现顺序就会发生变化。

流动布局的优点：元素之间不会存在错位、覆盖等问题，布局简单，符合浏览习惯；流动布局的缺点：网页布局样式单一，网页版式缺乏灵活性。

流动布局的特征如下：

（1）块状元素自上而下按顺序垂直堆叠分布。块状元素的宽度默认为 100%，占据一行显示。

【示例】下面的示例设计在页面中添加多个对象，浏览器都会自上而下地逐个解析并显示所有网页对象，如图 7.6 所示。

```
<div id="contain">
    <h2>标题元素</h2>
    <p>段落元素</p>
    <ul><li>列表项</li></ul>
    <table><tr><td>表格行，单元格</td><td>表格行，单元格</td></tr></table>
</div>
```

图 7.6　默认流动布局显示效果

（2）行内元素从左到右遵循文本流进行分布，超出一行后，会自动换行显示。

7.4　浮 动 布 局

浮动布局能够实现块状元素并列显示，允许浮动元素向左或向右停靠，但是不允许脱离文档流，依然受文档结构的影响。

浮动布局的优点：相对灵活，可以设计网页栏目并列显示；浮动布局的缺点：版式不稳固，容易错行、边界重叠。

7.4.1　定义浮动显示

默认情况下，任何元素都不具有浮动特性，可以使用 CSS 的 float 属性定义元素向左或向右浮动，语法格式如下：

```
float: none | left | right
```

其中，none 表示消除浮动，恢复流动显示，默认值为 none；left 表示元素向左浮动；right 表示元素向右浮动。

【示例】下面的示例设计页面三行两列显示，网站通过 float 属性定义左、右栏并列显示，效果如图 7.7 所示。

```
<style>
* {box-sizing: border-box;}
.header, .footer {background-color: grey; color: white; padding: 15px;}
.column {
    float: left;
    padding: 15px;
}
.menu {width: 25%;}
.content {width: 75%;}
.menu ul {list-style-type: none; margin: 0; padding: 0;}
```

```
    .menu li {padding: 8px; margin-bottom: 8px; background-color: #33b5e5;
color: #ffffff;}
    .menu li:hover {background-color: #0099cc;}
</style>
<div class="header"><h1>上海</h1></div>
<div class="clearfix">
    <div class="column menu">
        <ul><li>中国</li>...</ul>
    </div>
    <div class="column content">
        <h1>关于城市</h1>
        <p>...</p>
    </div>
</div>
<div class="footer"><p>版权信息</p></div>
```

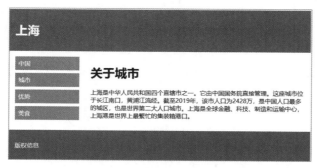

图 7.7　元素并列浮动显示

浮动元素具备以下布局特征。

（1）浮动元素以块状显示。如果浮动元素没有定义宽度和高度，则会自动收缩到仅能包住内容为止。例如，如果浮动元素内部包含一张图片，则浮动元素将与图片一样宽；如果包含的是文本，则浮动元素将与最长文本行一样宽。而流动的块状元素如果没有定义宽度，则默认显示宽度为 100%。

（2）浮动元素与流动元素可以混用，不会重叠。都遵循先上后下的显示顺序，受文档流影响。

（3）浮动元素仅能改变相邻元素的水平显示顺序，不能改变垂直显示顺序。浮动元素不会强制前面的流动元素环绕其周围流动，而总是换行浮动显示。后面的流动元素能够环绕浮动元素进行显示。

（4）相邻的浮动元素可以并列显示，如果超出包含框的宽度，则会换行显示。

注意

　　浮动布局可以设计多栏并列显示效果，但是容易错行。如果浏览器窗口发生变化，或者包含框的宽度不固定，则会出现错行显示问题，破坏并列布局效果。

扫一扫，看视频

7.4.2　清除浮动

使用 CSS 的 clear 属性可以清除浮动，强制浮动元素换行显示。clear 属性取值包括以下 4 个。

（1）left：清除左边的浮动元素，如果左边存在浮动元素，则当前元素会换行显示。

（2）right：清除右边的浮动元素，如果右边存在浮动元素，则当前元素会换行显示。

（3）both：清除左右两边的浮动元素，不管哪边存在浮动元素，当前元素都会换行显示。

（4）none：默认值，允许两边都可以存在浮动元素，当前元素不会主动换行显示。

【示例】下面的示例设计一个 3 行 3 列的结构，中间 3 栏平行浮动显示。

```
<style type="text/css">
div {
    border: solid 1px red;          /*增加边框，以方便观察*/
    height: 50px;                   /*固定高度，以方便比较*/
}
#left, #middle, #right {
    float: left;                    /*定义中间 3 栏向左浮动*/
    width: 33%;                     /*定义中间 3 栏等宽*/
}
</style>
<div id="header">头部信息</div>
<div id="left">左栏信息</div>
<div id="middle">中栏信息</div>
<div id="right">右栏信息</div>
<div id="footer">脚部信息</div>
```

如果设置左栏高度大于中栏和右栏的高度，则脚部信息栏上移并环绕显示，如图 7.8 所示。

```
#left {height:100px;}              /*定义左栏高出中栏和右栏*/
```

如果为<div id="footer">定义清除样式，则可以恢复预定义布局效果，如图 7.9 所示。

```
#footer {clear:left;}             /*为脚部栏目元素定义清除属性*/
```

图 7.8　栏目发生错位现象

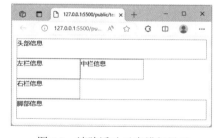

图 7.9　清除浮动元素错行显示

提示

clear 属性主要针对 float 属性起作用，只对左右两侧浮动元素有效，对于非浮动元素是无效的。

7.5　定 位 布 局

定位布局允许精确定义网页元素的显示位置，可以相对原位置，也可以相对定位框，或者是相对视图窗口。

定位布局的优点：精确定位；定位布局的缺点：缺乏灵活性。

扫一扫，看视频

7.5.1 定义定位显示

使用 position 属性可以定义元素定位显示，语法格式如下：

```
position: static | absolute | fixed | relative | sticky
```

取值简单说明如下。

（1）static：表示静态显示，非定位模式。遵循 HTML 流动布局模型，为所有元素的默认值。

（2）absolute：表示绝对定位，将元素从文档流中脱离出来，可以使用 left、right、top、bottom 属性进行定位，定位参照最近的定位框。如果没有定位框，则参照窗口左上角。定位元素的堆放顺序可以通过 z-index 属性定义。

（3）fixed：表示固定定位，与 absolute 定位类型类似，但它的定位框是视图本身。由于视图本身是固定的，它不会随浏览器窗口的滚动而变化，因此固定定位的元素会始终位于浏览器窗口内视图的某个位置，不会受文档流动影响，这与 background-attachment:fixed;的功能相同。

（4）relative：表示相对定位，通过 left、right、top、bottom 属性设置元素在文档流中相对原位置的偏移位置。元素的形状和原位置保持不变。

（5）sticky：表示粘性定位，CSS3 新增功能。它是 relative 和 fixed 的混合体，当在屏幕中时按常规流排版，当滚出屏幕外时则表现如 fixed。演示可参考 7.7.1 小节中的案例。

扫一扫，看视频

7.5.2 相对定位

相对定位将参照元素在文档流中的原位置进行偏移。

【示例】在下面的示例中，定义 strong 元素对象为相对定位，然后通过相对定位调整标题在文档顶部的显示位置，效果如图 7.10 所示。

```
<style type="text/css">
p {margin: 60px; font-size: 14px;}
p span {position: relative;}
p strong {                                    /*[相对定位]*/
    position: relative;
    left: 40px; top: -40px;
    font-size: 18px;}
</style>
<p> <span><strong>虞美人</strong>南唐/宋 李煜</span> <br>春花秋月何时了？ <br>往事
知多少。<br>小楼昨夜又东风，<br>故国不堪回首月明中。<br>雕栏玉砌应犹在，<br>只是朱颜改。
<br>问君能有几多愁？ <br>恰似一江春水向东流。 </p>
```

（a）定位前

（b）定位后

图 7.10　相对定位显示效果

从图 7.10 中可以看到，偏移之后，元素原位置保持不变。

7.5.3　定位框

定位框与包含框是两个不同的概念，定位框是包含框的一种特殊形式。从 HTML 结构的包含关系来说，如果一个元素包含另一个元素，那么这个包含元素就是包含框。包含框可以是父元素，也可以是祖先元素。

如果一个包含框被定义了相对定位、绝对定位或固定定位，那么它不仅是一个包含框，也是一个定位框。定位框的主要作用是为被包含的绝对定位元素提供坐标偏移参考。

【示例】本示例通过定位方式为菜单项添加提示性图标，效果如图 7.11 所示。

在导航条结构中添加两个<span>标签，用于定义提示性图标。在实际应用中，一般会通过 JavaScript 脚本在运行时根据后台数据有条件、动态地添加。

图 7.11　添加提示性图标

```
<ul id="nav">
    <li>美 丽 说</li>
    <li>聚美优品</li>
    <li>唯 品 会<span>热</span></li>
    <li>蘑 菇 街<span>新</span></li>
    <li>1 号 店</li>
</ul>
```

使用 CSS 定义<li>为相对定位，把每个菜单项目定义为定位框；再定义<span>为绝对定位，以菜单项目为坐标参考，进行绝对定位，从而设计出高亮提示性图标。

```
#nav li {position: relative;}                              /*定义定位框*/
#nav li span {                                             /*新添加的 span 提示*/
    position: absolute;                                    /*绝对定位*/
    top: -16px; right: 16px;                               /*在菜单项目右上角偏移*/
    width: 16px; height: 20px;                             /*固定大小*/
    font-size: 12px; font-weight: bold; line-height: 1.4em;    /*控制字体*/
    padding: 3px; border-radius: 8px 10px;                 /*控制提示框外形*/
}
#nav li:nth-child(3) span {background-color: red; color: white;} /*风格样式*/
#nav li:nth-child(4) span {background-color: blue;color: white;} /*风格样式*/
```

7.5.4　层叠顺序

定位元素可以重叠，这就容易出现网页对象相互遮盖的现象。如果要改变元素的层叠顺序，可以定义 z-index 属性，取值为整数或者 auto。

（1）如果取值为正整数，数字大的优先显示。

（2）如果取值为负数，定位元素将被隐藏在流动元素下面显示。数字大的优先被遮盖。

【示例】设计三个定位的盒子：红盒子、蓝盒子和绿盒子。默认状态下，它们会按先后顺序确定自己的层叠顺序，排在后面的就显示在上面。使用 z-index 属性改变它们的层叠顺序后，可以看到三个盒子的层叠顺序发生了变化，如图 7.12 所示。

```
<style type="text/css">
#box1, #box2, #box3 { /*定义三个方形盒子，并绝对定位显示*/
```

```
        height: 100px; width: 200px; color: #fff; position: absolute;
}
#box1 {background: red; left: 100px; z-index: 3;}          /*排在最上面*/
#box2 {background: blue; top: 50px; left: 50px; z-index: 2;}   /*排在中间*/
#box3 {background: green; top: 100px; z-index: 1;}            /*排在下面*/
</style>
<div id="box1">红盒子</div>
<div id="box2">蓝盒子</div>
<div id="box3">绿盒子</div>
```

（a）默认层叠顺序　　　　　　　　　　　　（b）改变层叠顺序

图 7.12　定义层叠顺序

7.6　弹性盒布局

2009 年，W3C 提出一种崭新的布局方案：弹性盒布局。弹性盒布局是指通过调整其内元素的宽高，从而在任何设备上实现对可用显示空间进行最佳填充，是为了可以在不同分辨率设备上自适应展示而生的一种布局方式。弹性盒布局主要适用于应用程序的组件及小规模的布局，而栅格布局则针对大规模的布局。W3C 的弹性盒布局分为旧版本、新版本。本节将主要讲解新版本弹性盒布局的基本用法。

7.6.1　认识弹性盒系统

弹性盒系统由弹性容器和弹性项目组成。在弹性容器中，每一个子元素都是一个弹性项目，弹性项目可以是任意数量的，弹性容器外和弹性项目内的一切元素都不受弹性盒系统的影响。

弹性项目沿着弹性容器内的一个弹性行定位，通常每个弹性容器只有一个弹性行。默认情况下，弹性行和文本方向一致：从左至右，从上到下。

常规布局基于块和文本流方向，而弹性盒布局基于弹性流，如图 7.13 所示。

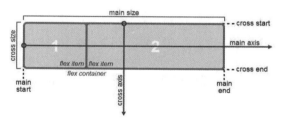

图 7.13　弹性盒布局模式

弹性项目沿着主轴（main），从主轴起点（main start）到主轴终点（main end），或者沿着侧轴（cross），从侧轴起点（cross start）到侧轴终点（cross end）排列。

（1）主轴（main）：弹性容器的主轴，弹性项目主要沿着这条轴进行排列布局。主轴不一定是水平的，可以通过 justify-content 属性进行设置。

（2）主轴起点（main start）和主轴终点（main end）：弹性项目在弹性容器内沿着主轴起点向主轴终点方向放置。

（3）主轴尺寸（main size）：弹性项目在主轴方向的宽度或高度就是主轴尺寸。弹性项目的主轴尺寸属性是 width 或 height，由哪一个对着主轴方向决定。

（4）侧轴（cross）：垂直于主轴的轴。它的方向主要取决于主轴方向。

（5）侧轴起点（cross start）和侧轴终点（cross end）：弹性行的配置从弹性容器的侧轴起点边开始，往侧轴终点边结束。

（6）侧轴尺寸（cross size）：弹性项目在侧轴方向的宽度或高度就是侧轴尺寸，弹性项目的侧轴尺寸属性是 width 或 height，由哪一个对着侧轴方向决定。

一个弹性项目就是一个弹性容器的子元素，在弹性容器中的文本也被视为一个弹性项目。弹性项目中的内容与普通文本流一样。例如，当一个弹性项目被设置为浮动，用户依然可以在这个弹性项目中放置一个浮动元素。

7.6.2　启动弹性盒

设置元素的 display 属性为 flex 或 inline-flex，可以定义一个弹性容器。设置为 flex 的容器被渲染为一个块级元素，而设置为 inline-flex 的容器则渲染为一个行内元素。语法格式如下：

```
display: flex | inline-flex;
```

上面的语法定义了弹性容器，属性值决定了容器是行内显示还是块显示，它的所有子元素将变成弹性流，被称为弹性项目。此时，CSS 的 columns 属性在弹性容器上没有效果，同时 float、clear 和 vertical-align 属性在弹性项目上也没有效果。

【示例】下面的示例设计一个弹性容器，其中包含 4 个弹性项目，演示效果如图 7.14 所示。

```
<style type="text/css">
.flex-container {                                    /*弹性容器*/
    display: flex;                                   /*启动弹性盒*/
    width: 500px; height: 300px; border: solid 1px red;
}
.flex-item {                                         /*弹性项目*/
    background-color: blue; margin: 10px;
    width: 200px; height: 200px;
}
</style>
<div class="flex-container">
   <div class="flex-item">弹性项目 1</div>
   <div class="flex-item">弹性项目 2</div>
   <div class="flex-item">弹性项目 3</div>
   <div class="flex-item">弹性项目 4</div>
</div>
```

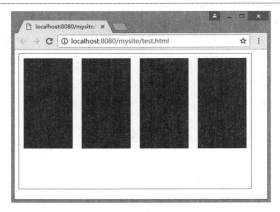

图 7.14　定义弹性盒布局

扫一扫，看视频

7.6.3　设置弹性容器

flex-direction 属性可以定义主轴方向，适用于弹性容器。取值包括 row（横向从左到右排列）、row-reverse（横向从右到左排列）、column（纵向从上往下排列）、column-reverse（纵向从下往上排列）。

flex-wrap 属性定义弹性容器是单行还是多行显示弹性项目，侧轴的方向决定了新行堆放的方向。取值包括 nowrap（单行）、wrap（多行）、wrap-reverse（反转 wrap 排列）。

flex-flow 是 flex-direction 和 flex-wrap 属性的复合属性，适用于弹性容器。该属性可以同时定义弹性容器的主轴和侧轴，默认值为 row nowrap。

justify-content 属性定义弹性项目在主轴上的对齐方式，适用于弹性容器。取值包括 flex-start（默认值，起始位置靠齐）、flex-end（结束位置靠齐）、center（中间位置靠齐）、space-between（平均地分布，第 1 个弹性项目在一行中的最开始位置，最后一个弹性项目在一行中的最终点位置）、space-around（平均地分布在行里，两端保留一半的空间）。

align-items 属性定义弹性项目在侧轴上的对齐方式，适用于弹性容器。取值包括 flex-start（靠住侧轴起始的边）、flex-end（靠住侧轴终点的边）、center（侧轴上居中放置）、baseline（根据基线对齐）、stretch（默认值，拉伸填充整个弹性容器）。

align-content 属性定义弹性行在弹性容器里的对齐方式，适用于弹性容器。类似于弹性项目在主轴上使用 justify-content 属性一样，但该属性在只有一行的弹性容器上没有效果。取值包括 flex-start（起点位置堆叠）、flex-end（结束位置堆叠）、center（中间位置堆叠）、space-between（平均分布）、space-around（平均分布，在两边各有一半的空间）、stretch（默认值，各行将会伸展以占用剩余的空间）。

【示例】在 7.6.2 小节示例的基础上，本示例设计一个弹性容器，其中包含 4 个弹性项目，然后定义弹性项目从上往下排列，演示效果如图 7.15 所示。

```
.flex-container {
    display: flex;
    flex-direction: column;
    width: 500px;height: 300px;border: solid 1px red;
}
.flex-item {
    background-color: blue;
    width: 200px; height: 200px;
```

```
        margin: 10px;
    }
```

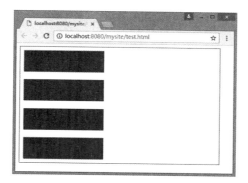

图 7.15　定义弹性项目从上往下排列

7.6.4　设置弹性项目

扫一扫，看视频

order 属性控制弹性项目在弹性容器中的显示顺序。取值为整数，用于定义排列顺序，数值小的排在前面。可以为负值。

flex-grow 属性定义弹性项目的扩展能力，决定弹性容器剩余空间按比例应扩展多少空间。取值为整数，用于定义扩展比例。不允许为负值，默认值为 0。如果所有弹性项目的 flex-grow 设置为 1，那么每个弹性项目将设置为一个大小相等的剩余空间。如果将其中一个弹性项目的 flex-grow 属性设置为 2，那么这个弹性项目所占的剩余空间是其他弹性项目所占剩余空间的两倍。

flex-shrink 属性定义弹性项目的收缩能力，与 flex-grow 属性功能相反。取值为整数，用于定义收缩比例。不允许为负值，默认值为 1。

flex-basis 属性设置弹性基准值，剩余的空间按比例进行弹性。取值可以是正整数、百分比（不允许为负值）、auto（无特定宽度值）、content（基于内容自动计算宽度）。

flex 是 flex-grow、flex-shrink 和 flex-basis 3 个属性的复合属性，该属性适用于弹性项目。其中 flex-shrink 和 flex-basis 属性是可选参数。默认值为 "0 1 auto"。

align-self 属性可以在单独的弹性项目上覆写默认的对齐方式。属性值与 align-items 的属性值相同。

【示例】以 7.6.3 小节中的示例为基础，定义弹性项目在当前位置向右错移位置。其中，将第 1 个项目移到第 2 个项目的位置上，第 2 个项目移到第 3 个项目的位置上，最后一个项目移到第 1 个项目的位置上。

```
.flex-container {
    display: flex;
    width: 500px; height: 300px;border: solid 1px red;
}
.flex-item {background-color: blue; width: 200px; height: 200px; margin:
10px;}
.flex-item:nth-child(0){order: 4;}
.flex-item:nth-child(1){order: 1;}
.flex-item:nth-child(2){order: 2;}
.flex-item:nth-child(3){order: 3;}
```

7.7 案 例 实 战

扫一扫，看视频

7.7.1 设计粘性侧边栏菜单

【案例】粘性侧边栏菜单组合运用相对位置和固定位置。通常情况下，侧边栏的行为类似于普通元素，其位置流动显示。但是，当向上滚动屏幕时，侧边栏会向上移动一部分，然后在到达阈值点时粘住，不再跟随滚动。为此，本小节使用 position:sticky 样式，这是 CSS3 新增的特性。

设计一个完整的页面，包含页眉（<header>）、页脚（<footer>）、侧边栏（<nav>）和主体内容（<div class="contents">），主要结构如下：

```
<header></header>
<div class="flex">
    <nav>
        <a class="logo" href="#">
            <h2>在线支持</h2>
            <p>粘性侧边栏菜单</p>
        </a>
        <a href="#"> <i class="fa fa-home fa-lg"></i> <span>首页</span> </a>
        ...
    </nav>
    <div class="contents">
        <h1>粘性侧边栏</h1>
        <p>...</p>
    </div>
</div>
<footer></footer>
```

为中间主内容框（<div class="flex">）定义弹性盒布局。启动弹性盒布局后，<nav>和<div class="contents">两个子栏目会自动适应容器。为左侧导航栏（<nav>）定义粘性定位（position: sticky）。

```
.flex {display: flex;}              /*启动弹性布局*/
nav {                               /*侧边栏菜单样式*/
    position: sticky;               /*定义粘性定位*/
    top: 20px;                      /*设置阈值*/
}
```

完整代码请参考本小节案例源代码，效果如图 7.16 所示。

图 7.16 粘性侧边栏菜单应用效果

7.7.2 设计自适应页面

【案例】本案例采用弹性盒布局，让页面呈现 3 行 3 列布局样式，同时能够根据窗口自适应调整各自的空间，以满屏显示，效果如图 7.17 所示。

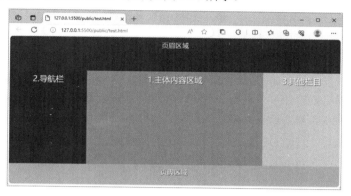

图 7.17　3 行 3 列弹性盒页面模板效果

新建 HTML5 文档，输入如下代码设计模块结构。

```
<header>页眉区域</header>
<section>
    <article>1.主体内容区域</article>
    <nav>2.导航栏</nav>
    <aside>3.其他栏目</aside>
</section>
<footer>页脚区域</footer>
```

上面的结构使用 HTML5 标签进行定义，具体说明如下。

（1）<header>：定义<section>或<page>的页眉。

（2）<section>：对页面内容进行分区。一个<section>通常由内容及其标题组成。当一个容器需要被直接定义样式或通过脚本定义行为时，推荐使用<div>，而非<section>。

（3）<article>：定义文章。

（4）<nav>：定义导航条。

（5）<aside>：定义页面内容之外的内容，如侧边栏、服务栏等。

（6）<footer>：定义<section>或<page>的页脚。

页面基础样式代码这里不再赘述，读者可以参考本小节案例源代码。设计页面各主要栏目的弹性盒布局样式代码如下：

```
body {                                      /*设置 body 为伸缩容器*/
    display: flex;
    flex-flow: column wrap;                 /*伸缩项目换行*/
}
section {                                   /*实现 stick footer 效果*/
    display: flex;
    flex: 1;
    flex-flow: row wrap;
    align-items: stretch;
}
article {                                   /*文章区域伸缩样式*/
```

```
        flex: 1;
        order: 2;
    }
    aside {order: 3;}                        /*侧边栏伸缩样式*/
```

本 章 小 结

本章首先介绍了 CSS 盒模型相关的概念，如元素的大小、边框、补白、边界；然后讲解了 CSS3 盒模型增强功能，如轮廓、圆角、盒子阴影；接着讲解了流动布局、浮动布局和定位布局，浮动布局可以设计多栏页面，而定位布局适合局部精确定位对象；最后详细讲解了弹性盒布局，弹性盒布局适合设计移动端页面，以适应不同设备下的页面自适应显示。

课 后 练 习

一、填空题

1. CSS3 盒模型包括_____、_____、_____和_____等概念。
2. 网页元素都有 4 个区域：_____、_____、_____和_____。
3. 使用_____和_____属性可以定义元素内容区域的大小。
4. 使用_____、_____、_____和_____属性独立设置上、右、下和左边界的大小。
5. CSS2.1 把网页布局分为_____、_____、_____。HTML 默认将根据_____进行渲染。
6. 定位布局允许_____网页元素的显示位置。

二、判断题

1. 浏览器解析有两种模式，包括测试模式和标准模式。　　　　　　　　（　　）
2. 轮廓与边框的用法相同，占用页面空间，且是矩形。　　　　　　　　（　　）
3. 使用 border-radius 属性可以设计元素的边框以圆角样式显示。　　　（　　）
4. 流动布局的缺点是网页布局样式单一，版式灵活不容易控制。　　　　（　　）
5. 浮动布局的缺点是版式不稳固，容易错行、边界重叠。　　　　　　　（　　）
6. 定位布局的优点是精确，缺点是缺乏灵活性。　　　　　　　　　　　（　　）

三、选择题

1. 应用 box-shadow:2px 2px 10px #000;样式，会产生（　　　）效果。
   A．左上阴影　　　　　B．右上阴影　　　　C．左下阴影　　　　D．右下阴影
2. 应用 border-radius: 50%;样式，会产生（　　　）效果。
   A．椭圆形　　　　　　B．圆角矩形　　　　C．圆形　　　　　　D．矩形
3. 应用 outline: thick solid #000 样式，会产生（　　　）效果。
   A．黑色边框线　　　　B．黑色轮廓线　　　C．黑色虚线框　　　D．黑色阴影线

4. 应用 border-width:2px 4px 6px 样式，会产生（　　）效果。

　　A. 上下边为 2px，左右边为 4px

　　B. 上下边为 4px，左边为 2px，右边为 6px

　　C. 上边为 2px，左右边为 4px，底边为 6px

　　D. 上下边为 4px，左右边为 6px

5. 设计定位元素隐藏在流动元素下面，需要设置 z-index 属性等于（　　）。

　　A. -1　　　　　　　　B. 0　　　　　　　　C. 1　　　　　　　　D. auto

6. （　　）方法可以设计元素为一个弹性盒。

　　A. display: flex　　　B. display: inline　　　C. display: flexbox　　　D. display: block

四、简答题

1. 简单介绍一下 CSS 盒模型的特点。

2. 简单介绍一下浮动布局和定位布局的区别及其各自的优缺点。

3. 简单介绍一下弹性盒布局的特点。

五、上机题

1. 使用 border-radius 和 box-shadow 属性创建椭圆形图片和缩略图，效果如图 7.18 所示。

（a）椭圆形图片　　　　　　　　　　　　　（b）缩略图

图 7.18　创建椭圆形图片和缩略图

2. 使用 CSS3 的 box-shadow、border-radius、text-shadow、border-color、border-image 等属性模拟应用界面效果，如图 7.19 所示。

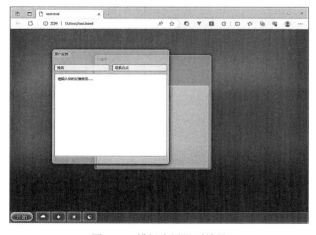

图 7.19　模拟应用界面效果

3. 尝试构建一个网页模板结构，把页面设计为 3 行 3 列的布局效果，初步效果如图 7.20 所示。然后利用 CSS 的 margin 属性调整栏目的分布顺序，类似效果如图 7.21 所示。

图 7.20　设计 3 行 3 列的布局效果　　　　　　图 7.21　调整栏目的分布顺序

4. 在多栏布局中，由于每列栏目内容高度不一致，会出现栏目高度参差不齐的现象，如图 7.22 所示。CSS3 可以使用弹性布局解决，而 CSS2 可以使用间接方法解决。请利用背景图来模拟栏目的背景，解决栏目高度不统一的问题，效果如图 7.23 所示。

图 7.22　多栏高度不一致　　　　　　　　　图 7.23　多栏等高效果

拓 展 阅 读

扫描下方二维码，了解关于本章的更多知识。

第 8 章　CSS3 媒体查询与跨设备布局

【学习目标】

→ 了解 CSS3 媒体类型。

→ 正常使用媒体查询的条件规则。

→ 设计响应不同设备的网页布局。

2017 年 9 月，W3C 发布了媒体查询（Media Query Level 4）候选推荐标准规范，它扩展了已经发布的媒体查询的功能。该规范用于 CSS 的@media 规则，可以为网页设定特定的样式。

8.1　媒　体　查　询

8.1.1　认识媒体查询

扫一扫，看视频

CSS2 提出了媒体类型的概念，它允许为样式表设置限制范围的媒体类型。例如，仅供打印的样式表文件、仅供手机渲染的样式表文件、仅供电视渲染的样式表文件等，具体说明见表 8.1。

表 8.1　CSS 媒体类型

类　　型	支持的浏览器	说　　　明
aural	Opera	用于语音和音乐合成器
braille	Opera	用于触觉反馈设备
handheld	Chrome、Safari、Opera	用于小型或手持设备
print	所有浏览器	用于打印机
projection	Opera	用于投影图像，如幻灯片
screen	所有浏览器	用于屏幕显示器
tty	Opera	用于使用固定间距字符格的设备，如电传打字机和终端
tv	Opera	用于电视类设备
embossed	Opera	用于凸点字符（盲文）印刷设备
speech	Opera	用于语音类型
all	所有浏览器	用于所有媒体设备类型

通过 HTML 标签的 media 属性可以定义样式表的媒体类型，具体方法如下。

（1）定义外部样式表文件的媒体类型。

```
<link href="csss.css" rel="stylesheet" type="text/css" media="handheld"/>
```

（2）定义内部样式表文件的媒体类型。

```
<style type="text/css" media="screen">
...
</style>
```

CSS3 在媒体类型的基础上提出了媒体查询的概念。媒体查询可以根据设备特性，如屏幕宽度、高度、设备方向（横向或纵向），为设备定义独立的 CSS 样式表。一个媒体查询由一个可选的媒体类型和 0 个或多个限制范围的表达式组成，如宽度、高度和颜色。

CSS3 的媒体查询比 CSS2 的媒体类型功能更强大、更加完善。两者的主要区别在于，媒体查询是一个值或一个范围的值，而媒体类型仅仅是设备的匹配。媒体类型可以帮助用户获取以下数据。

（1）浏览器窗口的宽和高。

（2）设备的宽和高。

（3）设备的手持方向，横向还是竖向。

（4）分辨率。

例如，下面这条导入外部样式表的语句：

```
<link rel="stylesheet" media="screen and (max-width: 600px)" href="small.css"/>
```

在 media 属性中设置媒体查询的条件(max-width: 600px)：当屏幕宽度小于或等于 600px 时，调用 small.css 样式表来渲染页面。

8.1.2 使用@media

扫一扫，看视频

CSS3 使用@media 规则定义媒体查询，简化语法格式如下：

```
@media [only | not]? <media_type> [and <expression>]* | <expression> [and <expression>]*{
    /*CSS 样式列表*/
}
```

参数简单说明如下。

（1）<media_type>：指定媒体类型，具体说明参考表 8.1。

（2）<expression>：指定媒体特性。放在一对圆括号中，如(min-width:400px)。

（3）逻辑运算符，如 and（逻辑与）、not（逻辑否）、only（兼容设备）等。

媒体特性包括 13 种，接收单个的逻辑表达式作为值，或者没有值。大部分特性接收 min 或 max 的前缀，用于表示大于等于，或者小于等于的逻辑，以此避免使用大于号（>）和小于号（<）字符。有关媒体特性的说明请参考 CSS 参考手册。

在 CSS 样式的开头必须定义@media 关键字，然后指定媒体类型，再指定媒体特性。媒体特性的格式与样式的格式相似，分为两部分，由冒号分隔，冒号前指定媒体特性，冒号后指定该特性的值。

【示例 1】下面的语句指定了当设备显示屏幕宽度小于 640px 时所使用的样式。

```
@media screen and (max-width: 639px) {
    /*样式代码*/
}
```

【示例 2】可以使用多个媒体查询将同一个样式应用于不同的媒体类型和媒体特性中，媒体查询之间通过逗号分隔，类似于选择器分组。

```
@media handheld and (min-width:360px),screen and (min-width:480px) {
    /*样式代码*/
}
```

【示例3】可以在表达式中加上 not、only 和 and 等逻辑运算符。

```
//下面的样式代码将被使用在除便携设备外的其他设备或非彩色便携设备中
@media not handheld and (color) {
    /*样式代码*/
}
//下面的样式代码将被使用在所有非彩色设备中
@media all and (not color) {
    /*样式代码*/
}
```

【示例4】only 运算符能够让那些不支持媒体查询但是支持媒体类型的设备，忽略表达式中的样式。例如：

```
@media only screen and (color) {
    /*样式代码*/
}
```

对于支持媒体查询的设备来说，能够正确地读取其中的样式，仿佛 only 运算符不存在一样；对于不支持媒体查询，但支持媒体类型的设备（如 IE8）来说，可以识别@media screen 关键字。但是由于先读取的是 only 运算符，而不是 screen 关键字，因此将忽略这个样式。

 提示

媒体查询也可以用在@import 规则和<link>标签中。例如：

```
@import url(example.css) screen and (width:800px);
//如果页面通过屏幕呈现，且屏幕宽度不超过 480px，则加载 shetland.css 样式表
<link rel="stylesheet" type="text/css" media="screen and (max-device-
width: 480px)" href="shetland.css"/>
```

8.1.3 应用@media

【示例1】and 运算符用于符号两边规则均满足条件的匹配。

```
@media screen and (max-width : 600px) {
    /*匹配宽度小于等于 600px 的屏幕设备*/
}
```

【示例2】not 运算符用于取非，所有不满足该规则的均匹配。

```
@media not print {
    /*匹配除了打印机外的所有设备*/
}
```

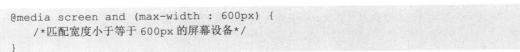 **注意**

not 运算符仅应用于整个媒体查询。例如：

```
@media not all and (max-width : 500px) {}
```
等价于
```
@media not (all and (max-width : 500px)) {}
```
而不是
```
@media (not all) and (max-width : 500px) {}
```

在逗号媒体查询列表中，not 运算符仅会否定它所在的媒体查询，而不影响其他的媒体查询。如果在复杂的条件中使用 not 运算符，要显式添加小括号，避免歧义。

【示例 3】"," 相当于 or 运算符，用于两边有一条规则满足时匹配。

```
@media screen, (min-width : 800px) {
    /*匹配屏幕宽度大于等于 800px 的设备*/
}
```

【示例 4】 在媒体类型中，all 是默认值，匹配所有设备。

```
@media all {
    /*可以过滤不支持 media 的浏览器*/
}
```

常用的媒体类型还有 screen（匹配屏幕显示器）、print（匹配打印输出），更多媒体类型可以参考表 8.1。

【示例 5】 使用媒体查询时，必须要加括号，一个括号就是一个查询。

```
@media (max-width : 600px) {
    /*匹配屏幕宽度小于等于 600px 的设备*/
}
@media (min-width : 400px) {
    /*匹配屏幕宽度大于等于 400px 的设备*/
}
@media (max-device-width : 800px) {
    /*匹配设备（不是屏幕）宽度小于等于 800px 的设备*/
}
@media (min-device-width : 600px) {
    /*匹配设备（不是屏幕）宽度大于等于 600px 的设备*/
}
```

提示

在设计手机网页时，应该使用 device-width/device-height。因为手机浏览器默认会对页面进行一些缩放，如果按照设备宽高进行匹配，会更接近预期的效果。

【示例 6】 媒体查询允许相互嵌套，这样可以优化代码，避免冗余。

```
@media not print {
    /*通用样式*/
    @media (max-width:600px) {
        /*此条匹配宽度小于等于 600px 的非打印机设备*/
    }
    @media (min-width:600px) {
        /*此条匹配宽度大于等于 600px 的非打印机设备*/
    }
}
```

【示例 7】 在设计响应式页面时，用户应该根据实际需要，先确定自适应分辨率的阈值，也就是页面响应的临界点。

```
@media (min-width: 768px){
    /*大于等于 768px 的设备*/
```

```
}
@media (min-width: 992px){
    /*大于等于 992px 的设备*/
}
@media (min-width: 1200){
    /*大于等于 1200px 的设备*/
}
```

📢 **注意**

下面的样式顺序是错误的，因为后面的查询范围将覆盖掉前面的查询范围，导致前面的媒体查询失效。

```
@media (min-width: 1200){ }
@media (min-width: 992px){ }
@media (min-width: 768px){  }
```

因此，当使用 min-width 媒体特性时，应该按从小到大的顺序设计各个阈值。同理，如果使用 max-width，就应该按从大到小的顺序设计各个阈值。

```
@media (max-width: 1199){
    /*小于等于 1199px 的设备*/
}
@media (max-width: 991px){
    /*小于等于 991px 的设备*/
}
@media (max-width: 767px){
    /*小于等于 767px 的设备*/
}
```

【示例 8】 用户可以创建多个样式表，以适应不同媒体类型的宽度范围。当然，更有效率的方法是将多个媒体查询整合在一个样式表文件中，这样可以减少请求的数量。

```
@media only screen  and (min-device-width : 320px)  and (max-device-width : 480px) {
    /*样式列表*/
}
@media only screen  and (min-width : 321px) {
    /*样式列表*/
}
@media only screen  and (max-width : 320px) {
    /*样式列表*/
}
```

【示例 9】 如果从资源的组织和维护的角度考虑，可以选择使用多个样式表的方式来实现媒体查询，这样做更高效。

```
<link rel="stylesheet" media="screen and (max-width: 600px)" href="small.css"/>
<link rel="stylesheet" media="screen and (min-width: 600px)" href="large.css"/>
<link rel="stylesheet" media="print" href="print.css"/>
```

【示例 10】 使用 orientation 属性可以判断设备屏幕当前是横屏（值为 landscape），还是竖屏（值为 portrait）。

```
@media screen and (orientation: landscape) {
    .iPadLandscape {
        width: 30%;
        float: right;
    }
}
@media screen and (orientation: portrait) {
    .iPadPortrait {clear: both;}
}
```

不过 orientation 属性只在 iPad 上有效，对于其他可转屏的设备（如 iPhone），可以使用 min-device-width 和 max-device-width 属性来变通实现。

8.2 案 例 实 战

8.2.1 设计响应式菜单

【案例】设计一个响应式菜单，能够根据设备显示不同的伸缩盒布局效果。在小屏设备上，从上到下显示；在默认状态下，从左到右显示，右对齐盒子；当设备屏幕宽度小于 801px 时，设计导航项目分散对齐显示，示例预览效果如图 8.1 所示。

（a）宽度小于 601px 的屏幕

（b）宽度介于 600px 和 800px 之间的屏幕

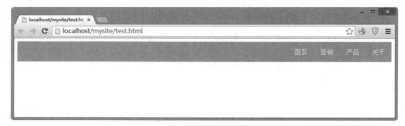
（c）宽度大于 799px 的屏幕

图 8.1　定义伸缩项目居中显示

（1）新建 HTML5 文档，使用列表结构设计一个简单的菜单。

```
<ul class="navigation">
    <li><a href="#">首页</a></li>
    ...
</ul>
```

（2）在样式表中，使用 CSS3 的弹性盒布局定义伸缩菜单样式。

```
.navigation {                              /*默认伸缩布局*/
    display: flex;                         /*启动伸缩盒布局*/
```

```
        justify-content: flex-end;                /*所有列面向主轴终点位置靠齐*/
    }
```

（3）使用 CSS3 的媒体查询定义响应式菜单样式。

```
@media all and (max-width: 800px) {          /*在屏幕宽度小于 801px 设备下伸缩布局*/
    /*当在中等屏幕中，导航项目居中显示，并且剩余空间平均分布在列表之间*/
    .navigation {justify-content: space-around;}
}
@media all and (max-width: 600px) {          /*在屏幕宽度小于 601px 设备下伸缩布局*/
    .navigation {                     /*在小屏幕下，没有足够空间进行行排列，可以换成列排列*/
        flex-flow: column wrap;
        padding: 0;
    }
    .navigation a {
        text-align: center; padding: 10px;
        border-top: 1px solid rgba(255,255,255,0.3);
        border-bottom: 1px solid rgba(0,0,0,0.1);
    }
    .navigation li:last-of-type a {border-bottom: none;}
}
```

8.2.2　设计手机端弹性页面

扫一扫，看视频

【案例】将媒体查询与弹性盒布局配合使用，创建弹性首页，其中包含弹性导航栏和弹性内容。

（1）设计适应弹性布局的网站结构。整个页面包含 4 个区域：头部区域（<div class="header">）、导航区域（<div class="navbar">）、主体区域（<div class="row">）和页脚区域（<div class="footer">）。

```
<div class="header">
    <h1>网站名称</h1>
    <p>网站介绍 <b>flexible</b>布局实现。</p>
</div>
<div class="navbar"> <a href="#">首页</a> <a href="#">原创</a> <a href="#">
参考</a> <a href="#">关于</a> </div>
<div class="row">
    <div class="side"></div>
    <div class="main">
        <h2>文章标题 1</h2>
        <p>正文内容</p>
        ...
    </div>
</div>
<div class="footer"><h2>版权信息区</h2></div>
```

（2）页面整体布局为 4 行 2 列：头部区域和页脚区域分别位于顶部和底部，导航区域位于标题栏下面，各自独立一行；主体区域包含 2 列，其中侧边栏（<div class="side">）位于左侧，内容栏（<div class="side">）位于右侧。

（3）为导航区域包含框（<div class="navbar">）和主体区域包含框（<div class="row">）启动弹性布局。

```
.navbar {display: flex;}                          /*设置顶部导航栏的样式*/
.row {display: flex; flex-wrap: wrap;}                /*列容器*/
```

（4）创建 2 个彼此相邻的不相等的列。

```
.side {flex: 30%; padding: 20px;}                 /*侧栏/左侧列*/
.main {flex: 70%; padding: 20px;}                 /*主列*/
```

（5）定义响应式布局。当屏幕宽度小于 700px 时，使两列堆叠，而不是并列显示。

```
@media screen and (max-width: 700px) {
    .row, .navbar {flex-direction: column;}
}
```

（6）在浏览器中预览网站模板，效果如图 8.2 所示。

（a）屏幕宽度大于等于 700px 时　　　　　　（b）屏幕宽度小于 700px 时

图 8.2　弹性网站的布局效果

扫一扫，看视频

8.2.3　设计响应式网站

【案例】本案例将重点介绍如何建立响应式网站，以及用于实现响应式网站的媒体查询类型。完整的样式需要读者参考本小节案例源代码。

（1）创建 HTML 结构。

在动手设计响应式设计之前，应该把内容和结构设计妥当。如果使用临时占位符设计和构建网站，当填入真正的内容后，可能会发现形式与内容结合得不好。因此，应该尽可能地将内容采集工作提前。具体操作此处不再展开，请参考本小节示例源代码。

（2）在 head 元素中添加如下代码。

```
<meta name= "viewport" content="width=device-width, initialscale=1"/>
```

一般移动设备的浏览器默认都设置一个<meta name="viewport">标签，定义一个虚拟的布局视口，用于解决网页内容在小屏幕中缩小显示的问题。

（3）遵循移动优先的设计原则，为页面设计样式。首先，为所有的设备提供基准样式。基准样式通常包括基本的文本样式（字体、颜色、大小）、内边距、边框、外边距和背景（视情况而定），以及可伸缩图像的样式。通常，在这个阶段，需要避免让元素浮动，或对容器设定宽度，因为最小的屏幕并不够宽。内容将按照常规的文档流由上到下进行显示。

网站的目标在单列显示样式中是清晰的、好看的。这样，网站对所有的设备都具有可访问性。在不同设备下，外观可能有差异，不过这是完全可以接受的。

（4）从基本样式开始，使用媒体查询逐渐为更大的屏幕或其他媒体特性定义样式，如 orientation。一般情况下，min-width 和 max-width 媒体查询特性是最主要的工具。

采用渐进增强的设计流程，先处理能力较弱的（通常也是较旧的）设备和浏览器，根据它们能理解的 CSS，设计相对简单的网站版本。然后处理能力较强的设备和浏览器，显示增强的网站版本。

```
/*基准样式*/
body {font: 100%/1.2 Georgia, "Times New Roman", serif; margin: 0; ...}
* {box-sizing: border-box;}
.page {
    margin: 0 auto;
    max-width: 60em;                              /*960px*/
}
h1 {
    font-family: "Lato", sans-serif; font-weight: 300;
    font-size: 2.25em;                            /*36px/16px*/
}
.about h2, .mod h2 {font-size: .875em;           /*15px/16px*/}
.logo, .social-sites,.nav-main li {text-align: center;}
.post-photo, .post-photo-full,.about img, .map {max-width: 100%;}
                                        /*创建可伸缩图像*/
```

（5）应用于所有视觉区域（小屏幕和大屏幕设备）的基准样式示例，效果如图 8.3 所示。需要注意的是，本案例为整个页面设定了 60em 的最大宽度，通常等价于 960px，并使用 auto 外边距让其居中，对所有的元素使用 boxsizing:border-box;，将大多数图像设置为可伸缩图像。

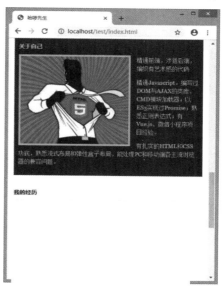

图 8.3　页面结构默认显示效果

如果没有设计媒体查询，仅应用了基础样式，则页面右侧栏目的部分会出现在左侧栏目的下面。在这种状态下，确保页面的用户体验。由于没有设定固定宽度，因此在大屏设备中查看页面时，内容的宽度会延伸至整个浏览器窗口的宽度。

（6）逐步完善布局，使用媒体查询为页面中的每个断点定义样式。断点即内容需做适当调整的宽度。在本案例中，应用基准样式规则后，为下列断点创建了样式规则。

对于每个最小宽度（没有对应的最大宽度），样式定位的是所有宽度大于该 min-width 值的设备，包括台式机及更早的设备。

（7）最小宽度为 20em，通常为 320px。定位纵向模式下的 iPhone、iPod touch、各种 Android 和其他移动电话。

```
@media only screen and (min-width:20em) {/*20em（大于等于320px)*/
    .nav-main li {border-left: 1px solid #c8c8c8; text-align: left; display:
inline-block;}
    .nav-main li:first-child {border-left: none;}
    .nav-main a {display: inline-block; font-size: 1em; padding: .5em .9em
.5em 1.15em;}
    }
```

这里针对视觉区域不小于 20em 宽的浏览器修改了主导航栏的样式。设计 body 元素字体大小为 16px 的情况下，20em 通常等价于 320px（20×16=320）。这样，链接会出现在单独的一行，而不是上下堆叠，如图 8.4 所示。这里没有将这些放到基础样式表中，因为有的移动电话屏幕比较窄，可能会让链接显得很局促，或者分两行显示。

（8）最小宽度为 30em，通常为 480px，如图 8.5 所示。这适用于屏幕大一些的移动电话，以及横向模式下的大量 320px 设备（iPhone、iPod touch 和某些 Android 机型）。

图 8.4 小屏显示效果　　　　　　　　图 8.5 中屏显示效果

（9）最小宽度介于 30em（通常为 480px）和 47.9375em（通常为 767px）之间。这适用于处于横向模式的移动电话、一些特定尺寸的平板电脑（如 Galaxy Tab 和 Kindle Fire），以及比通常情况更窄的桌面浏览器。

（10）最小宽度为 48em，通常为 768px。这适用于常见宽度及更宽的 iPad、其他平板电脑和台式机的浏览器。

主导航显示为一行，每个链接之间由灰色的竖线分隔。这个样式会在 iPhone（以及很多其他的移动电话）中生效，因为它们在纵向模式下是 320px 宽。如果希望报头更矮一些，可以让标识居左，社交图标居右。将这种样式用在下一个媒体查询中，代码如下：

```
@media only screen and (min-width: 30em) {/*30em（大于等于480px) */
    .masthead {position: relative;}
    .social-sites {position: absolute; right: -3px; top: 41px;}
    .logo {margin-bottom: 8px; text-align: left;}
    .nav-main {margin-top: 0;}
}
```

现在，样式表中有了定位视觉区域至少为 30em（通常为 480px）的设备的媒体查询。这样的设备包括屏幕更大的移动电话，以及横向模式下的 iPhone。这些样式会再次调整报头。

（11）在更大的视觉区域，报头宽度会自动调大，样式代码如下：

```
@media only screen and (min-width: 30em) {/*30em（大于等于480px) */
    .post-photo {float: left; margin-bottom: 2px; margin-right: 22px; max-
```

```
width: 61.667%;}
        .post-footer {clear: left;}
    }
```

（12）继续在同一个媒体查询块内添加样式，让图像向左浮动，并减少其 max-width，从而让更多的文字可以浮动到其右侧。文本环绕在浮动图像周围的断点可能跟此处用的不同。这取决于哪些断点适合内容和设计。为适应更宽的视图，一般不会创建超过 48em 的断点。也不必严格按照设备视图的宽度创建断点。

```
/*30em - 47.9375em(在 480px 和 767px 之间)*/
@media only screen and (min-width: 30em) and (max-width: 47.9375em) {
    .about {overflow: hidden;}
    .about img {float: left; margin-right: 15px;}
}
```

（13）让"关于自己"图像向左浮动。不过，这种样式仅当视图宽度在 30em 和 47.9375em 之间时才生效。超过这个宽度会让布局变成两列布局，"关于自己"文字会再次出现在图像的下面。

```
@media only screen and (min-width: 48em) {/*48em（大于等于 768px）*/
    .container {background: url(../img/bg.png) repeat-y 65.9375% 0;
padding-bottom: 1.875em;}
    main {float: left; width: 62.5%;}
    .sidebar {float: right; margin-top: 1.875em; width: 31.25%;}
    .nav-main {margin-bottom: 0;}
}
```

这是最终的媒体查询，定位至少有 48em 宽的视觉区域，如图 8.6 所示。该媒体查询对大多数桌面浏览器来说都有效，除非用户让窗口变窄。它同时也适用于纵向模式下的 iPad 及其他一些平板电脑。

图 8.6　大屏显示效果

在桌面浏览器中（尽管要宽一些）也是类似的。由于宽度是用百分数定义的，因此主体内容栏和附注栏会自动伸展。

（14）在发布响应式页面之前，应在移动设备和桌面浏览器上对其测试一遍。构建响应式页面时，用户可以放大或缩小桌面浏览器的窗口，模拟不同移动电话和平板电脑的视觉区域尺寸。然后再对样式进行相应的调整。这有助于建立有效的样式，减少在真实设备上的优化时间。

（15）对 Retina 及类似显示屏使用媒体查询。针对高像素密度设备，可以使用如下媒体查询。

```
@media (-o-min-device-pixel-ratio: 5/4),(-webkit-min-device-pixel-ratio:1.25),
(min-resolution: 120dpi) {
      .your-class {background-image:url(sprite-2x.png); background-size:
200px 150px;}
   }
```

background-size 设置成了原始尺寸，而不是 400px×300px。这样会让图像缩小，为原始尺寸创建的样式对 2x 版本也有效。

限于篇幅，本小节主要演示了响应式网站设计的一般思路。关于本案例完整代码和模拟练习，还请读者参考本小节示例源代码，并动手测试和练习。

本 章 小 结

本章重点讲解了 CSS3 使用@media 规则定义媒体查询，利用媒体查询技术设计能够自适应不同设备的网站布局。通过本章的学习，读者应该掌握@media 规则的定义和应用技巧，以适应不断扩大的移动端网页设计任务。

课 后 练 习

一、填空题

1．HTML 通过＿＿＿＿＿＿属性定义样式表的媒体类型。
2．CSS3 在媒体类型的基础上，提出了＿＿＿＿＿＿的概念。
3．一个媒体查询由一个可选的＿＿＿＿＿＿和 0 个或多个限制范围的＿＿＿＿＿＿组成。
4．媒体查询是一个＿＿＿＿＿＿或一个＿＿＿＿＿＿，而媒体类型仅仅是＿＿＿＿＿＿的匹配。
5．CSS3 使用＿＿＿＿＿＿规则定义媒体查询。

二、判断题

1．CSS3 提出了媒体类型的概念。 （　　　）
2．媒体查询允许为样式表设置限制范围的媒体类型。 （　　　）
3．媒体类型 screen 表示桌面屏幕计算机。 （　　　）
4．媒体查询比媒体类型功能更强大、更完善。 （　　　）
5．媒体类型可以获取浏览器窗口的宽和高、设备屏幕的宽和高、手持方向、分辨率。
（　　　）

三、选择题

1．（　　　）指定了当设备屏幕宽度小于 640px 时所使用的样式。
   A．@media screen and (max-width: 639px) {}　B．@media (max-width: 639px) {}
   C．@media screen (max-width: 639px) {}　　　D．@media (min-width: 640px) {}
2．（　　　）匹配除了打印机外的所有设备。

  A．@media and print {}   B．@media not print {}

  C．@media print {}   D．@media only print {}

3．（ ）匹配界面宽度大于等于 400px 的设备。

  A．@media (max-width : 400px){} B．@media (min-width : 400px) {}

  C．@media (max-width : 399px){} D．@media (min-width : 399px) {}

4．（ ）匹配屏幕宽度大于等于 800px 的设备。

  A．@media screen (min-width : 800px){} B．@media screen , (max-width : 800px){}

  C．@media screen , (min-width : 800px){} D．@media screen (min-width : 800px){}

5．（ ）匹配除便携设备外的其他设备或非彩色便携设备。

  A．@media not handheld or (color) {} B．@media not handheld (color) {}

  C．@media only handheld and (color) {} D．@media not handheld and (color) {}

四、简答题

1．简单比较一下媒体查询和媒体类型有什么区别。

2．简单说明一下媒体查询如何使用。

五、上机题

  1．为了适应不同设备中图片焦点信息的准确呈现，设计在 PC 端浏览器中显示大图广告，而在移动设备中仅显示广告图中的焦点信息，效果如图 8.7 所示。

（a）桌面屏幕

（b）移动设备

图 8.7　不同设备中的网页显示

  2．设计一个响应式版式。定义当显示屏幕宽度大于 999px 时，页面以三栏显示；当显示屏幕宽度大于 639px、小于 1000px 时，页面以两栏显示；当显示屏幕宽度小于等于 640px 时，页面以单列显示。

拓 展 阅 读

  扫描下方二维码，了解关于本章的更多知识。

第 9 章　JavaScript 基础

- ⬇ 能够初步使用 JavaScript 脚本。
- ⬇ 了解变量并能够正确使用。
- ⬇ 理解基本数据类型。
- ⬇ 灵活使用运算符和表达式。
- ⬇ 了解 JavaScript 语句。
- ⬇ 灵活设计分支结构和循环结构。
- ⬇ 正确使用流程控制语句和异常处理语句。

JavaScript 是最流行的脚本语言，也是网页设计和 Web 开发必须掌握的基础工具。它可以直接嵌入网页中，由浏览器一边解释一边执行。也可以在服务器端运行，如 Node.js 就可以让 JavaScript 运行在服务器端，使用 JavaScript 构建 Web 服务器。

JavaScript 基础包括变量、数据类型、运算符、语句等基本语法，JavaScript 遵循 ECMA-262 标准，其中 ECMA-262 第 5 版（ES5）是目前为止受浏览器支持最好的一个版本，现代主流浏览器已经实现对第 6 版（ES6）的支持。因此本书内容基于 ES6 进行讲解。

9.1　初步使用 JavaScript

扫一扫，看视频

9.1.1　编写第一个程序

JavaScript 程序无法独立运行，只能在宿主环境中运行。通常可以把 JavaScript 代码放在网页中，借助浏览器环境来运行。在 HTML 页面中嵌入 JavaScript 脚本需要使用<script>标签，用户可以在<script>标签中直接编写 JavaScript 代码。具体步骤如下。

（1）新建 HTML 文档，保存为 test.html。

（2）在<head>标签内插入一个<script>标签。

（3）为<script>标签设置 type="text/javascript"属性。现代主流浏览器默认<script>标签的脚本类型为 JavaScript，因此可以省略 type 属性。

（4）在<script>标签内输入 JavaScript 代码 "console.log("Hi,JavaScript!");"。

```
<!doctype html>
<html>
<head>
<meta charset="utf-8">
<title>第一个 JavaScript 程序</title>
<script type="text/javascript">
console.log("Hi,JavaScript!");
</script>
</head>
```

```
<body></body>
</html>
```

在 JavaScript 脚本中，console 表示浏览器的控制台对象，该对象供浏览器进行 JavaScript 调试。使用 console 对象的 log()方法可以在控制台输出信息。

（5）保存网页文档，在浏览器中预览。按 F12 键或者在菜单栏中选择"开发人员工具"命令，可以打开控制台窗口，显示效果如图 9.1 所示。

图 9.1　第一个 JavaScript 程序

9.1.2　新建 JavaScript 文件

扫一扫，看视频

JavaScript 程序不仅可以放在 HTML 文档中，也可以放在独立的 JavaScript 文件中。JavaScript 文件是文本文件，扩展名为.js，使用任何文本编辑器都可以进行编辑。

（1）新建文本文件，保存为 test.js。

（2）打开 test.js 文件，在其中编写。如下 JavaScript 代码。

```
alert("Hi, JavaScript!");
```

在上面的代码中，alert()表示 window 对象的方法。调用该方法将弹出一个提示对话框，显示参数字符串" Hi, JavaScript! "。

（3）保存 JavaScript 文件。把 JavaScript 文件和网页文件放在同一个目录下。

注意

　　JavaScript 文件无法独立运行，需要导入网页中，通过浏览器来运行。使用<script>标签可以导入 JavaScript 文件。

（4）新建 HTML 文档，保存为 test.html。

（5）在<head>标签内插入一个<script>标签。定义 src 属性，设置属性值为指向外部 JavaScript 文件的 URL 字符串。代码如下：

```
<script type="text/javascript" src="test.js"></script>
```

提示

　　使用<script>标签包含外部 JavaScript 文件时，默认文件类型为 JavaScript，因此，不管加载的文件扩展名是不是.js，浏览器都会按 JavaScript 脚本来解析。

（6）保存网页文档，在浏览器中预览，显示效果如图 9.2 所示。

图 9.2　在网页中导入 JavaScript 文件

扫一扫，看视频

注意

定义 src 属性的 `<script>` 标签不应再包含 JavaScript 代码。如果嵌入了代码，则只会下载并执行外部 JavaScript 文件，嵌入代码会被忽略。

9.1.3　JavaScript 注释

注释就是不被 JavaScript 引擎解析的一串字符信息。添加 JavaScript 注释有以下两种方法。

（1）单行注释：//单行注释信息。

（2）多行注释：/*多行注释信息*/。

【示例 1】单行注释信息可以位于脚本内任意位置，描述指定代码行或多行的功能。

```
//程序描述
function toStr(a){                          //块描述
    return a.toString();                    //语句描述
}
```

使用单行注释时，在"//"后面的当前行内任意字符都不被解析，包括代码。

【示例 2】使用"/*"和"*/"可以定义多行注释信息。

```
/*!
 * jQuery JavaScript Library v3.3.1
 * https://jquery.com/
 */
```

在多行注释中，包含在"/*"和"*/"之间的任何字符都被视为注释文本而忽略掉。

9.2　变　　量

扫一扫，看视频

9.2.1　认识变量

在编程语言中，变量是一个用于存储数据的标识符（名称）。它允许用户在程序执行过程中跟踪和操作数据。变量具有以下特点。

（1）变量名：每个变量都有一个唯一的名称，用于在程序中访问该变量的值。

（2）数据类型：变量可以存储不同类型的数据，如整数、浮点数、字符串等。JavaScript 不要求在声明变量时指定数据类型，会根据所赋的值决定变量的类型。

（3）赋值：通过赋值操作，可以将数据存储到变量中。赋值语句将一个值或表达式赋给变量，使得变量持有该值。

（4）变量的作用域：变量的作用域是指变量在程序中可见和可访问的范围。

（5）变量的生命周期：变量的生命周期是指变量存在的时间段。变量可以在声明时创建，在其作用域结束时销毁。

合法的变量名应该遵循以下规则。

（1）第一个字符必须是字母、下划线（_）或美元符号（$）。

（2）除了第一个字符外，其他位置可以使用 Unicode 字符。

（3）不能与 JavaScript 关键字、保留字重名。

JavaScript 严格区分大小写。为了避免输入混乱、语法错误，建议统一采用小写字符编写代码。

9.2.2 声明变量

在 JavaScript 中，声明变量有 6 种方法，其中 ES5 支持 var 和 function 命令，ES6 新增了 let 和 const 命令。另外，import 和 class 命令也可以声明变量。

一个 var 命令可以声明一个或多个变量，当声明多个变量时，应使用逗号分隔。在声明变量的同时，也可以为变量赋值，未赋值的变量会被初始化为 undefined（未定义）值。

【示例 1】使用等号（=）运算符可以为变量赋值，等号左侧为变量，右侧为具体的值。

```
var a;                          //声明一个变量，初始值为 undefined
var a, b, c;                    //声明多个变量
var b = 1;                      //声明变量并赋值，初始值为 1
```

var 命令允许重复声明同一个变量，也可以反复地初始化变量的值。例如：

```
var a = 1;
var a = 2;
```

ES6 新增 let 命令，用于声明块级变量。let 与 var 命令的用法相同，但是声明的变量只在 let 命令所在的代码块内有效。例如，在代码块（大括号）之中，使用 let 命令声明一个变量，如果在代码块外调用变量 a，则会抛出异常，此时变量 a 只在大括号内有效。

```
{let a = 1;}
```

【示例 2】在 for 循环体内使用 let 命令声明计数器，这样可以避免外部变量污染。在下面的示例中，计数器 i 只在 for 循环体内有效，在循环体外引用就会报错。

```
for (let i = 0; i < 10; i++) {
    console.log(i);             //正常访问
}
console.log(i);                 //抛出异常
```

在 for 循环体中，设置循环变量的"()"部分是一个父作用域，而循环体内部"{}"是一个单独的子作用域。

ES6 新增 const 命令用于声明只读常量。一旦声明，常量的值就不能修改。

【示例 3】下面的代码试图改变常量的值，结果会报错。

```
const PI = 3.1415;
PI = 3;                         //抛出异常
```

使用 const 命令声明变量的同时，必须立即赋值，只声明不初始化就会报错。

const 命令的作用域与 let 命令相同，只在声明所在的块级作用域内有效。

提示

var、let 和 const 命令都可以声明变量，但是它们也存在不同之处，具体说明如下。

（1）变量提升：使用 var 命令声明变量时，可以先使用后声明。let 和 const 命令禁止这种语法行为，在声明之前使用变量，将抛出异常。

（2）禁止重复声明：let 和 const 命令不允许在相同作用域内重复声明同一个变量。

扫一扫，看视频

9.2.3　变量作用域

变量作用域是指变量在程序中可以访问的有效范围，也称为变量的可见性。JavaScript 变量可以分为全局变量和局部变量。

（1）全局变量：变量在整个页面脚本中都是可见的，可以被自由访问。

（2）局部变量：变量仅能在声明的函数内部或者代码块内可见，函数外或代码块外不允许访问。在函数内，可以使用 var 或 let 命令声明局部变量；而在代码块中只能使用 let 或 const 命令声明局部变量。

ES5 只有全局作用域和函数作用域，ES6 新增了块级作用域。所谓块级作用域，就是任何一对 "{}" 中的语句集都属于一个作用域，在其中定义的所有变量在 "{}" 外都是不可见的。使用 let 或 const 命令可以定义块级作用域。

【示例】在下面的示例中，函数内有两个块级作用域，都声明了变量 n，运行后输出 1。这表示外层代码块不受内层代码块的影响。如果两次都使用 var 命令定义变量 n，则最后输出的值是 2。

```
function f1() {
    let n = 1;
    if (true) {
        let n = 2;
    }
    console.log(n);                           //1
}
```

扫一扫，看视频

9.2.4　解构赋值

使用等号（=）运算符可以为变量赋值，等号左侧为变量，右侧为具体的值。

ES6 实现了一种复合声明和赋值语法，称为解构赋值。在解构赋值中，等号右边的值是一个数组或对象等结构化的值，等号左边的值使用模拟数组和对象语法结构指定一个或多个变量名。当一个解构赋值发生时，一个或多个值将从右边的值中被提取，并存储到左边命名的变量中。

【示例 1】下面的代码从数组中提取 3 个元素的值，按照对应位置的映射关系为 3 个变量赋值，则 a、b、c 变量的值分别为 1、2、3。

```
let [a, b, c] = [1, 2, 3];                    //a=1, b=2, c=3
```

解构语法本质上属于模式匹配，只要等号两边的模式相同，左边的变量就会被赋予对应的值。

【示例 2】下面的代码使用嵌套数组结构进行解构赋值，等号左右两侧的结构相同，因此 a、b、c 变量的值分别为 1、2、3。

```
let [a, [b, [c]]] = [1, [2, [3]]];            //a=1, b=2, c=3
```

对象解构赋值是先找到同名属性，然后再赋给对应的变量。

【示例 3】在下面的代码中，等号左边 3 个变量的次序与等号右边 2 个同名属性的次序不一致，但是对取值完全没有影响，其中 a 和 b 分别为 1 和 2。由于变量 c 没有对应的同名属性，导致取不到值，最后等于 undefined。

```
let {a, b, c} = {b: 2, a: 1};            //a=1, b=2, c=undefined
```

字符串可以被转换为一个类似数组的对象，因此字符串也可以进行解构赋值。

【示例 4】在下面的代码中，变量 a、b、c、d、e 分别为"h"、"e"、"l"、"l"、"o"。

```
const [a, b, c, d, e] = 'hello';         //a="h", b="e", c="l", d="l", e="o"
```

9.3 数 据 类 型

数据类型是指数据存储的一种机制，它规定了数据存储的格式、范围和操作方式。在编程中，正确使用数据类型可以提高程序的效率和可靠性。

9.3.1 基本数据类型

扫一扫，看视频

JavaScript 支持 7 种基本数据类型，见表 9.1。

表 9.1 JavaScript 支持的 7 种基本数据类型

数 据 类 型	说　　明
null	空值
undefined	未定义的值
symbol	独一无二的值
number	数字
string	字符串
boolean	布尔值
object	对象

这些数据类型可以分为 3 类，概括如下。

（1）简单的值：字符串、数字和布尔值。

（2）复杂的值：对象。

（3）特殊的值：空值、未定义的值和独一无二的值。

复杂的值是一种结构化的数据，JavaScript 内置的数据结构主要包括对象和数组。

使用 typeof 运算符可以检测上述 7 种基本数据类型，typeof 是一元运算符，放在单个操作数之前。操作数可以是任意类型，它的值是指定操作数类型的字符串表示，具体说明见表 9.2。

表 9.2 typeof 运算符返回的值

值（x）	返回值（typeof x）	值（x）	返回值（typeof x）
undefined	"undefined"	任意 BigInt	"bigint"
null	"object"	任意字符串	"string"
true 或 false	"boolean"	任意符号	"symbol"
任意数字或 NaN	"number"	任意函数	"function"
任意非函数对象	"object"		

【示例】下面的代码使用 typeof 运算符分别检测常用值的类型。

```
console.log(typeof 1);                    //"number"
```

```
console.log(typeof "1");                    //"string"
console.log(typeof true);                   //"boolean"
console.log(typeof {});                     //"object"
console.log(typeof []);                     //"object"
console.log(typeof function(){});           //"function"
console.log(typeof null);                   //"object"
console.log(typeof undefined);              //"undefined"
console.log(typeof Symbol());               //"symbol"
```

扫一扫，看视频

9.3.2 数字

数字（Number）也称为数值或数。

1. 数值直接量

当数字直接出现在程序中时，被称为数值直接量。在 JavaScript 代码中，直接输入的任何数字都被视为数值直接量。

【示例1】数值直接量可以细分为整型直接量（整数）和浮点型直接量（浮点数）。浮点数就是带有小数点的数值，而整数是不带小数点的数值。

```
var int = 1;                                //整数
var float = 1.0;                            //浮点数
```

整数一般都是 32 位数值，而浮点数一般都是 64 位数值。

> 📢 **注意**
>
> JavaScript 的所有数字都是以 64 位浮点数的形式存储的，包括整数。例如，2 与 2.0 是同一个数。

【示例2】浮点数可以使用科学记数法表示。

```
var float = 1.2e3;
```

其中，e（或 E）表示底数，其值为 10，而 e 后面跟随的是 10 的指数。指数是一个整数，可以取正负值。上面的代码等价于：

```
var float = 1.2*10*10*10;
var float = 1200;
```

【示例3】科学记数法表示的浮点数也可以转换为普通的浮点数。

```
var float = 1.2e-3;
```

等价于：

```
var float = 0.0012;
```

但不等价于：

```
var float = 1.2*1/10*1/10*1/10;             //返回 0.0012000000000000001
var float = 1.2/10/10/10;                   //返回 0.0012000000000000001
```

2. 二进制、八进制和十六进制数值

JavaScript 支持将十进制数值转换为二进制、八进制和十六进制等不同进制的数值。

【示例 4】十六进制数值以 0X 或 0x 作为前缀，后面跟随十六进制的数值直接量。

```
var num = 0x1F4;                        //十六进制数值
console.log(num);                       //返回 500
```

十六进制的数值是 0~9 和 a~f 的数字或字母任意组合，用于表示 0~15 之间的某个数。

在 ES6 中，还可以使用 0b 或 0B 作为前缀定义二进制数值（以 2 为基数），或者使用 0o 或 0O 作为前缀定义八进制数值（以 8 为基数）。例如：

```
0o764;                                  //八进制数值，等于十进制数值 500
0b11                                    //二进制数值，等于十进制数值 3
```

提示

在 JavaScript 中，可以使用 Number 的 toString(16)方法将十进制数值转换为十六进制字符串表示。二进制、八进制或十六进制的数值在参与数学运算时，返回的都是十进制数值。

9.3.3　字符串

字符串（String）是由 0 个或多个 Unicode 字符组成的字符序列。0 个字符表示空字符串。

扫一扫，看视频

1. 字符串直接量

字符串必须包含在单引号或双引号中。当字符串直接出现在程序中时，被称为字符串直接量。字符串直接量具有以下特点。

（1）如果字符串包含在双引号中，则字符串内可以包含单引号。反之，可以在单引号中包含双引号。例如，定义 HTML 字符串时，习惯使用单引号定义字符串，使用双引号包裹 HTML 中的属性值，这样不容易出现错误。

```
console.log('<meta charset="utf-8">');
```

（2）字符串需要在一行内表示，换行表示是不允许的。例如：

```
console.log("字符串
直接量");                               //抛出异常
```

如果要换行显示字符串，可以在字符串中添加换行符（\n）。例如：

```
console.log("字符串\n 直接量");          //在字符串中添加换行符
```

（3）如果要多行表示字符串，可以在换行结尾处添加反斜杠（\）。反斜杠和换行符不作为字符串直接量的内容。例如：

```
console.log("字符串\
直接量");                               //显示"字符串直接量"
```

（4）在字符串中插入特殊字符，需要使用转义字符。例如，在英文文本中常用单引号表示撇号，此时如果使用单引号定义字符串，就应该添加反斜杠转义单引号，单引号就不再被解析为定义字符串的标识符，而是作为撇号使用。

```
console.log('I can\'t read.');          //显示"I can't read."
```

（5）字符串中每个字符都有固定的位置。第 1 个字符的下标位置为 0，第 2 个字符的下标位置为 1，以此类推。最后一个字符的下标位置是字符串长度（length）减去 1。

2．转义字符

转义字符是字符的一种间接表示方式。在特定环境中，无法直接使用字符自身表示。例如，在字符串中包含说话内容。

```
"子曰:"学而不思则罔，思而不学则殆。""
```

由于 JavaScript 已经赋予了双引号为字符串直接量的标识符，如果在字符串中包含双引号，就必须使用转义字符表示。

```
"子曰:\"学而不思则罔，思而不学则殆。\""
```

9.3.4　布尔型

布尔型（Boolean）仅包含两个值：true 和 false。其中，true 代表"真"，而 false 代表"假"。

在 JavaScript 中，undefined、null、""、0、NaN 和 false 这 6 个特殊值转换为布尔值时为 false，俗称为假值。除了假值外，其他任何类型的值转换为布尔值时都为 true。

【示例】使用 Boolean()函数可以强制把任何类型的值转换为布尔值。

```
console.log(Boolean(0));              //返回 false
console.log(Boolean(""));             //返回 false
```

9.3.5　Null

Null 类型只有一个值，即 null。null 表示空值，常用于定义一个空的对象。

使用 typeof 运算符检测 null 值，返回"object"，表明它是 Object 类型，但是 JavaScript 把它归为一类特殊的原始值。

设置变量的初始值为 null，可以定义一个备用的空对象，即特殊的非对象。

9.3.6　Undefined

Undefined 类型也只有一个值，即 undefined。undefined 表示未定义的值。当声明变量未赋值时，或者定义属性未设置值时，默认值都为 undefined。

【示例】可以使用 undefined 快速检测一个变量是否被初始化。

```
var a;                                //声明变量
console.log(a);                       //返回变量默认值为 undefined
(a == undefined) && (a = 0);          //检测变量是否被初始化，否则为其赋值
console.log(a);                       //返回初始值 0
```

也可以使用 typeof 运算符检测变量的值是否为 undefined。

```
(typeof a == "undefined") && (a = 0);  //检测变量是否被初始化，否则为其赋值
```

9.3.7　Symbol

ES6 引入了一种新的基本数据类型，即 Symbol，表示独一无二的值。Symbol 值通过 Symbol() 函数生成。凡是属性名属于 Symbol 类型，都是独一无二的，可以保证不会与其他属性名产生冲突。

【示例】在下面的代码中，变量 s 就是一个独一无二的值。typeof 运算符的结果表明变量 s 是 Symbol 数据类型，而不是字符串之类的其他类型。

```
let s = Symbol();
console.log(typeof s);                    //"symbol"
```

Symbol()函数可以接收一个字符串作为参数，表示对 Symbol 实例的描述信息，主要是为了在控制台显示，或者转换为字符串时，方便区分不同的 Symbol 值。

9.4 运 算 符

9.4.1 认识运算符和表达式

运算符就是能够对操作数执行特定运算，并返回值的符号。大部分运算符由标点符号表示，如+、−、=等；少部分由单词表示，如 delete、typeof、void、instanceof 和 in 等。操作数表示参与运算的对象，包括直接量、变量、对象、对象属性、数组、数组元素、函数、表达式等。

表达式表示计算的式子，由运算符和操作数组成。表达式必须返回一个计算值，最简单的表达式是一个变量或直接量，使用运算符把多个简单的表达式连接在一起，就构成了复杂的表达式。

JavaScript 定义了 50 多个运算符。根据运算符需要操作数的个数不同，可以分为 3 类。

（1）一元运算符：一个运算符仅对一个操作数执行运算，如取反、递加、递减、转换数字、类型检测、删除属性等运算。

（2）二元运算符：一个运算符必须包含 2 个操作数，如 2 个数相加、2 个值比较等运算。大部分运算符都需要两个操作数配合才能够完成运算。

（3）三元运算符：一个运算符必须包含 3 个操作数，如条件运算符。

运算符的优先级决定了执行运算的顺序。例如，1+2*3 的结果是 7，而不是 9，因为乘法运算的优先级高，虽然加号位于左侧。

使用小括号可以改变运算符的优先顺序。例如，(1+2)*3 的结果是 9，而不再是 7。

绝大部分运算符都遵循先左后右的顺序进行结合运算。只有一元运算符、三元运算符和赋值运算符遵循先右后左的顺序进行结合运算。

9.4.2 算术运算

算术运算包括加（+）、减（−）、乘（*）、除（/）、指数运算（**）、余数运算（%）、数值取反运算（−）。下面结合几个重要的运算符进行说明。

余数运算也称为模运算。例如：

```
console.log(3 % 2);                       //返回余数 1
```

模运算主要针对整数进行操作，也适用于浮点数。例如：

```
console.log(3.1 % 2.3);                   //返回余数 0.8000000000000003
```

递增（++）和递减（−−）运算就是通过与自己相加 1 或相减 1，然后再把结果赋值给左侧操作数，以实现改变自身结果的一种简洁方法。

作为一元运算符，递增和递减只能作用于变量、数组元素或对象属性，不能作用于直接

扫一扫，看视频

量。根据位置不同，可以分为 4 种运算方式。

    （1）前置递增（++n）：先递增，再赋值。

    （2）前置递减（--n）：先递减，再赋值。

    （3）后置递增（n++）：先赋值，再递增。

    （4）后置递减（n--）：先赋值，再递减。

【示例】下面的示例是比较递增和递减的 4 种运算方式所产生的结果。

```
var a=b =c= 4;
console.log(a++);                            //返回 4，先赋值，再递增，运算结果不变
console.log(++b);                            //返回 5，先递增，再赋值，运算结果加 1
console.log(c++);                            //返回 4，先赋值，再递增，运算结果不变
console.log(c);                              //返回 5，变量的值加 1
console.log(++c);                            //返回 6，先递增，再赋值，运算结果加 1
console.log(c);                              //返回 6，变量的值也加 1
```

指数运算也称为幂运算。例如：

```
console.log(2 ** 3);                //8
```

指数运算符是右结合，而其他算术运算符都是左结合。多个指数运算符连用时，从最右边开始计算。例如：

```
console.log(2 ** 3 ** 2);                //512
```

上面的代码相当于 2 ** (3 ** 2)，先计算第 2 个指数运算符，而不是第 1 个。

扫一扫，看视频

9.4.3　逻辑运算

逻辑运算包括逻辑与（&&）、逻辑或（||）和逻辑非（!）。

1．逻辑与运算

逻辑与运算（&&）是只有当两个操作数都为 true 时，才返回 true；否则返回 false。

逻辑与是一种短路逻辑：如果左侧表达式的值可转换为 false，那么就会结束运算，直接返回第 1 个操作数的值；如果第 1 个操作数为 true，或者可以转换为 true，则计算第 2 个操作数（右侧表达式）的值并返回。

【示例 1】下面的代码利用逻辑与运算检测变量并进行初始化。

```
var user;                                //定义变量
(! user && console.log("没有赋值"));     //返回提示信息"没有赋值"
```

2．逻辑或运算

逻辑或运算（||）是如果两个操作数都为 true，或者其中一个为 true，就返回 true；否则返回 false。

逻辑或也是一种短路逻辑：如果左侧表达式的值可转换为 true，那么就会结束运算，直接返回第 1 个操作数的值；如果第 1 个操作数为 false，或者可以转换为 false，则计算第 2 个操作数（右侧表达式）的值并返回。

【示例 2】结合&&和||运算符可以设计多分支结构。

```
var n = 3;
(n == 1) && console.log(1) ||
(n == 2) && console.log(2) ||
```

```
(n == 3) && console.log(3) ||
(! n) && console.log("null");
```

由于&&运算符的优先级高于||运算符的优先级，所以不必使用小括号进行分组。

3．逻辑非运算

逻辑非运算（!）作为一元运算符，直接放在操作数之前，把操作数的值转换为布尔值，然后取反并返回。

【示例 3】如果对操作数执行两次逻辑非运算操作，就相当于把操作数转换为布尔值。

```
console.log(!0);                    //返回 true
console.log(!!0);                   //返回 false
```

逻辑与运算和逻辑或运算的返回值不必是布尔值，但是逻辑非运算的返回值一定是布尔值。

9.4.4　关系运算

关系运算也称为比较运算，需要两个操作数，运算结果总是布尔值。

1．大小比较

大小比较运算符包括 4 个，具体见表 9.3。

表 9.3　大小比较运算符

运　算　符	说　明
<	如果第 1 个操作数小于第 2 个操作数，则返回 true；否则返回 false
<=	如果第 1 个操作数小于或等于第 2 个操作数，则返回 true；否则返回 false
>=	如果第 1 个操作数大于或等于第 2 个操作数，则返回 true；否则返回 false
>	如果第 1 个操作数大于第 2 个操作数，则返回 true；否则返回 false

操作数可以是任意类型的值，但是在执行运算时，会被转换为数字或字符串，然后再进行比较。如果是数字，则比较大小；如果是字符串，则根据字符编码表中的编号值，从左到右逐个比较每个字符。例如：

```
console.log(4>3);                   //返回 true，直接利用数值大小进行比较
console.log("a">"3");               //返回 true，字符 a 编码为 61，字符 3 编码为 33
console.log("a">3);                 //返回 false，字符 a 被强制转换为 NaN
```

为了设计可控的比较运算，建议先检测操作数的类型，主动转换类型。

2．等值比较

等值比较运算符包括 4 个，具体见表 9.4。

表 9.4　等值比较运算符

运　算　符	说　明
==（相等）	比较两个操作数的值是否相等
!=（不相等）	比较两个操作数的值是否不相等
===（全等）	比较两个操作数的值是否相等，同时检测它们的类型是否相等
!==（不全等）	比较两个操作数的值是否不相等，同时检测它们的类型是否不相等

【**示例1**】下面是两个对象的比较，由于它们都引用相同的地址，所以返回 true。

```
var a = {};
var b = a;
console.log(a === b);                        //返回 true
```

下面两个对象虽然结构相同，但是地址不同，所以不全等。

```
var a = {};
var b = {};
console.log(a === b);                        //返回 false
```

【**示例2**】对于简单的值，只要类型相同，值相等，它们就是全等，不用考虑表达式运算的过程变化，也不用考虑变量的引用地址。

```
var a = "1" + 1;
var b = "11";
console.log(a === b);                        //返回 true
```

9.4.5　赋值运算

扫一扫，看视频

赋值运算需要用到赋值运算符。赋值运算符的左侧操作数必须是变量、对象的属性或数组的元素，也称为左值。例如，下面写法是错误的，因为左侧的值是一个固定的值，不允许操作。

```
1 = 100;                                     //返回错误
```

赋值运算有以下两种形式。

（1）简单的赋值运算（=）：把等号右侧操作数的值直接复制给左侧操作数，因此左侧操作数的值会发生变化。

（2）附加操作的赋值运算：赋值之前先对两侧操作数执行特定运算，然后把运算结果复制给左侧操作数，具体说明见表 9.5。

表 9.5　附加操作的赋值运算

运 算 符	说 明	示 例	等 效 于
+=	加法运算或连接操作并赋值	a += b	a = a + b
-=	减法运算并赋值	a -= b	a = a - b
*=	乘法运算并赋值	a *= b	a = a * b
**=	指数运算并赋值	a **= b	a = a ** b
/=	除法运算并赋值	a /= b	a = a / b
%=	取模运算并赋值	a %= b	a = a % b
<<=	左移位运算并赋值	a <<= b	a = a << b
>>=	右移位运算并赋值	a >>= b	a = a >> b
>>>=	无符号右移位运算并赋值	a >>>= b	a = a >>> b
&=	位与运算并赋值	a &= b	a = a & b
|=	位或运算并赋值	a |= b	a = a | b
^=	位异或运算并赋值	a ^= b	a = a ^ b
&&=	先逻辑与后赋值	a &&= b	a = a && b
||=	先逻辑或后赋值	a ||= b	a = a || b
??=	先 null 判断后赋值	a ??= b	a = a ?? b

【示例】使用赋值运算符设计复杂的连续赋值表达式。

```
var a = b = c = d = e = f = 100;              //连续赋值
//在条件语句的小括号内进行连续赋值
for(var a = b = 1; a < 5; a ++){console.log(a + "" + b);}
```

赋值运算符的结合性是从右向左，所以最右侧的赋值运算先执行，然后再向左赋值，以此类推。因此，连续赋值运算不会引发异常。

9.4.6 条件运算

扫一扫，看视频

条件运算需要用到条件运算符。条件运算符是三元运算符，语法形式如下：

```
b ? x : y
```

b 操作数必须是一个计算值可转换为布尔型的表达式，x 和 y 操作数可以是任意类型的值。

（1）如果操作数 b 的返回值为 true，则执行 x 操作数，并返回该表达式的值。

（2）如果操作数 b 的返回值为 false，则执行 y 操作数，并返回该表达式的值。

【示例】定义变量 a，然后检测 a 是否被赋值。如果赋值则使用该值，否则设置为默认值。

```
var a = null;                              //定义变量 a
typeof a != "undefined" ? a = a : a = 0;   //检测变量 a 是否赋值，否则设置为默认值
console.log(a);                            //显示变量 a 的值，返回 null
```

条件运算符可以转换为条件结构。

```
if(typeof a != "undefined"){a=a;}          //赋值
else{a = 0;}                               //没有赋值
console.log(a);
```

也可以转换为逻辑表达式。

```
 (typeof a != "undefined") && (a = a) || (a = 0);     //逻辑表达式
console.log(a);
```

在上面的表达式中，如果 a 已赋值，则执行(a=a)表达式，执行完毕就不再执行逻辑或后面的(a = 0)表达式；如果 a 未赋值，则不再执行逻辑与运算符后面的(a=a)表达式，转而执行逻辑或运算符后面的表达式(a = 0)。

> **注意**
>
> 在实战中需要考虑假值的干扰。使用 typeof a != "undefined"进行检测，可以避免出现变量赋值为 false、null、""、NaN 等假值时，被误认为没有赋值。

9.5　语　句

JavaScript 定义了很多语句，用于执行不同的命令。这些语句根据用途可以分为声明、分支控制、循环控制、流程控制、异常处理等种类。根据结构又可以分为以下几种。

（1）单句：单行语句，由 0 个、1 个或多个关键字，以及表达式构成，用于完成简单的

运算。

（2）复句：使用大括号包含一个或多个单句，用于设计代码块、控制流程等复杂操作。

9.5.1 分支结构

扫一扫，看视频

正常情况下，JavaScript 脚本是按顺序从上到下执行的，这种结构称为顺序结构。如果使用 if、else 或 switch 语句，可以改变这种流程顺序，让代码根据条件选择执行的方向，这种结构称为分支结构。

1．if 语句

if 语句允许根据特定的条件执行指定的语句或语句块。语法格式如下：

```
if (表达式){
    语句块
}
```

如果表达式的值为真，或者可以转换为真，则执行语句块；否则，将忽略语句块。

【**示例 1**】下面的示例使用内置函数 Math.random()随机生成一个 1～100 的整数，然后判断该数是否为偶数，如果是偶数，则输出显示。

```
var num = parseInt(Math.random()*99 + 1);    //使用 Math.random()函数生成一
                                             //个随机数
if (num % 2 == 0){                           //判断变量 num 是否为偶数
    console.log(num + "是偶数。");
}
```

📘 **提示**

如果语句块为单句，则可以省略大括号，例如：

```
if (num % 2 == 0)
    console.log(num + "是偶数。");
```

2．else 语句

else 语句仅在 if 或 else if 语句的条件表达式为假时执行。语法格式如下：

```
if (表达式){
    语句块 1
}else{
    语句块 2
}
```

如果表达式的值为真，则执行语句块 1；否则，将执行语句块 2。

【**示例 2**】针对示例 1，可以设计二重分支，实现根据条件显示不同的提示信息。

```
var num = parseInt(Math.random()*99 + 1);    //使用 Math.random()函数生成一
                                             //个随机数
if (num % 2 == 0){                           //判断变量 num 是否为偶数
    console.log(num + "是偶数。");
} else {
    console.log(num + "是奇数。");
}
```

【示例 3】if else 结构可以嵌套，以设计多重分支结构。

```
var num = parseInt(Math.random()*99 + 1);      //使用 Math.random()函数生成一
                                               //个 1～100 的随机数
if (num < 60){console.log("不及格");}
else if (num < 70){console.log("及格");}
else if (num < 85){console.log("良好");}
else{console.log("优秀");}
```

把 else 与 if 关键字组合在一行内显示，然后重新格式化每个句子。整个嵌套结构的逻辑思路就变得清晰了。

3. switch 语句

switch 语句专门用于设计多分支条件结构。与 if/else 多分支结构相比，switch 结构更简洁，执行效率更高。语法格式如下：

```
switch (条件表达式){
    case 值表达式 1：
        语句列表 1
        break;
    ...
    case 值表达式 n：
        语句列表 n
        break;
    default:
        默认语句列表
}
```

switch 语句根据条件表达式的值，依次与 case 后表达式的值进行比较，如果全等(===)，则执行其后的语句列表。只有遇到 break 语句，或者 switch 语句结束才终止。由于使用了全等运算符，因此不会自动转换每个值的类型。如果不相等，则继续查找下一个 case 子句。switch 语句包含一个可选的 default 语句，如果在前面的 case 子句中没有找到相等的条件，则执行 default 语句列表，它与 else 语句类似。

注意

在 switch 语句中，case 子句只是指明了执行的起点，但是没有指明执行的终点。如果在 case 子句中没有 break 语句，就会发生连续执行的情况，从而忽略后面 case 子句的条件限制，这样就容易破坏 switch 结构的逻辑，因此在每个 case 子句底部不要忘记加上 break 语句。

【示例 4】下面的示例使用 switch 语句设计网站登录会员管理模块。

```
var id = 1;
switch (id) {
    case 1:
        console.log("普通会员");
        break;                          //停止执行，跳出 switch
    case 2:
        console.log("VIP 会员");
        break;                          //停止执行，跳出 switch
    case 3:
        console.log("管理员");
        break;                          //停止执行，跳出 switch
```

```
    default:                              //上述条件都不满足时，默认执行的代码
        console.log("游客");
}
```

default 是 switch 的子句，可以位于 switch 内任意位置，不会影响多重分支的正常执行。default 子句与 case 子句简单比较如下。

（1）语义不同：default 为默认项，case 为判例。

（2）功能扩展：default 选项是唯一的，不可以扩展。而 case 选项是可扩展的，没有限制。

（3）异常处理：default 与 case 扮演的角色不同，case 用于枚举，default 用于异常处理。

扫一扫，看视频

9.5.2 循环结构

在程序开发中，存在大量的重复性操作或计算，这些任务必须依靠循环结构来完成。JavaScript 定义了 while、do/while、for、for/in 和 for/of 5 种类型的循环语句。

1. while 语句

while 语句是最基本的循环结构。语法格式如下：

```
while (表达式){
    语句块
}
```

当表达式的值为真时，将执行语句块，执行结束后，再返回到表达式继续进行判断。直到表达式的值为假，才跳出循环，执行下面的语句。

【示例 1】下面使用 while 语句输出 1～100 的偶数。

```
var n = 1;                                //声明并初始化循环变量
while(n <= 100){                          //循环条件
    n ++;                                 //递增循环变量
    if(n%2 == 0) console.log(n);          //执行循环操作
}
```

也可以在循环的条件表达式中设计循环增量。

```
var n = 1;                                //声明并初始化循环变量
while(n++ <= 100)                         //循环条件
    if(n%2 == 0) console.log(n);          //执行循环操作
```

2. do/while 语句

do/while 与 while 语句非常相似，区别在于表达式的值是在每次循环结束时检查，而不是在开始时检查。因此 do/while 语句能够保证至少执行一次循环，而 while 语句就不一定了，如果表达式的值为假，则直接终止循环，不进入循环。语法格式如下：

```
do{
    语句块
}while (表达式)
```

【示例 2】针对示例 1，使用 do/while 语句进行设计，代码如下所示。

```
var n = 1;                                //声明并初始化循环变量
do {
    n ++;                                 //递增循环变量
```

```
        if(n%2 == 0) console.log(n);          //执行循环操作
} while(n <= 100);                              //循环条件
```

建议在 do/while 语句的尾部使用分号表示语句结束，避免发生意外情况。

3．for 语句

for 语句是一种更简洁的循环结构。语法格式如下：

```
for (表达式1; 表达式2; 表达式3){
    语句块
}
```

表达式 1 在循环开始前无条件地求值一次，而表达式 2 在每次循环开始前求值。如果表达式 2 的值为真，则执行循环语句块；否则将终止循环，执行后面的代码。表达式 3 在每次循环之后被求值。

注意

for 语句中的 3 个表达式都可以为空，或者包括以逗号分隔的多个子表达式。在表达式 2 中，所有用逗号分隔的子表达式都会被计算，但只取最后一个子表达式的值进行检测。表达式 2 为空，会认为其值为真，意味着将无限循环下去。除了使用表达式 2 结束循环外，也可以在循环语句中使用 break 语句结束循环。

【示例 3】下面的示例使用嵌套循环求 2~100 的所有素数。外层 for 循环遍历每个数字，在内层 for 循环中使用当前数字与其前面的数字求余。如果至少有一个数字能够被整除，则说明它不是素数；如果没有一个能被整除，则说明它是素数，最后输出当前数字。

```
for(var i=2; i<100; i++){          //输出 2~100 的素数
    var b = true;
    for(var j = 2; j < i; j++){    //判断 i 能否被 j 整除，能被整除则说明不是素数，
                                   //修改布尔值为 false
        if(i%j == 0)  b = false;
    }
    if(b)  console.log(i);         //输出素数
}
```

4．for/in 语句

for/in 语句是 for 语句的一种特殊形式，语法格式如下：

```
for ([var] 变量 in <object | array>){
    语句块
}
```

可以在变量前面附加 var 语句，用于直接声明变量名。in 后面是一个对象或数组类型的表达式。在遍历对象或数组的过程中，把获取的每一个值赋值给变量。

然后，执行语句块，其中可以访问变量来读取每个对象属性或数组元素的值。执行完毕，返回继续枚举下一个元素，以此周而复始，直到所有元素都被枚举为止。

对于数组来说，值是数组元素的下标；对于对象来说，值是对象的属性名或方法名。

【示例 4】下面的示例使用 for/in 语句遍历数组，并枚举每个元素及其值。

```
var a = [1, true, "0", [false], {}];    //声明并初始化数组变量
for(var n in a){                         //遍历数组
```

```
    console.log("a[" + n + "] = " + a[n]);          //显示每个元素及其值
}
```

【示例 5】for/in 语句适合枚举不确定长度的对象。在下面的示例中，使用 for/in 语句读取客户端 document 对象的所有可读属性。

```
for(var i = 0 in document){
    console.log("document."+i+"="+document[i]);
}
```

5. for/of 语句

ES6 新增了一个循环语句 for/of，主要用于遍历可迭代对象，如数组、字符串、集合和映射等序列对象。语法格式如下：

```
for ([let] 变量 of <iterable>){
    语句块
}
```

可以在变量前面附加 let 语句，用于直接声明块级变量名。of 后面是一个可迭代对象。在遍历可迭代对象的过程中，会把获取的每一个元素赋值给变量。

然后，执行语句块，其中可以访问变量来读取每个元素的值。执行完毕，返回继续枚举下一个元素，以此周而复始，直到所有元素都被枚举为止。

【示例 6】下面的示例使用 for/of 循环遍历一个数字数组的元素并计算它们的和。

```
let data = [1, 2, 3, 4, 5, 6, 7, 8, 9], sum = 0;
for(let element of data) {
    sum += element;
}
```

默认情况下，对象不可迭代。如果要迭代对象的属性，可以使用 for/in 循环，或者结合使用 for/of 与 Object.keys()方法。Object.keys()返回一个对象的属性名数组，因为数组是可迭代对象，所以可以与 for/of 一起使用。也可以使用 for(let v of Object.values(o))遍历对象包含的属性值。或者使用 for/of 和 Object.entries()及解构赋值，遍历对象属性的键和值。

扫一扫，看视频

9.5.3 流程控制

使用 label、break、continue、return 语句可以中途改变分支结构、循环结构的流程方向，以提升程序的执行效率。return 语句将在第 11 章中详细说明，本小节不再介绍。

1. label 语句

在 JavaScript 中，使用 label 语句可以为一行语句添加标签，以便在复杂结构中设置跳转目标。语法格式如下：

```
label : 语句块
```

label 为任意合法的标识符，但不能使用保留字。然后使用冒号（:）分隔标签名与标签语句。

label 与 break 语句配合使用，主要应用在循环结构、多分支结构中，以便跳出内层嵌套体。

2. break 语句

break 语句能够结束当前 for、for/in、for/of、while、do/while 或者 switch 语句的执行。

同时 break 可以接收一个可选的标签名，来决定跳出的结构语句。语法格式如下：

```
break label;
```

如果没有设置标签名，则表示跳出当前最内层结构。break 语句的主要功能是提前结束循环或多重分支，主要用在无法预控的环境下，避免死循环或者空循环。

【示例 1】在下面的嵌套结构中，break 语句并没有跳出 for/in 循环，仅仅跳出了 switch 循环。

```
for(i in document){
    switch(i.toString()){
        case "bgColor":
            console.log("document." + i + "=" + document[i]);
            break;
        default:
            console.log("没有找到");
    }
}
```

【示例 2】针对示例 1，可以为 for/in 语句定义一个标签 outloop，然后在最内层的 break 语句中设置该标签名，这样当条件满足时即可跳出最外层的 for/in 循环。

```
outloop:for(i in document){
    switch(i.toString()){
        case "bgColor":
            console.log("document." + i + "=" + document[i]);
            break outloop;
        default:
            console.log("没有找到");
    }
}
```

> **注意**
>
> break 语句和 label 语句配合使用仅限于嵌套的循环结构，或者嵌套的 switch 结构，且需要退出非当前层结构时。break 与标签名之间不能包含换行符，否则 JavaScript 会将其解析为两个句子。

3. continue 语句

continue 语句用在循环结构内，用于跳过本次循环中剩余的代码，并在表达式的值为真时，继续执行下一次循环。它可以接收一个可选的标签名，来决定跳出的循环语句。语法格式如下：

```
continue label;
```

continue 语句只能用在 while、do/while、for、for/in、for/of 语句中。

【示例 3】下面的示例使用 continue 语句过滤数组中的字符串值。

```
var a = [1, "hi", 2, "good", "4", , "" , 3, 4],      //定义并初始化数组 a
    b = [], j = 0;                                     //定义数组 b 和变量 j
for(var i in a){                                       //遍历数组 a
    if(typeof a[i] == "string")                        //如果为字符串，则返回继续下一次循环
        continue;
    b[j ++ ] = a[i];                                   //把数字寄存到数组 b
```

```
}
console.log(b);                                    //返回1,2,3,4
```

扫一扫，看视频

9.5.4 异常处理

ECMA-262 规范了错误类型，其中 Error 是基类，其他错误类型是子类，都继承 Error 基类。Error 类型的主要用途是自定义错误对象。

1．try/catch/finally 语句

try/catch/finally 是 JavaScript 异常处理语句。语法格式如下：

```
try{
     //调试代码块
}
catch(e){
     //捕获异常，并进行异常处理的代码块
}
finally{
     //后期清理代码块
}
```

正常情况下，JavaScript 按顺序执行 try 子句中的代码，如果没有异常发生，将会忽略 catch 子句，跳转到 finally 子句中继续执行。

如果在 try 子句中发生运行时错误，或者使用 throw 语句主动抛出异常，则执行 catch 子句中的代码，同时传入一个参数，引用 Error 对象。

在异常处理结构中，不能省略大括号。

【示例 1】下面的示例先在 try 子句中制造一个语法错误，然后在 catch 子句中获取 Error 对象，读取错误信息，最后在 finally 子句中输出提示代码。

```
try{
    1=1;                                           //非法语句
}
catch(error){                                      //捕获错误
    console.log(error.name);                       //访问错误类型
    console.log(error.message);                    //访问错误详细信息
}
finally{                                           //清除处理
  console.log("1=1");                              //输出提示代码
}
```

catch 和 finally 子句是可选的，正常情况下应该包含 try 和 catch 子句。

 注意

不管 try 子句是否完全执行，finally 子句最后都必须要执行。即使使用了跳转语句跳出了异常处理结构，也必须在跳出之前先执行 finally 子句。

2．throw 语句

throw 语句能够主动抛出一个异常，语法格式如下：

```
throw 表达式;
```

表达式可以为任意类型，一般为 Error 对象，或者 Error 子类实例。当执行 throw 语句时，程序会立即停止执行。只有当使用 try/catch 语句捕获到被抛出的值时，程序才会继续执行。

【示例 2】下面的示例在循环体内设计当循环变量大于 5 时，定义并抛出一个异常。

```
try{
    for(var i=0; i<10;i++){
        if(i>5) throw new Error("循环变量的值大于 5 了");//定义错误对象，并抛出异常
        console.log(i);
    }
}
catch(error){}                          //捕获错误，其中 error 就是 new Error()的实例
```

在抛出异常时，JavaScript 也会停止程序的正常执行，并跳转到最近的 catch 子句。如果没有找到 catch 子句，则会检查上一级的 catch 子句，以此类推，直到找到一个异常处理器为止。如果在程序中都没有找到任何异常处理器，将会显示错误。

9.6 案 例 实 战

9.6.1 检测字符串

使用 typeof 运算符可以检测字符串，但是无法检测字符串对象。例如：

```
var str = String("123");
console.log(typeof str);                       //=> string
var str = new String("123");
console.log(typeof str);                       //=> object
```

【案例】定义 isString()函数，封装字符串直接量和字符串对象的统一检测方法。

```
function isString(str) {
    //如果 typeof 运算符返回'string'，或者 constructor 指向 String，都说明它是字符
    //串类型
    if (typeof str == 'string' || str.constructor == String) {
        return true;
    } else {
        return false;
    }
}
var str = String("123");
console.log(isString(str));                       //=> true
var str = new String("123");
console.log(isString(str));                       //=> true
```

9.6.2 检查字符串是否包含数字

【案例】定义 hasNumber()函数，检测字符串中是否包含数字。如果包含数字，则返回 true；如果全部都是非数字字符，则返回 false。

```
function hasNumber(str) {
    let length = str.length;                       //获取字符串的字符个数
    for (let i = 0; i < length; i++) {             //逐个检测每个字符
```

```
            if (Number(str[i]) || Number(str[i]) === 0){//是否为数字字符，或者为0
                return true;                        //数字0为假值，需要单独检测
            }
        }
        return false;
    }
let str = 'qwqabd';
console.log(hasNumber(str));                         //false
```

扫一扫，看视频

9.6.3　浮点数相乘的精度

【案例】浮点数运算存在精度问题，本案例介绍如何解决浮点数相乘的精度问题。例如：

```
console.log(3*0.0001);                              //=> 0.00030000000000000003
```

定义如下乘法函数：

```
function mul(a, b) {
    if (Math.floor(a) == a && Math.floor(b) == b) {  //如果两个数字都是整数，
        return a * b                                 //则直接相乘
    } else {
        let stra = a.toString();                      //把数字转换为字符串
        let strb = b.toString();                      //把数字转换为字符串
        //如果存在小数位，则获取小数部分，并计算小数部分的长度
        let len1 = stra.split('.').length > 1 ? stra.toString()
.split(".")[1].length : 0;
        let len2 = strb.split('.').length > 1 ? strb.toString()
.split(".")[1].length : 0;
        return (a * b).toFixed(len1 + len2); //取小数位长度为两数小数位长度的和
    }
}
console.log(mul(3, 0.0001));                          //=> 0.0003
```

扫一扫，看视频

9.6.4　计算二进制中 1 的个数

【案例】本案例设计输入一个正整数，求这个正整数转换为二进制后 1 的个数。

设计思路：假设一个整数变量 number，number&1 有两种可能，为 1 或 0。当结果为 1 时，说明最低位为 1；当结果为 0 时，说明最低位为 0，可以通过>>运算符右移一位，再求 number&1，直到 number 为 0。

```
var count = 0;                                       //定义变量，以统计1的个数
var number = parseInt(prompt("请输入一个正整数："));   //输入一个正整数
var temp = number;                                   //备份输入的数字
if (number > 0) {                                    //输入正整数时
    while (true) {                                   //无限次循环
        if (number & 1 == 1) {                       //最后一位为1
            count += 1;                              //统计1的个数
        }
        number >>= 1;                                //右移一位，并赋值给自己
        if (number == 0) {                           //数为0
            break;                                   //退出循环
        }
    }
```

```
    console.log(temp, "的二进制中 1 的个数为", count);    //输出结果
}else {                                                 //输入非正整数时
    console.log("输入的数不符合规范");                      //输出提示语句
}
```

9.6.5 计算水仙花数

扫一扫，看视频

【案例】水仙花数就是一个三位数的每一个位数的立方和等于它自己，如 153=1*1*1+5*5*5+3*3*3。本案例定义一个函数，求 100～999 的所有水仙花数。在函数中使用 for 循环遍历 100～999 的所有整数，然后计算百位、十位和个位上的数字，通过 if 语句检测各位上数字的立方和是否等于该数字。

```
function flower(){
    var numArr=[];
    for(var i=100;i<=999;i++){                              //遍历所有三位数字
        var a=parseInt(i/100);                              //求百位上的数
        var b=parseInt(i%100/10);                           //求十位上的数
        var c=i%10;                                         //求个位上的数
        if(i==Math.pow(a,3)+Math.pow(b,3)+Math.pow(c,3)){   //检测是否相等
            numArr.push(i);                                 //如果相等，则存入数组
        }
    }
    return numArr;                                          //返回数组
}
```

本 章 小 结

本章详细讲解了 JavaScript 变量、数据类型、运算符和语句。这 4 部分知识构成了 JavaScript 语法基础，内容比较细，但非常重要。只有熟练掌握这些知识点，才能够编写出符合标准且高效运行的 JavaScript 程序。建议读者细读本章中的每节内容，并不断上机练习，认真揣摩每个知识点的微妙之处。

课 后 练 习

一、填空题

1. 通过_____操作，可以将数据存储到变量中。
2. JavaScript 标识符包括_____、_____、_____、_____、_____和_____等。
3. 在 JavaScript 中，声明变量有_____、_____、_____、_____、_____和_____ 6 种方法。
4. JavaScript 支持_____、_____、_____、_____、_____和_____ 7 种基本数据类型。
5. 分支结构包括_____、_____和_____ 3 种形式。
6. 循环结构包括_____、_____、_____、_____和_____ 5 种形式。

二、判断题

1．声明 JavaScript 变量时，必须指定数据类型。 （　　）
2．变量未被赋值时默认值为空。 （　　）
3．变量作用域是指变量在程序中可以访问的有效范围。 （　　）
4．函数作用域是局部作用域，块级作用域也是局部作用域。 （　　）
5．运算符就是对操作数执行特定运算，可以不用返回值的符号。 （　　）

三、选择题

1．（　　）是非法的变量名。
 A．var   B．name   C．myClass   D．_name
2．（　　）不属于基础数据类型。
 A．string   B．number   C．boolean   D．object
3．console.log(3 % 2)的输出值是（　　）。
 A．1   B．2   C．3   D．0
4．console.log(!!0) 的输出值是（　　）。
 A．1   B．0   C．true   D．false
5．console.log("a">3) 的输出值是（　　）。
 A．"a"   B．3   C．true   D．false
6．（　　）不是逻辑位运算符。
 A．&   B．!   C．^   D．|
7．（　　）语句不可以中途改变分支结构、循环结构的流程方向。
 A．break   B．continue   C．if   D．return

四、简答题

1．简单介绍一下变量的特点。
2．简述一下合法的标识符应该遵循的规则。

五、编程题

1．质数是一个大于 1 的自然数，除了 1 和它自身外，不能被其他自然数整除，否则称为合数。请编写函数判断给定数字是否为质数。
2．最大公约数是两个或多个整数共有约数中最大的一个。请编写函数求给定的两个整数的最大公约数。
3．编写函数求给定三位数的百位、十位和个位的值。

拓 展 阅 读

扫描下方二维码，了解关于本章的更多知识。

第 10 章　数　　组

➷ 定义和访问数组。
➷ 正确检测数组。
➷ 能把数组转换为其他类型的值。
➷ 灵活操作元素。
➷ 灵活操作数组。

数组是有序数据集合，数组内每个成员称为元素，元素的名称称为数组下标。JavaScript 对数组元素的类型没有严格要求，可以混用任意类型。数组的长度是弹性的、可读可写的。数组是复合型数据结构，属于引用型对象。数组主要用于批量化数据处理，利用 JavaScript 的 Array 提供的丰富的原型方法，可以快速完成各种复杂的操作。

10.1　认 识 数 组

第 9 章程序中使用的变量都属于基本类型，如数字、字符串、布尔值，对于简单的问题，使用这些数据类型就可以了。但是对于有些数据，使用基本类型就难以反映出数据的特点，也难以有效地进行处理。例如，一个班有 40 名学生，每名学生有一个成绩，要计算这 40 名学生的平均成绩。理论上，这个问题很简单，问题是怎样表示 40 名学生的成绩呢？当然可以使用 40 个变量表示：sl、s2、s3、…、s40。但是这里存在两个问题：一是烦琐，要定义 40 个变量，如果有 4000 名学生怎么办呢？二是没有反映出这些数据间的内在联系，实际上这些数据属于同一个班级、同一门课程的成绩，它们具有相同的属性。

人们想出这样的办法：既然它们都是同一类性质的数据，那么可以用同一个名字来代表它们，而在名字的右下角加一个数字来表示这是第几名学生的成绩，如 s_1、s_2、s_3、…、s_{40}。右下角的数字称为下标，一批具有同名同属性的数据就组成一个数组，s 就是数组名。

由于计算机键盘无法输入上下标，于是就用方括号中的数字来表示下标，如 s[1]表示 s_1，代表第 1 名学生的成绩。由此可知：

（1）数组是一组有序数据的集合。数组中各数据的排列是有一定规律的，下标代表数据在数组中的序号。

（2）用一个数组名和下标来唯一地确定数组中的元素，如 s[5]就代表第 5 名学生的成绩。

（3）数组中的每个元素都属于同一类数据。JavaScript 没有这项要求，但是遵循元素同类，对数据处理有很大的帮助。

（4）将数组与循环结合起来，可以有效地批量处理数据，大大提高了工作效率。

在数组中，下标是从 0 开始的。这是因为物理内存的地址是从 0 开始的，以 0 开始可以减少 CPU 指令的运算。如果数组的长度为 n，则最后一个元素应该是 $n-1$。数组元素与下标的关系如图 10.1 所示。

元素 1	元素 2	元素 3	元素 4	元素 5	…	元素 *n*	数组
0	1	2	3	4	…	*n*-1	下标

图 10.1　数组元素与下标的关系

JavaScript 数组不支持负值下标，但在 Array 原型方法中支持负值下标参数，表示从右向左反向索引元素，最后一个元素的索引为-1，倒数第 2 个元素的索引为-2，以此类推。数组元素与反向索引的关系如图 10.2 所示。

元素 1	元素 2	元素 3	元素 4	元素 5	…	元素 *n*	数组
-*n*	1-*n*	2-*n*	3-*n*	4-*n*	…	-1	索引

图 10.2　数组元素与反向索引的关系

10.2　定 义 数 组

扫一扫，看视频

10.2.1　数组直接量

数组直接量的语法格式如下：

```
数组 = [ [数据列表] ]
```

在中括号中包含 0 个或多个值的列表，值之间以逗号分隔，最后一个值尾部可以添加逗号，也可以省略。

推荐使用数组直接量定义数组，它是定义数组最简便、高效的方法。

【示例 1】下面的代码定义了两个数组。

```
var a = [];                              //空数组
var a = [1,true,"0",[1,0],{x:1,y:0}];    //包含 5 个元素的数组
```

【示例 2】如果数组元素的值为数组，则可以定义二维数组，存储表格化数据。

```
var a = [[1.1,1.2],[2.1,2.2]];           //定义二维数组，2 行 2 列
```

扫一扫，看视频

10.2.2　构造数组

调用 Array()构造函数可以构造一个新数组。语法格式如下：

```
数组 = new Array([数据列表])
```

每个参数指定一个元素的值，值的类型没有限制。参数的顺序就是数组元素的顺序，数组的 length 属性值等于所传递参数的个数。

【示例 1】下面的代码定义了两个数组。

```
var a = new Array();                              //空数组
var a = new Array(1,true,"string",[1,2],{x:1,y:2});//创建包含 5 个元素的数组
```

【示例 2】传递一个数值参数，可以定义指定长度的空位数组，每个元素的默认值为 undefined。

```
console.log(new Array(5).toStr);      //[,,,,]
console.log(new Array(1));            //[], 包含 1 个空位元素的数组
```

10.3 访 问 数 组

扫一扫，看视频

10.3.1 数组长度

数组对象的 length 属性可以返回数组的最大长度。length 可读、可写，是一个动态属性，其值会随数组长度的变化而自动更新。如果修改 length 属性值，则会影响数组的元素，具体说明如下：

（1）设置 length 属性值小于当前数组长度，则数组将被截断，长度之外的元素都将丢失。

（2）设置 length 属性值大于当前数组长度，则在数组尾部会产生多个空元素。应确保数组长度等于 length 值。

【示例】下面的示例定义一个空数组，然后为下标为 99 的元素赋值，则 length 属性值返回 100。

```
var a = [];                    //定义空数组
a[99] =99;
console.log(a.length);         //返回 100
```

10.3.2 读/写数组

扫一扫，看视频

使用中括号语法（[]）可以读/写数组。中括号左侧为数组名称，中括号内为数组下标。

数组[非负整数的表达式] = 值

【示例 1】下面的示例使用 for 循环为数组批量赋值。

```
var a = new Array();           //创建一个空数组
for(var i = 0; i < 10; i ++){  //循环生成 10 个元素
    a[i ++ ] = ++ i;           //跳序为数组赋值
}
console.log(a.toString());     //[2,,,5,,,8,,,11]
```

【示例 2】借用数组结构互换两个变量的值。

```
var a = 10, b = 20;            //初始化 2 个变量
a = [b, b = a][0];            //通过数组快速交换数据
```

第 2 个元素是一个表达式：b = a，其运算优于[b, b = a][0]表达式的下标取值。

【示例 3】下面的示例定义一个二维数组，然后读取第 2 行第 2 列的元素值。

```
var a = [[1,2], [3,4]];        //定义二维数组
console.log(a[1][1])          //4
```

10.3.3 使用 for 循环遍历数组

扫一扫，看视频

for 和 for/in 循环都可以遍历数组。for 循环需要配合 length 属性和数组下标来实现，执行效率低于 for/in 循环，但是 for/in 循环会跳过空位元素。对于超长数组，建议使用 for/in 循环进行遍历。

【示例1】下面的示例使用 for 循环遍历数组，筛选出所有数字元素。

```
var a = [1,2,,,,,,,,true,,,,,,,"a",,,,,,,,,,,,,,,,,4,,,,,56,,,,,,,"b"];
                                              //定义数组
var b = [], num=0;
for(var i = 0; i < a.length; i ++){       //遍历数组
    if(typeof a[i] == "number")           //如果为数字，则返回该元素的值
        b.push(a[i]);                     //推入临时数组 b 中
    num++;                                //递增计数
}
console.log(num);                         //42，循环了 42 次
console.log(b);                           //[1,2,4,56]
```

【示例2】下面的示例使用 for/in 循环遍历示例 1 中的数组 a。在 for/in 循环结构中，变量 i 表示数组下标，a[i]读取指定下标 i 的元素值。

```
for(var i in a){                          //遍历数组
    if(typeof a[i] == "number")           //如果为数字，则返回该元素的值
        b.push(a[i]);                     //推入临时数组 b 中
    num++;                                //递增计数
}
console.log(num);                         //7，循环了 7 次
console.log(b);                           //[1,2,4,56]
```

扫一扫，看视频

10.3.4　使用 forEach()遍历数组

使用 forEach()原型方法，可以遍历数组，并为每个元素调用回调函数。语法格式如下：

```
数组.forEach(回调函数,[绑定回调函数中 this 的对象])
```

另外，forEach()也可以用于所有可迭代对象，如 arguments 等。
回调函数的语法格式如下：

```
function 回调函数(当前元素,元素下标,数组) {[函数体]}
```

【示例1】下面的示例使用 forEach()遍历数组 a，输出显示每个元素的值和下标。

```
function f(value, index, array) {
    console.log("a[" + index + "] = " + value)
}
var a = ['a', 'b', 'c'];
a.forEach(f);
```

【示例2】下面的示例为回调函数的 this 绑定对象 obj。当遍历数组时，先读取数组元素的值，然后调用 this 绑定的 obj 对象的 f2()方法改写并覆盖元素的值。

```
var obj = {
    f1: function(value, index, array) {//定义回调函数
        console.log("a[" + index + "] = " + value);
        array[index] = this.f2(value);//调用 obj 对象的 f2()方法改写并覆盖元素的值
    },
    f2: function(x) {return x * x}        //定义修改函数
};
var a = [12,26,36];                       //定义数组
a.forEach(obj.f1, obj);                   //遍历数组
console.log(a);                           //[144,676,1296]
```

10.4　类　型　转　换

10.4.1　转换为字符串

Array 定义了 3 个可以将数组转换为字符串的原型方法，见表 10.1。

表 10.1　将数组转换为字符串的原型方法

原型方法语法	说　明
字符串=数组.toString()	将数组转换为一个字符串
字符串=数组.toLocaleString()	将数组转换为本地约定的字符串
字符串=数组.join([分隔符表达式])	使用分隔符将数组元素连接起来以构建一个字符串

【示例 1】toLocaleString() 与 toString() 用法相同，主要区别在于 toLocaleString() 方法能够根据本地约定的习惯把生成的字符串连接起来。

```
var a = [1,2,3,4,5];              //定义数组
var s = a.toString();             //转换为字符串
console.log(s);                   //"1,2,3,4,5"
s = a.toLocaleString();           //转换为本地字符串
console.log(s);                   //"1.00,2.00,3.00,4.00,5.00"
```

在上面的示例中，调用 toLocaleString() 方法时，早期的浏览器会根据中国大陆的习惯，先把数字转换为浮点数，再执行字符串转换操作。

【示例 2】join() 方法的参数是一个字符串表达式（分隔符），如果省略参数，默认使用逗号作为分隔符，转换操作与 toString() 方法相同。

```
var a = [1,2,3,4,5];              //定义数组
var s = a.join("a"+"b");          //分隔符表达式，转换为字符串表示
console.log(s);                   //"1ab2ab3ab4ab5"
```

10.4.2　转换为序列

使用扩展运算符（...）可以将一个数组转换为用逗号分隔的序列。语法格式如下：

```
序列 = ...数组
```

【示例 1】扩展运算符主要用于参数传递。下面的示例使用扩展运算符将一个数组转换为参数序列，再传递给调用函数。

```
function add(x, y) {return x + y;}
console.log(add(...[4,3]));       //7
```

【示例 2】使用扩展运算符替代 apply() 方法。下面的示例比较两种方法如何把数组传递给函数。

```
function f(x, y, z) {console.log(x, y, z);}
var args = [0,1,2];               //定义数组
f.apply(null, args);              //ES5 的写法
f(...args);                       //ES6 的写法
```

【**示例 3**】下面的示例比较两种方法使用 Math.max()函数求数组的最大元素。

```
Math.max.apply(null, [14,3,77])          //ES5 的写法
Math.max(...[14,3,77])                    //ES6 的写法，等于 Math.max(14,3,77)
```

【**示例 4**】下面的示例比较两种方法使用 push()方法合并数组。

```
var arr1 = [0,1,2], arr2 = [3,4,5];
Array.prototype.push.apply(arr1, arr2);  //ES5 的写法
arr1.push(...arr2);                       //ES6 的写法
```

扫一扫，看视频

10.4.3　将对象转换为数组

使用 Array.from()函数可以将伪类数组或者可迭代对象转换为数组，如 NodeList 集合、arguments 对象等。

【**示例**】在下面的代码中，querySelectorAll()方法返回的是一个类似数组的对象，先使用 Array.from()函数将这个对象转换为真正的数组，再使用 filter()方法过滤元素。

```
let ps = document.querySelectorAll('p');       //获取页面中所有的 p 元素
let a = Array.from(ps).filter(p => {           //转换为数组，然后进行过滤
    return p.textContent.length > 100;         //过滤出包含大于 100 个字符的 p 元素
});
```

 提示

扩展运算符（...）仅用于部署了迭代器接口的对象。Array.from()函数还支持类数组的对象，任何包含 length 属性的对象都可以通过 Array.from()函数转换为数组。

```
console.log(Array.from({length: 3}));  //[undefined, undefined, undefined]
console.log([].slice.call({length: 3}));      //[, ,]
```

Array.from()可以接收第 2 个参数（处理函数），用于对每个元素进行处理，将处理后的值放入返回的数组。例如：

```
Array.from(arrayLike, x => x * x);             //等同于 Array.from(arrayLike)
                                                       .map(x => x * x);
```

扫一扫，看视频

10.4.4　将字符串、参数列表转换为数组

1．split()

使用 String 的 split()原型方法可以把字符串转换为数组。该方法包含两个可选的参数，第 1 个参数为分隔符，指定分隔的标记；第 2 个参数指定要返回数组的长度。例如：

```
var s = "1==2==3==4==5";                        //定义字符串
var a = s.split("==");                          //分隔符"=="
console.log(a);                                 //[1,2,3,4,5]
```

2．of()

使用 Array.of()函数可以将一个或一组值转换为数组。替代由于 Array()或 new Array()参

数不同而导致的行为不统一。例如：

```
console.log(Array.of());           //[]，没有参数，返回空数组
console.log(Array.of(1,2));        //[1,2]
console.log(Array(3));             //[,,,]，只有一个正整数时，指定数组的长度
console.log(Array.of(3));          //[3]
```

10.5　操　作　元　素

扫一扫，看视频

10.5.1　添加元素

Array 定义了 4 个可以为数组添加元素的原型方法，见表 10.2。

表 10.2　添加元素的原型方法

原型方法语法	说　　明
数组新长度=数组.push(值列表)	在数组尾部添加一个或多个元素。参数顺序与下标顺序一致
数组新长度=数组.unshift(值列表)	在数组头部添加一个或多个元素。参数顺序与下标顺序相反
新数组=原数组.concat(值列表|数组)	在原数组尾部添加多个元素，或合并数组。参数顺序与下标顺序一致
删除元素数组=数组.splice(起始下标, 删除个数, 添加值列表)	在数组指定位置删除 0 个或多个元素，并在该位置添加多个元素。如果删除个数为 0，则不删除元素，返回空数组

【示例】下面分别使用 push()、unshift()、concat() 和 splice() 方法为数组[1,2,3]添加 3 个元素。

```
console.log([1,2,3].push(4,5,6));        //6，原数组变为[1,2,3,4,5,6]
console.log([1,2,3].unshift(4,5,6));     //6，原数组变为[4,5,6,1,2,3]
console.log([1,2,3].concat(4,5,6));      //[1,2,3,4,5,6]
console.log([1,2,3].concat([4,5,6]));    //[1,2,3,4,5,6]
console.log([1,2,3].splice(0,0,4,5,6));  //[]，原数组变为[4,5,6,1,2,3]
```

10.5.2　删除元素

扫一扫，看视频

Array 定义了 3 个可以删除数组中的元素的原型方法，见表 10.3。

表 10.3　删除元素的原型方法

原型方法语法	说　　明
删除元素=数组.pop()	在数组尾部删除一个元素
删除元素=数组.shift()	在数组头部删除一个元素
删除元素数组=数组.splice(起始下标, 删除个数, 添加值列表)	在数组指定位置删除多个元素，并在该位置添加多个元素。如果删除个数为 0，则不删除元素，返回空数组

【示例】下面分别使用 pop()、shift() 和 splice() 方法为数组[1,2,3]删除 1 个元素。

```
console.log([1,2,3].pop())         //3，原数组变为[1,2]
console.log([1,2,3].shift())       //1，原数组变为[2,3]
console.log([1,2,3].splice(2,1))   //[3]，原数组变为[1,2]
console.log([1,2,3].splice(0,1))   //[1]，原数组变为[2,3]
```

提示

使用 delete 运算符可以删除指定下标位置的元素，删除后该位置变为空位元素。使用 length 属性可以删除尾部的一个或多个元素，设置 length 值为 0 可以清空数组。

```
var a = [1,2,3];              //定义数组
a.length = 2;                 //删除尾部元素
console.log(a);               //返回[1,2]
```

扫一扫，看视频

10.5.3 截取元素

Array 定义了 2 个可以为数组截取元素的原型方法，见表 10.4。

表 10.4　截取元素的原型方法

原型方法语法	说　明
子数组=数组.slice(起始下标, 终止下标)	在数组中截取从起始下标开始到终止下标之前的元素片段
删除元素数组=数组.splice(起始下标, 删除个数, 添加值列表)	在数组指定位置处删除多个元素，并在该位置添加多个元素。如果删除个数为 0，则不删除元素，返回空数组

【示例】下面分别使用 slice()和 splice()方法从数组[1,2,3,4,5,6]中截取前 3 个元素。

```
console.log([1,2,3,4,5,6].slice(0,4))    //[1,2,3]，原数组不变
console.log([1,2,3,4,5,6].splice(0,3))   //[1,2,3]，原数组变为[4,5,6]
```

提示

如果不为 slice()方法传递参数，则截取所有元素；如果仅指定一个参数，则表示从该参数值指定的下标位置开始，截取到数组尾部的所有元素。

扫一扫，看视频

10.5.4 查找元素

Array 定义了 4 个可以查找数组中的元素的原型方法，见表 10.5。

表 10.5　查找元素的原型方法

原型方法语法	说　明
下标=数组.indexOf(元素, 起始下标)	返回某个元素在数组中第 1 个匹配下标，如果没有找到则返回-1。第 2 个参数可选，指定起始搜索下标，省略则从 0 开始
下标=数组.lastIndexOf(元素, 起始下标)	返回某个元素在数组中最后一个匹配下标，如果没有找到则返回-1。第 2 个参数可选，指定起始搜索下标，省略则从 0 开始
元素=数组.find(回调函数, [this 对象])	返回第 1 个符合条件的元素
下标=数组.findIndex(回调函数, [this 对象])	返回第 1 个符合条件的元素的下标

【示例 1】下面分别使用 indexOf()和 lastIndexOf()方法从字符串"JavaScript"中定位字母 a。

```
console.log("JavaScript".split("").indexOf("a"))    //1，使用原型方法转换为数组
console.log([..."JavaScript"].lastIndexOf("a"))     //3，定位扩展运算符转换为数组
```

indexOf()方法从左到右进行检索，而 lastIndexOf()方法从右到左进行检索，返回的都是

下标值。

　　find()和 findIndex()方法的第 2 个参数是绑定回调函数中 this 的对象。依次为数组中每个元素执行回调函数，直到第 1 个返回值为 true 的元素。如果没有符合条件的元素，则 find() 返回 undefined，findIndex()返回-1。回调函数的语法格式如下：

```
function 回调函数(当前元素, 元素下标, 数组) {[函数体]}
```

　　【示例 2】下面的示例为 find()方法传递了第 2 个参数 person 对象，回调函数中的 this 将指代 person 对象。

```
function f(v){return v > this.age;}        //回调函数，查找值大于person.age
                                           //属性值的元素
let person = {name: 'John', age: 20};      //定义对象直接量
console.log([10,12,26,15].find(f, person)); //26
```

　　find()和 findIndex()方法可以识别 NaN，而 indexOf()和 lastIndexOf()方法无法识别。

10.5.5　内部复制元素

扫一扫，看视频

　　使用 copyWithin()原型方法可以在数组内部，将指定位置的元素片段复制到指定下标位置。该操作会产生部分元素覆盖，但原数组长度保持不变。语法格式如下：

```
数组 = 数组.copyWithin(替换起始下标, [复制起始下标], [复制终止下标])
```

　　复制起始下标默认为 0，复制终止下标默认为数组长度。

　　【示例】下面的示例比较 copyWithin()方法设置不同参数的灵活使用。

```
console.log([1,2,3,4,5,6].copyWithin(3))     //[1,2,3,1,2,3]，用前 3 个元素
                                             //覆盖后 3 个
console.log([1,2,3,4,5,6].copyWithin(3, 1))  //[1,2,3,2,3,4]，用第 2～4 个元
                                             //素覆盖后 3 个
console.log([1,2,3,4,5,6].copyWithin(3, 1, 2)) //[1,2,3,2,5,6]，用第 2 个元素
                                             //覆盖第 4 个
```

10.6　操作数组

10.6.1　数组排序

扫一扫，看视频

　　Array 定义了 2 个可以对数组进行排序的原型方法，见表 10.6。

表 10.6　数组排序的原型方法

原型方法语法	说　明
数组=数组.reverse()	颠倒数组元素的排列顺序
数组=数组.sort([排序函数])	根据排序函数对数组执行排序

　　如果没有参数，sort()方法将把元素的值转换为字符串（如果需要），按照字符编码的顺序从小到大进行排序。如果有参数（排序函数），sort()方法会依次把左右两个元素（a、b）传入排序函数，进行换位运算。

　　（1）如果 a 在 b 的左侧（a < b），返回小于 0 的值，则 a 和 b 的位置保持不变。

（2）如果 a 在 b 的左侧（a<b），返回大于 0 的值，则 a 和 b 的位置进行互换。

（3）如果 a 在 b 的右侧（a>b），返回小于 0 的值，则 a 和 b 的位置进行互换。

（4）如果 a 在 b 的右侧（a>b），返回大于 0 的值，则 a 和 b 的位置保持不变。

（5）如果返回 0，则 a 和 b 的位置保持不变。

（6）只返回大于 0 的值，则不执行排序；只返回小于 0 的值，则倒序排序。

【示例】下面分别使用 reverse() 和 sort() 方法对数组[1,3,2,4]进行排序。

```
console.log([1,3,2,4].reverse())                        //[4,2,3,1]
console.log([1,3,2,4].sort())                           //[1,2,3,4]
console.log([1,3,2,4].sort(function(a, b){return 1;}))  //[1,3,2,4]
console.log([1,3,2,4].sort(function(a, b){return -1;})) //[4,2,3,1]，等效
                                                        //于 reverse()
console.log([1,3,2,4].sort(function(a, b){
    if(a < b) return -1;
    else return 1;                        //该句可省略
}))                                       //[1,2,3,4]
console.log([1,3,2,4].sort(function(a, b){
    if(a < b) return 1;                   //可省略，则需要把
    else return -1;                       //else 改为 if(a > b)
}))                                       //[4,3,2,1]
```

在任何情况下，数组中值为 undefined 的元素都被排列在数组末尾。

扫一扫，看视频

10.6.2　检测数组类型和值

1．isArray()

使用 Array.isArray() 函数可以判断参数值是否为数组。该方法优于使用 typeof 运算符。例如：

```
console.log(typeof [1,2,3]);            //"object"
console.log(Array.isArray([1,2,3]));    //true
```

使用运算符 in 可以检测某个值是否存在于数组中。例如：

```
console.log(2 in [1,2,3]);              //true
console.log('2' in [1,2,3]);            //true，数组中存在下标（键名）为'2'的值
console.log('2' in [1,2]);              //false
```

2．includes()

使用 includes() 原型方法可以检测数组是否包含指定的值，例如：

```
console.log([1,2,3].includes(2));       //true
console.log([1,2,3].includes(4));       //false
console.log([1,2,NaN].includes(NaN));   //true
```

该方法包含一个可选参数，设置起始下标，默认为 0。使用 indexOf() 方法也可以检测指定的值，但是检测不到时会返回-1，不便使用，同时对 NaN 值容易误判。

扫一扫，看视频

10.6.3　映射数组

使用 map() 原型方法可以遍历数组，并为每个元素调用回调函数，返回一个包含调用回

调函数返回值的新数组。语法格式如下：

> 新数组=数组.map(回调函数, [绑定回调函数中 this 的对象])

回调函数的语法格式如下：

> function 回调函数(当前元素, 元素下标, 数组) {[函数体]}

【示例】下面的示例使用 map()方法映射数组，将数组中每个元素的值除以一个阈值，然后返回一个新数组。其中回调函数和阈值都以对象的属性存在。

```
var obj = {
    val: 10,                              //定义阈值
    f: function (value) {                 //回调函数
        return value % this.val;          //返回元素与阈值的余数
    }
}
console.log([6,12,25,30].map(obj.f,obj));  //[6,2,5,0]
```

10.6.4　过滤数组

使用 filter()原型方法可以遍历数组，并为每个元素调用回调函数，返回一个包含调用回调函数时返回 true 的元素组成的新数组。语法格式如下：

> 新数组=数组.filter(回调函数, [绑定回调函数中 this 的对象])

回调函数的语法格式如下：

> function 回调函数(当前元素, 元素下标, 数组) {[函数体]}

如果回调函数总返回 false，则新数组的长度为 0。

【示例】下面的示例演示了如何使用 filter()方法筛选出数组中的素数。

```
function f(value, index, ar) {             //回调函数，筛选素数
    high = Math.floor(Math.sqrt(value)) + 1; //求当前元素的平方根，并取整加 1
    for (var div = 2; div <= high; div++) {  //如果 2~high 有一个数被元素整
                                             //除，则跳过
        if (value % div == 0) {return false;}
    }
    return true;
}
var a = [31,33,35,37,39,41,43,45,47,49,51,53];
console.log(a.filter(f));                   //[31,37,41,43,47,53]
```

10.6.5　检测数组条件

1. every()

使用 every()原型方法可以遍历数组，并为每个元素调用回调函数，如果每次调用回调函数时都返回 true，则 every()返回 true；如果有一次返回 false，则立即返回 false。语法格式如下：

> 布尔值=数组.every(回调函数, [绑定回调函数中 this 的对象])

回调函数的语法格式如下：

```
function 回调函数(当前元素，元素下标，数组) {[函数体]}
```

使用 every()方法可以确定数组的所有元素是否都满足指定的条件。

【示例1】下面的示例用于检测数组中的元素是否都是偶数。

```
function f(value, index, ar) {
    if (value % 2 == 0) return true;
    else return false;
}
if ([2,4,5,6,8].every(f)) console.log("都是偶数。");
else console.log("不全是偶数。");
```

2. some()

some()方法与 every()用法相同，功能相反。如果回调函数的返回值有一次返回 true，则 some()立即返回 true；只有当每次调用回调函数的返回值都为 false 时，some()才返回 false。

【示例2】下面的示例用于检测数组中的元素是否都为奇数。如果 some()检测到偶数，则返回 true；如果没有检测到偶数，则提示全部是奇数。

```
function f(value, index, ar) {
    if (value % 2 == 0) return true;
}
if([1,15,4,10,11,22].some(f)) console.log("不全是奇数。");
else console.log("全是奇数。");
```

some()方法可以判断数组中是否存在有符合条件的元素，或者全部不符合条件。

扫一扫，看视频

10.6.6 数组汇总

1. reduce()

使用 reduce()原型方法可以遍历数组，并为每个元素调用回调函数，每一次回调函数的返回值都作为前一次值，传递给下一次调用的回调函数。语法格式如下：

```
最后调用的返回值=数组.reduce(回调函数，[初始值])
```

回调函数的语法格式如下：

```
function 回调函数(前一次值，当前元素，元素下标，数组) {[函数体]}
```

reduce()方法的初始值用于回调函数第一次调用时，作为回调函数的前一次值。如果没有提供初始值，则 reduce()方法会把第 1 个元素作为初始值，从第 2 个元素开始调用回调函数。

【示例1】下面的示例使用 reduce()方法对数组进行求和。

```
function f(pre, curr) {
    parseFloat(pre) ? pre = pre : pre = 0;      //检测数字，非数字值设置为 0
    parseFloat(curr) ? curr = curr : curr = 0;  //检测数字，非数字值设置为 0
    return pre + curr;
}
console.log ([2,1,5,5].reduce(f));              //13
```

2. reduceRight()

reduceRight()方法与 reduce()方法用法相同，但运算顺序相反，即从右向左对数组中的所有元素调用指定的回调函数。

【示例 2】下面的示例使用 reduceRight()方法，以"-"为分隔符，从右到左把数组元素连接在一起。

```
function f (pre, curr) {return pre + "-" + curr;}
console.log(["a", "b", "c", "d"].reduceRight(f));        //"d-c-b-a"
```

10.6.7　数组填充

扫一扫，看视频

使用 fill()原型方法可以使用指定的值填充数组。语法格式如下：

```
新数组=数组.fill(初始值, [初始下标], [终止下标])
```

初始下标默认为 0，终止下标默认等于数组长度。

【示例】使用 fill()方法初始化数组。

```
console.log(new Array(10).fill(0));         //[0,0,0,0,0,0,0,0,0,0]
console.log([1,2,3,4,5,6].fill(0,2));       //[1,2,0,0,0,0]
console.log([1,2,3,4,5,6].fill(0,2,4));     //[1,2,0,0,5,6]
```

10.6.8　数组扁平化

1. flat()

扫一扫，看视频

使用 flat()原型方法可以将嵌套的数组"拉平"，变成一维的数组。语法格式如下：

```
新数组=数组.flat([嵌套级数])
```

嵌套级数默认为 1，表示 flat()方法默认只会"拉平"一层，如果要"拉平"多层的嵌套数组，可以为 flat()方法传递一个整数。例如：

```
console.log([1,2,[3,[4,5]]].flat());        //[1,2,3,[4,5]]
console.log([1,2,[3,[4,5]]].flat(2));       //[1,2,3,4,5]
console.log([1,[2,[3]]].flat(Infinity));    //[1,2,3]，参数为 Infinity，则不
                                            //管多少层都拉平
console.log([1,2,,4,5].flat());             //[1,2,4,5]，跳过空位
```

2. flatMap()

使用 flatMap()原型方法能够遍历数组，并为每个元素调用回调函数，然后对由返回值组成的数组执行 flat()方法。语法格式如下：

```
新数组=数组.flatMap(回调函数)
```

回调函数的语法格式如下：

```
function 回调函数(当前元素, 元素下标, 数组) {[函数体]}
```

flatMap()方法只能展开一层数组。例如：

```
console.log([2,3,4].flatMap((x) => [x, x * 2]));    //[2,4,3,6,4,8]
```

10.7　案例实战

扫一扫，看视频

10.7.1　为数组扩展方法

【案例】使用 reduce() 原型方法可以实现求和计算。也可以通过 Array.prototype 扩展数组方法，这些方法会被所有数组继承。本案例练习为数组扩展一个求和方法。

```
Array.prototype.sum        ||          //检测 Array 是否存在同名原型方法
(Array.prototype.sum = function(){     //定义该方法
    var _n = 0;                        //临时汇总变量
    for(var i in this){                //遍历当前数组对象
        if(this[i] = parseFloat(this[i])) _n += this[i];
                                       //如果当前元素是数字，则进行累加
    };
    return _n;                         //返回累加的和
});
```

在遍历数组时，先把每个元素转换为浮点数，如果转换成功，则累加；如果转换失败，则忽略。

```
var a = [1,2,3,4,5,6,7,8,"9"];         //定义数组直接量
console.log(a.sum());                  //返回 45
```

其中，第 9 个元素是一个字符串类型的数字，汇总时也被转换为数值进行相加。

扫一扫，看视频

10.7.2　数组去重

为数组去除重复项是开发中经常遇到的问题，解决方法有多种。最简单的方法是使用嵌套的 for 循环遍历数组，逐一比较元素是否重复。本案例介绍两种优化方法，练习数组的灵活操作。

【案例 1】借助关联数组快速过滤。在遍历原数组时，使用对象属性保存每个元素的值，这样可以降低反复遍历数组的时间。

```
Array.prototype.unique = function () {
    var n = {}, r = [];                        //n 为 hash 表，r 为临时数组
    for (var i = 0; i < this.length; i++) {    //遍历当前数组
        //增加类型的检测，避免出现相同的字符串型和数值型值，如 1 与"1"被误为重复项
        if (!n[typeof (this[i]) + this[i]]) {  //为属性名添加类型前缀
            n[typeof (this[i]) + this[i]] = true;  //存入 hash 表
            r.push(this[i])                    //把当前项推入临时数组中
        }
    }
    return r
};
console.log(["222",222,2,2,3].unique());       //['222',222,2,3]
```

上面的案例把元素值作为键名存入对象，键值为 true。如果出现重复项，可以快速确定。

【案例 2】本案例使用 sort() 方法对数组进行排序，然后比较相邻元素，去除重复项。

```
Array.prototype.unique = function () {
    this.sort();                       //对数组进行排序
```

```
    var re = [this[0]];                    //定义临时数组，初始化存入数组的第 1 个元素
    for (var i = 1; i < this.length; i++) {
        if (this[i] !== re[re.length - 1]) {//如果相邻元素不相同，则推入临时数组
            re.push(this[i]);
        }
    }
    return re;                             //返回临时数组
}
```

提示

在 ES6 中，可以使用 Array.from(new Set(数组))或[...new Set(数组)]进行快速去重。Set 是新增的一种集合类型，表示不重复的元素集合。

10.7.3 模拟栈运算

扫一扫，看视频

栈运算仅允许在数组的一端执行插入和删除操作。栈运算遵循先进后出、后进先出原则。类似的行为在生活中比较常见，如叠放物品，叠在上面的总是先使用；弹夹中的子弹，后推入的总是先使用；以及文本框的输入和删除操作等。将数组的 push()与 pop()方法结合，或者 shift()与 unshift()方法结合，可以模拟栈运算。

【案例】本案例运用栈运算设计一个进制转换的操作。定义一个函数，接收十进制的数字，然后返回一个二进制的字符串表示。

设计思路：把十进制数字转换为二进制值，实际上就是把数字与 2 进行取余，然后再使用余数与 2 继续取余。在运算过程中把每次的余数推入栈中，最后再出栈组合为字符串。例如，把 10 转换为二进制的过程：10/2 == 5 余 0，5/2 == 2 余 1，2/2 == 1 余 0，1 小于 2 余 1，进栈后为 0101，出栈后为 1010，即 10 转换为二进制值为 1010。

```
function d2b (num) {
    var a = [], r, b = '';                 //a 为栈，r 为余数，b 为二进制字符串
    while (num>0) {                        //逐步求余
        r = Math.floor(num % 2);           //获取余数
        a.push(r);                         //把余数推入栈中
        num = Math.floor(num / 2);         //获取相除后整数部分的值，准备下一步求余
    }
    while (a.length) {                     //依次出栈，然后拼接为字符串
        b += a.pop().toString();
    }
    return b;                              //返回二进制字符串
}
console.log(d2b(59));                      //返回 111011
console.log((59).toString(2));             //返回 111011
```

将十进制转换为二进制时，余数是 0 或 1；同理，将十进制转换为八进制时，余数为 0～8 的整数；但是将十进制转换为十六进制时，余数为 0～9 的数字加上字母 A～F（对应 10～15），因此，还需要对栈中的数字进行转换。

10.7.4 模拟队列运算

扫一扫，看视频

队列运算与栈运算不同，队列只允许在一端执行插入操作，在另一端执行删除操作。队列遵循先进先出、后进后出的原则。类似的行为在生活中也比较常见，如排队购物先来先

买、任务排序中先登记先处理等。在 JavaScript 动画设计中，也会用到队列来设计动画函数排队现象。将数组的 pop() 与 unshift() 方法结合，或者将 push() 与 shift() 方法结合，可以模拟队列运算。

【案例】下面的代码是一个经典的编程游戏：有一群猴子排成一圈，按 1、2、3、…、n 依次编号。从第 1 只开始数，数到第 *m* 只，则把它踢出圈；然后从后面再开始数，再次数到第 *m* 只时，继续踢出去，以此类推，直到剩下一只猴子为止，那只猴子就称为猴王。要求编程模拟此过程，输入 m、n，输出猴王的编号。

```javascript
function f(n, m){                            //n 表示猴子个数，m 表示踢出位置
    var arr = [];                           //将猴子编号并放入数组
    for(i = 1; i < n+1; i++){
        arr.push(i);
    }
    while(arr.length > 1){                   //当数组内只剩下一只猴子时跳出循环
        for(var i=0;  i< m-1 ;  i++){        //定义排队轮转的次数
            arr.push(arr.shift());           //队列操作，完成猴子的轮转
        }
        arr.shift();                         //踢出第 m 只猴子
    }
    return arr;                              //返回包含最后一只猴子的数组
}
console.log(f(5,3));                         //编号为 4 的猴子胜出
```

本 章 小 结

本章首先介绍了什么是数组，以及如何定义数组直接量和构造数组；然后介绍了如何访问数组，包括使用 for 语句和 forEach() 原型方法；接着介绍了如何将数组转换为字符串、序列，或者将字符串、对象、参数列表转换为数组；最后详细介绍了数组元素的操作，包括删除、添加、合并、截取和查找等，还介绍了数组的操作，包括数组排序、检测、映射、过滤、汇总、填充、扁平化等。

课 后 练 习

一、填空题

1. 数组是_____数据集合，数组内每个成员称为_____，其名称称为_____。
2. 在数组中，下标是从_____开始的。
3. 数组直接量的语法格式是在_____中包含 0 个或多个值的列表，值之间以_____分隔，最后一个值尾部可以添加_____，也可以省略。
4. 调用_____构造函数可以构造一个新数组。
5. 空位数组是包含_____的数组。
6. 数组对象的_____属性可以返回数组的最大长度。

二、判断题

1. JavaScript 对数组元素的类型没有严格要求，可以混用任意类型。　　　　　（　　）

2．数组的长度是弹性的、可读可写的。 （　　　）

3．数组是复合型数据结构，不属于引用型对象。 （　　　）

4．数组主要用于批量化数据处理，利用 JavaScript 为 Array 提供的丰富的原型方法，可以快速完成各种复杂的操作。 （　　　）

5．数组对象的 length 属性是一个只读属性，其值会随数组长度的变化而自动更新。 （　　　）

三、选择题

1．已知数组直接量[1,2,3,4,5]被转换为字符串，则输出为（　　　）。

　　A．[1,2,3,4,5]　　　　B．1,2,3,4,5　　　　C．12345　　　　D．1 2 3 4 5

2．已知 a1 = [1,2]，a2 = a1.concat()，则（　　　）是错误的。

　　A．a1 = [1,2]　　　　B．a2 = [1,2]　　　　C．a1===a2　　　　D．a1!=a2

3．已知[first,..., rest] = [1,2,3,4,5]，则（　　　）是正确的。

　　A．first=1　　　　B．rest=2　　　　C．rest=[1,2,3,4,5]　　　　D．first=[1,2,3,4,5]

4．console.log(Array.of(1,2))的输出结果是（　　　）。

　　A．[]　　　　B．[1]　　　　C．[2]　　　　D．[1,2]

5．（　　　）原型方法不可以为数组添加元素。

　　A．push()　　　　B．shift()　　　　C．unshift()　　　　D．concat()

6．（　　　）原型方法不可以删除数组中的元素。

　　A．pop()　　　　B．shift()　　　　C．unshift()　　　　D．splice()

7．执行 console.log([1,2,3,4,5,6].splice(0,3))之后，原数组应该是（　　　）。

　　A．[1,2,3]　　　　B．[4,5,6]　　　　C．[1,2,3,4,5,6]　　　　D．[3,4,5]

8．console.log([1,3,2,4].sort(function(a, b){ return -1;}))的输出应该是（　　　）。

　　A．[1,3,2,4]　　　　B．[4,2,3,1]　　　　C．[1,2,3,4]　　　　D．[4,3,2,1]

四、简答题

1．简单介绍一下数组的特点。

2．描述一下数组长度的特点。

五、编程题

1．编写函数，将指定字符串的每个单词首字母大写。

2．编写函数，找出数组 arr 中重复出现的元素。

3．编程实现在数组 arr 的 index 处添加元素 item，不要直接修改数组 arr。

4．编写样本筛选函数，允许传入一个数值，随机生成指定范围内的样本数据。

拓 展 阅 读

扫描下方二维码，了解关于本章的更多知识。

第11章 函　　数

【学习目标】

- ❯ 正确定义函数。
- ❯ 掌握函数调用的技巧。
- ❯ 正确使用函数参数和返回值。
- ❯ 正确理解函数作用域。
- ❯ 灵活使用闭包。

　　函数是一段封装的代码，可以被反复执行。在 JavaScript 中，函数可以作为一个值参与表达式运算，作为一个构造器执行复杂的操作。相对于全局作用域，函数作用域还可以隔离冲突，存储信息。JavaScript 甚至支持函数式编程，让代码变得简洁、灵活、优雅，表现力更强。

11.1　定　义　函　数

11.1.1　认识函数

　　通过前几章的学习，相信读者已经能够编写一些简单的程序了。但是，如果程序的功能比较多，规模比较大，把所有的代码都写在一起，就会变得庞杂、头绪不清，使阅读和维护变得困难。此外，如果程序中要多次实现某一功能，就需要多次重复编写相同的代码，这使程序冗长，不精练。因此，人们自然会想到采用模块化的思路来设计程序。

　　模块化的程序设计思路是把一个较大的程序分为若干个模块，每个模块用于实现特定的功能。对于重复使用的模块，可以使用函数封装起来，多个函数组成一个函数库。在程序中遇到函数可以解决的问题时，就直接引用函数，不用再重新编写代码了。

　　使用函数时，不必熟悉它的实现过程，只需关心参数和返回值，把精力放在如何应用上，而不是功能的实现上。

11.1.2　声明函数

扫一扫，看视频

　　使用 function 关键字可以声明函数。语法格式如下：

```
function 函数名([参数列表]){
    [函数体]
}
```

　　函数名与变量名一样，都是 JavaScript 合法的标识符。在函数名之后是一个由小括号包裹的可选的参数列表，参数之间以逗号分隔。最后一个参数尾部可以添加逗号，也可以省略。参数不需要声明。

　　在小括号之后是一个大括号，缺少大括号，JavaScript 将会抛出语法错误，大括号内包裹着函数体的所有代码。

【示例 1】下面的示例定义一个函数，包含 function 关键字、函数名、小括号和大括号，其他部分省略，这是最简单的函数体，也称为空函数。

```
function func(){}                                  //空函数
```

【示例 2】下面的示例定义的函数没有函数名，称为匿名函数。

```
function(){}                                       //匿名空函数
```

11.1.3　构造函数

使用 Function()可以构造一个函数。语法格式如下：

```
函数名 = new Function([参数列表,] [函数体]);
```

Function()的参数都是字符串型。

提示

将函数体以字符串的形式进行传递，可读性差，不易纠错，且执行效率低，一般不推荐使用。

【示例 1】使用 Function()创建一个空函数。

```
var f = new Function();                            //创建空函数
```

【示例 2】使用 Function()快速生成一个函数。下面三行代码功能相同，参数可以独立传递，也可以合并传递。

```
var f = new Function("a", "b", "c", "return a+b+c")
var f = new Function("a, b, c", "return a+b+c")
var f = new Function("a,b", "c", "return a+b+c")
```

上述代码与下面的代码功能相同。

```
function f(a, b, c){return a + b + c;}             //使用 function 关键字定义函数
```

11.1.4　函数直接量

函数直接量仅包含 function 关键字、参数列表和函数体，也称为匿名函数。语法格式如下：

```
函数名 = function([参数列表]){
    [函数体]
}
```

【示例 1】在下面的示例中，把匿名函数作为一个值赋给变量 f，f 就可以作为函数被调用。实际上 f 是引用了匿名函数。

```
var f = function(a, b){                            //把函数作为一个值赋给变量 f
    return a + b;
};
console.log(f(1,2));                               //返回数值 3
```

扫一扫，看视频

【**示例 2**】匿名函数可以参与表达式运算。对于示例 1 的函数，可以将其合并为一个表达式。

```
console.log((function(a, b){          //直接调用匿名函数
    return a + b;
}) (1,2));                             //返回数值 3
```

扫一扫，看视频

11.1.5 箭头函数

ES6 新增了箭头函数，语法比函数表达式更简洁。语法格式如下：

```
([参数列表]) => {[函数体]}
([参数列表]) => 表达式
```

第 2 行语法相当于如下语法格式。

```
function ([参数列表]) {return 表达式}
```

如果只有一个参数时，小括号可以省略。

```
一个参数 => {[函数体]}
```

如果没有参数，需要使用空的小括号表示左侧部分。

```
() => {[函数体]}
```

【**示例 1**】使用箭头函数定义一个求和函数。

```
var sum = (num1, num2) => num1 + num2;
```

等同于

```
var sum = function(num1, num2) {
    return num1 + num2;
};
```

【**示例 2**】当表达式返回一个对象时，需要在外面加上小括号，否则将抛出异常。

```
let fn = id => ({id: id});
```

等同于

```
var fn = function(id) {
    return {id: id};
};
```

【**示例 3**】箭头函数可以与变量解构结合使用。

```
const full = ({first, last}) => first + ' ' + last;
```

等同于

```
function full(person) {
    return person.first + ' ' + person.last;
}
```

【**示例 4**】使用箭头函数可以简化回调函数。

```
[1,2,3].map(x => x * x);              //箭头函数
```

等同于

```
[1,2,3].map(function (x) {            //普通函数
    return x * x;
});
```

【示例 5】在箭头函数中可以使用 rest 参数。

```
const fn2 = (head, ...tail) => [head, tail];
console.log(fn2(1, 2, 3, 4, 5));      //[1,[2,3,4,5]]
```

注意

箭头函数没有自己的 this、arguments、super 或 new.target，不能用于构造函数，不能与 new 关键字一起使用，不可以使用 yield 命令。

11.2 调 用 函 数

JavaScript 提供了 4 种函数调用的模式：函数调用、方法调用、使用 call()或 apply()动态调用、使用 new()间接调用。下面重点介绍函数调用和使用 call()或 apply()动态调用，方法调用和使用 new()间接调用将在后面章节中进行讲解。

11.2.1 函数调用

扫一扫，看视频

函数不会自动运行，如果要执行函数，可以使用小括号（()）进行调用，语法格式如下：

```
函数名([参数列表])
```

小括号中是可选的要传入的实参值列表。

【示例】在下面的示例中，使用小括号调用函数，然后直接把返回值再次传入函数，进行第 2 次运算，这样可以节省两个临时变量。

```
function f(x,y){                       //定义函数
    return x*y;                        //返回值
}
console.log(f(f(5,6),f(7,8)));         //返回 1680。重复调用函数
```

11.2.2 函数返回值

扫一扫，看视频

在函数体内，使用 return 语句可以设置函数的返回值。语法格式如下：

```
function 函数名([参数列表]){
    [函数体 1]
    return [表达式];
    [函数体 2]
}
```

一旦执行 return 语句，将结束函数的运行，返回 return 关键字后面的表达式的值。如果函数不包含 return 语句，则执行完函数体后再返回 undefined 值。

【示例 1】函数的返回值只有一个，如果要输出多个值，可以返回数组或对象。

```
function f(){
    return {x:1, y:2};                              //返回两个值
}
```

【示例 2】函数的返回值没有类型限制，可以返回函数，甚至自身。在函数内调用自身，可以设计递归函数。

```
function f(){                                       //定义函数
    return f;                                       //返回函数自身
}
f()()()()()()()()()()()();                          //递归调用
```

【示例 3】函数体内可以包含多个 return 语句，但是仅执行第 1 个 return 语句。因此在函数体内可以使用分支结构选择函数返回值，或者使用 return 语句提前终止函数运行。

```
function f(x, y){
    //如果参数为非数字类型，则终止函数运行
    if(typeof x != "number" || typeof y != "number") return;
    //根据条件返回值
    if(x > y) return x - y;
    if(x < y) return y - x;
    if(x * y <= 0) return x + y;
}
```

扫一扫，看视频

11.2.3　使用 call()或 apply()动态调用

call()和 apply()是 Function 的原型方法，能够将函数作为方法绑定到指定的对象上，并进行调用。语法格式如下：

```
调用函数名.call(绑定对象, [参数列表])
调用函数名.apply(绑定对象, [参数数组])
```

调用函数中的 this 将指代绑定对象。call()和 apply()方法的功能相同，用法也相同，第 1 个参数都是绑定对象，返回值是调用函数的返回值。唯一不同之处在于，call()方法只接收参数列表，而 apply()方法只接收一个数组或者伪类数组，数组元素将作为参数列表传递给被调用的函数。

【示例 1】下面的示例使用 apply()方法设计一个求最大值的函数。

```
function max(){                                     //求最大值
    var m = Number.NEGATIVE_INFINITY;              //声明一个负无穷大的数值
    for(var i = 0; i < arguments.length; i ++){    //遍历所有实参
        if(arguments[i] > m)                       //如果实参值大于变量 m，
        m = arguments[i];                          //则把实参值赋给 m
    }
    return m;                                       //返回最大值
}
var a = [23, 45, 2, 46, 62, 45, 56, 63];           //声明并初始化数组
var m = max.apply(Object, a);                      //使用 apply 方法调用 max()函数，把
                                                   //this 绑定到 Object 上
console.log(m);                                     //返回 63
```

在上面的示例中，无法直接把数组传递给 max()函数，因为 max()的参数是列表。如果逐

个传入数组元素，又比较麻烦，而通过 apply()方法调用 max()函数，就可以把数组直接传递给它，由 apply()方法负责把数组转换为列表。

【示例 2】针对示例 1，可以动态调用 Math 的 max()函数来计算数组的最大值元素。

```
var a = [23, 45, 2, 46, 62, 45, 56, 63];    //声明并初始化数组
var m = Math.max.apply(Object, a);           //调用系统函数 max()
console.log(m);                              //返回 63
```

11.3　函　数　参　数

参数和返回值是函数对外交互的主要入口和出口，通过参数可以控制函数的运行，也可以向内传入必要的数据。

11.3.1　认识参数

扫一扫，看视频

函数的参数有以下两种类型。

（1）形参：在定义函数时，声明的参数变量仅在函数内部可见。

（2）实参：在调用函数时，实际传入的值。

【示例 1】在定义 JavaScript 函数时，可以根据需要设置参数。

```
function f(a,b){                //形参 a 和 b
    return a+b;
}
var x=1,y=2;                    //声明并初始化变量
console.log(f(x,y));           //调用函数，传入实参 x 和 y
```

在上面的示例中，a、b 是形参，在调用函数时向函数传递的变量 x、y 是实参。

一般情况下，函数的形参和实参数量应该相同，但是 JavaScript 并没有要求形参和实参必须相同。特殊情况下，函数的形参和实参数量可以不相同。

【示例 2】如果函数的实参数量少于形参数量，那么多出来的形参的值默认为 undefined。

```
(function(a,b){                        //定义函数，包含两个形参
    console.log(typeof a);            //返回 number
    console.log(typeof b);            //返回 undefined
})(1);                                //调用函数，传递一个实参
```

【示例 3】如果函数的实参数量多于形参数量，那么函数会忽略掉多余的实参。在下面的示例中，实参 3 和实参 4 被忽略掉了。

```
(function(a,b){                        //定义函数，包含两个形参
    console.log(a);                   //返回 1
    console.log(b);                   //返回 2
})(1,2,3,4);                          //调用函数，传入 4 个实参值
```

11.3.2　参数个数

使用 arguments 对象的 length 属性可以获取函数的实参个数。arguments 对象只能在函数体内可见，因此 arguments.length 也只能在函数体内使用。

使用函数对象的 length 属性可以获取函数的形参个数，该属性为只读属性。在函数体内

外都可以使用。

【示例】下面的示例设计一个 checkArg()函数，用于检测一个函数的实参和形参是否一致，如果不一致，则抛出异常。

```
function checkArg(a){                    //检测函数的实参与形参是否一致
    if(a.length != a.callee.length)     //如果实参与形参个数不同，则抛出错误
    throw new Error("实参和形参不一致");
}
function f(a, b){                         //求两个数的平均值
    checkArg(arguments);                 //根据 arguments 检测函数实参和形参是否一致
    return ((a*1 ? a: 0) + (b*1 ? b: 0)) / 2;    //返回平均值
}
console.log(f(6));                       //抛出异常。调用函数 f，传入 1 个参数
```

📢 **注意**

当参数指定了默认值后，函数对象的 length 属性将返回没有指定默认值的参数个数。

```
console.log((function (a) {}).length);            //1
console.log((function (a = 5) {}).length);        //0
console.log((function (a, b, c = 5) {}).length);  //2
```

如果默认参数不是尾参数，则后面的参数不再计入 length 属性。

```
console.log((function (a = 0, b, c) {}).length);  //0
console.log((function (a, b = 1, c) {}).length);  //1
```

另外，rest 参数也不会计入 length 属性。

```
console.log((function(...args) {}).length);       //0
```

11.3.3 使用 arguments

扫一扫，看视频

arguments（参数对象）表示函数的实参集合，仅在函数体内可见，可以直接进行读/写。

【示例 1】在下面的示例中，函数没有定义形参，但是在函数体内通过 arguments 对象可以获取调用函数时传入的每个实参值。

```
function f(){                            //定义没有形参的函数
    for(var i = 0; i < arguments.length; i ++){   //遍历 arguments 对象
        console.log(arguments[i]);       //显示指定下标的实参的值
    }
}
f(3, 3, 6);                             //逐个显示每个传递的实参
```

🔧 **提示**

arguments 是一个伪类数组，不能继承 Array 的原型方法。可以使用数组下标访问每个实参，如 arguments[0]表示第 1 个实参，下标值从 0 开始，直到 arguments.length-1。其中 length 是 arguments 对象的属性，表示函数包含的实参个数。

【示例 2】在下面的示例中，使用 for 循环遍历 arguments，修改实参值。

```
function f(){
```

```
    for(var i = 0; i < arguments.length; i ++){   //遍历 arguments 对象
        arguments[i] =i;                           //修改每个实参的值
        console.log(arguments[i]);                 //提示修改的实参值
    }
}
f(3, 3, 6);                                        //返回 0、1、2，而不是 3、3、6
```

【示例 3】通过修改 arguments.length 的值，可以改变函数的实参个数。当 length 属性值增大时，增加的实参值为 undefined；当 length 属性值减小时，会丢弃之后的实参值。

```
function f(){
    arguments.length = 2;                          //修改 arguments.length 值
    for(var i = 0; i < arguments.length; i ++){
        console.log(arguments[i]);
    }
}
f(3, 3, 6);                                        //返回 3、3
```

11.3.4　默认参数

扫一扫，看视频

ES6 允许为函数的参数设置默认值，语法格式如下：

```
function 函数名([参数列表], 默认参数 1=默认值 1, 默认参数 2=默认值 2, ...){
    [函数体]
}
```

一般情况下，默认参数应该位于参数列表的尾部。设置了默认值的参数，调用函数时，可以省略参数，函数会使用默认值表示。

【示例 1】如果非尾部的参数设置了默认值，则该参数将无法省略。

```
function f(x, y = 5, z) {
    return [x, y, z];
}
console.log(f());                                  //[undefined, 5, undefined]
console.log(f(1));                                 //[1, 5, undefined]
console.log(f(1, undefined, 2));                   //[1, 5, 2]
console.log(f(1, ,2));                             //抛出异常
```

如果传入 undefined，将触发该参数等于默认值，而 null 不支持该功能。

```
function f (x = 5, y = 6) {
    console.log(x, y);
}
console.log(f (undefined, null));                  //5 null
```

【示例 2】利用默认参数可以强制用户必须为参数设置值，如果省略，就抛出一个异常。

```
function f(must = (function(){throw new Error('必须传入参数')})()) {
    return must;
}
console.log(f());                                  //抛出异常
```

在上面的示例中，如果不传入参数，将计算并使用默认值；如果传入了参数，将覆盖默认值，不再执行默认表达式。

【示例 3】每次调用函数时，都会重新计算默认表达式的值。在下面的示例中，参数 p 的

默认值是 x + 1。每次调用函数 f，都会重新计算 x+ 1，而不是默认 p=100。

```
let x = 99;
function f(p = x + 1) {
    console.log(p);
}
f()                                           //100
x = 100;
f()                                           //101
```

【示例 4】参数默认值可以与解构赋值的默认值结合使用。在下面的示例中，使用了对象的解构赋值默认值，没有使用函数参数的默认值。

```
function f({x, y = 5}) {
    console.log(x, y);
}
f({})                      //undefined 5
f({x: 1})                  //1 5
f({x: 1, y: 2})            //1 2
f()                        //TypeError: Cannot read property 'x' of undefined
```

【示例 5】在下面的示例中，如果没有提供参数，函数 f 的参数默认为一个空对象。

```
function f({x, y = 5} = {}) {
    console.log(x, y);
}
f ()                                          //undefined 5
```

【示例 6】在下面的示例中，如果函数 fetch 的第 2 个参数是一个对象，就可以为它的三个属性设置默认值。这种写法不能省略第 2 个参数。如果结合函数参数的默认值，就可以省略第 2 个参数，这时就会出现双重默认值。

```
function fetch(url, {body = '', method = 'GET', headers = {}}) {
    console.log(method);
}
fetch('http://example.com', {})               //"GET"
fetch('http://example.com')                   //抛出异常
```

【示例 7】在下面的示例中，当函数 fetch 没有第 2 个参数时，函数参数的默认值就会生效，然后才是解构赋值的默认值生效，变量 method 才会取到默认值 GET。

```
function fetch(url, {body = '', method = 'GET', headers = {}} = {}) {
    console.log(method);
}
fetch('http://example.com')                   //"GET"
```

11.3.5 剩余参数

ES6 新增了剩余参数（rest 参数），用于获取函数的多余参数，以代替 arguments 对象。语法格式如下：

```
function 函数名([参数列表], ...剩余参数名){
    [函数体]
}
```

剩余参数以 "..." 为前缀，将传递给函数的所有剩余的实参组成一个数组，传递给剩余参数变量。剩余参数只能是最后一个参数，之后不能再有其他参数，否则将抛出异常。另外，函数的 length 属性不计算剩余参数。

提示

剩余参数与 arguments 对象之间的主要区别如下：

（1）剩余参数只包含那些没有对应形参的实参，而 arguments 对象包含了所有的实参。

（2）arguments 对象是伪类数组，而剩余参数是数组。

（3）arguments 对象有自己的专用属性。

【示例 1】下面的示例比较 arguments 对象和剩余参数的用法，可见剩余参数的写法更简洁。

```
function f() {                              //arguments 对象写法
    return Array.from(arguments).sort();
}
const f = (...rest) => rest.sort();         //剩余参数写法
```

【示例 2】下面的示例设计一个求和函数，利用剩余参数接收用户传入的任意参数。

```
function add(...values) {
    let sum = 0;                            //临时变量
    for (var val of values) {sum += val;}   //求和
    return sum;
}
console.log(add(1, 2, 3, 4));               //10
```

11.4　函数作用域

11.4.1　认识函数作用域

JavaScript 支持全局作用域和局部作用域。局部作用域包括函数作用域和块级作用域，局部变量只能在当前作用域中可见（即读/写）。

在函数体中，一般包含以下局部标识符：函数参数、arguments、局部变量（包括内层函数）、this。其中 arguments 和 this 是 JavaScript 默认标识符，不需要声明。

这些标识符在函数体内的优先级如下，其中左侧标识符的优先级大于右侧标识符的优先级。

```
this → 局部变量 → 形参 → arguments → 函数名（非局部标识符）
```

【示例 1】比较局部变量和形参的优先级。

```
function f(x){                  //形参
    var x = 10;                 //局部变量
    console.log(x);             //访问 x
}
f(5);                           //10
```

【**示例 2**】把参数值赋给局部变量。如果局部变量没有初始化，则形参会优先于局部变量。

```
function f(x){
    var x = x;                         //把形参 x 传递给局部变量 x
    console.log(x);
}
f(5);                                  //5
```

扫一扫，看视频

11.4.2 作用域链

作用域链是 JavaScript 提供的一套标识符访问机制。当函数对标识符进行访问时，会遵循从内到外、从下到上的原则进行检索，如果在作用域链的顶端（全局对象）中仍然没有找到同名变量，则返回 undefined。

【**示例**】在下面的示例中，通过多层嵌套函数设计一个作用域链，在最内层函数中可以逐级访问外层函数的局部变量。

```
var a = 1;                          //全局变量
(function(){
    var b = 2;                      //第 1 层局部变量
    (function(){
        var c = 3;                  //第 2 层局部变量
        (function(){
            var d = 4;              //第 3 层局部变量
            console.log(a+b+c+d);   //返回 10
        })()                        //直接调用函数
    })()                            //直接调用函数
})()                                //直接调用函数
```

在上面的代码中，JavaScript 首先在最内层函数中访问变量 a、b、c 和 d，找到了 d；然后沿着作用域链在上一层函数中找到 c，以此类推，直到找到所有局部变量值为止。

11.5 闭 包

扫一扫，看视频

11.5.1 认识闭包

闭包是一个能够持续存在的函数活动对象（也称为上下文环境，仅引擎可见）。

当函数被调用时，会产生一个临时的活动对象，它是函数作用域的顶级对象，作用域内所有局部变量、参数、内层函数都作为该活动对象的属性而存在。

函数被调用后，默认情况下活动对象会被 JavaScript 释放，避免占用内存资源。但是当函数的局部变量、参数或内层函数被外部引用，则活动对象会继续保留，直到所有外部引用被注销。

典型的闭包体是一个嵌套函数。内层函数引用外层函数的局部变量，同时内层函数又被外部变量引用。当外层函数被调用后，就形成了闭包体，这个外层函数也称为闭包函数。

```
function f(x){                          //外层函数
    return function(y){                 //内层函数，返回内层函数，被外部引用
        return x + y;                   //内层函数访问外层函数的参数
    };
```

```
}
var c = f(5);                              //调用外层函数，获取对内层函数的引用
console.log(c(6));                         //调用内层函数，原外层函数的参数继续存在
```

提示

下面的结构也可以形成闭包：通过全局变量引用内层函数。

```
var c;                                     //声明全局变量
function f(x){                             //外层函数
    c = function(y){                       //内层函数，被全局变量引用
        return x + y;                      //访问外层函数的参数
    };
}
f(5);                                      //调用外层函数
console.log(c(6));                         //使用全局变量 c 调用内层函数，返回 11
```

除了嵌套结构的函数外，如果外部引用函数内部的私有数组或对象，也容易形成闭包。

11.5.2 应用闭包

【示例 1】使用闭包可以实现优雅的打包功能，定义存储器。

```
var f = function(){                        //外层函数
    var a = []                             //初始化私有数组
    return function(x){                    //返回内层函数
        a.push(x);                         //添加元素
        return a;                          //返回私有数组
    };
}();                                       //直接调用函数，生成持续存在的上下文环境
var a = f(1);                              //添加值
console.log(a);                            //返回 1
var b = f(2);                              //添加值
console.log(b);                            //返回 1,2
```

在上面的示例中，通过外层函数设计一个闭包，定义一个存储器。当调用外层函数时，由于返回的匿名函数被变量 f 引用，外层函数调用后没有直接被注销，这样就形成了一个活动对象，它的局部变量 a 会一直存在，因此可以不断向数组 a 传入值。

【示例 2】网页中的事件处理函数很容易形成闭包。

```
<script>
function f(){                              //事件处理函数，闭包
    var a = 1;                             //局部变量 a，初始化为 1
    b = function(){console.log("a = " + a);}  //读取 a 的值
    c = function(){a ++ ;}                 //递增 a 的值
    d = function(){a --;}                  //递减 a 的值
}
</script>
<button onclick="f()">生成闭包</button>
<button onclick="b()">查看 a 的值</button>
<button onclick="c()">递 增</button>
<button onclick="d()">递 减</button>
```

在浏览器中浏览时，首先单击"生成闭包"按钮，生成一个闭包。单击"查看 a 的值"

按钮，可以随时查看闭包内局部变量 a 的值。单击"递增"或"递减"按钮时，可以动态修改闭包内局部变量 a 的值，演示效果如图 11.1 所示。

图 11.1　事件处理函数闭包

11.5.3　闭包副作用

闭包在表达式运算中可以存储数据，但是它的副作用也不容忽视。

（1）闭包会占用内存资源，在程序中大量使用闭包，容易导致内存泄漏。

（2）闭包保存的值是动态的，显示的总是最新的值。如果需要变化前后的值，就要慎用闭包。

【示例】本示例设计一个简单的选项卡。HTML、CSS 代码省略，可参考本小节示例源代码。

在 onload 处理函数中，使用 for 循环为每个选项卡绑定 mouseover 事件处理函数。在 mouseover 事件处理函数中，重置所有选项卡 li 的类样式，设置当前选项卡 li 高亮显示，并显示对应内容容器。

```
window.onload = function(){
    var tab = document.getElementById("tab").getElementsByTagName("li"),
        content = document.getElementById("content").getElementsByTagName
("div");
    for(var i = 0; i < tab.length; i ++){
        tab[i].addEventListener("mouseover", function(){
            for(var n = 0; n < tab.length; n ++){          //初始化所有选项卡
                tab[n].className = "normal";               //清除类样式
                content[n].className = "none";             //隐藏显示
            }
            tab[i].className = "hover";              //为当前选项卡添加高亮类样式
            content[i].className = "show";           //显示内容容器
        });
    }
}
```

上面的代码是一个典型的嵌套结构的函数。外层函数为 onload 事件处理函数，内层函数为 mouseover 事件处理函数，变量 i 为外层函数的局部变量。但是，在浏览器中运行时会发现异常，如图 11.2（a）所示。

mouseover 事件处理函数被外界 li 元素引用，这样就形成了一个闭包体。虽然，在 for 循环中为每个选项卡 li 分别绑定了 mouseover 事件处理函数，但是这个操作是动态的，因此 tab[i] 中 i 的值也是动态的。解决方法：阻断内层函数对外层函数的变量引用。

```
window.onload = function(){
    var tab = document.getElementById("tab").getElementsByTagName("li"),
        content = document.getElementById("content").getElementsByTagName
("div");
```

```
for(var i = 0; i < tab.length; i ++){
    (function(j){
        tab[j].addEventListener("mouseover", function(){
            for(var n = 0; n < tab.length; n ++){    //初始化所有选项卡
                tab[n].className = "normal";          //清除类样式
                content[n].className = "none";        //隐藏显示
            }
            tab[i].className = "hover";        //为当前选项卡添加高亮类样式
            content[i].className = "show";    //显示内容容器
        });
    })(i);
    }
}
```

在 for 循环中直接调用匿名函数，把外层函数的变量 i 传给调用函数，在调用函数中接收该值，而不是引用外部变量 i，规避了在闭包体内 i 值的变化。演示效果如图 11.2（b）所示。

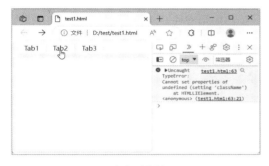
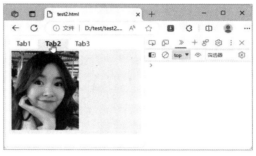

（a）闭包副作用   （b）解决后的效果

图 11.2　闭包安全应用

11.6　案 例 实 战

11.6.1　定义 bind()函数

扫一扫，看视频

【案例】bind()是 ES5 新增的函数，主要作用是将函数绑定到某个对象，但是 IE8 浏览器不支持。本案例练习定义一个 bind()函数，能够兼容 IE 浏览器的早期版本，通过练习体会 JavaScript 函数的灵活应用。

```
Function.prototype.bind = function() {              //作用域绑定函数
    var self = this,                                 //保存 this 指代的函数
        context = [].shift.call(arguments),          //弹出第 1 个参数，作为调用对象
        args = [].slice.call(arguments);             //把余下参数转换为数组
    return function() {                              //返回闭包函数
        //把 bind()的第 2 个参数及其后面的参数与闭包函数的参数合并为一个数组
        var arrs = [].concat.call(args, [].slice.call(arguments));
        return self.apply(context, arrs);           //在 context 上调用绑定的函数，
                                                     //并传入参数合并数组
    }
}
```

应用 bind()函数，可以实现函数柯里化运算，即将一个函数拆解为多步调用。

```
var sum = function(x, y) {
    return x + y;
}
var succ = sum.bind(null, 1);
console.log(succ(2));                                    //=> 3
```

扫一扫，看视频

11.6.2　设计缓存函数

【案例】本案例利用闭包特性设计一个缓存函数，把需要调用的函数缓存起来，在缓存中执行函数。当下次再调用该函数时，如果执行相同的运算，则直接返回结果，不再重复进行运算。

```
var memoize = function(f) {
    var cache = {};                                    //缓存对象
    return function() {
        var arg_str = JSON.stringify(arguments);       //转换为字符串序列
                                                       //如果已经缓存，则直接返回；否则执行函数
        cache[arg_str] = cache[arg_str] ? cache[arg_str] + '(from
cache)' : f.apply(f, arguments);
        return cache[arg_str];
    };
};
var squareNumber = memoize(function(x) {return x * x;});
console.log(squareNumber(4));        //16
console.log(squareNumber(4));        //16(from cache)
console.log(squareNumber(5));        //25
console.log(squareNumber(5));        //25(from cache)
```

本 章 小 结

本章首先介绍了什么是函数，以及定义函数的几种方法，如声明函数、构造函数、函数直接量、箭头函数；然后介绍了函数的调用方法和函数的返回值；接着详细讲解了函数的参数，包括参数对象、参数个数、默认参数、剩余参数等知识点；最后讲解了函数的作用域和闭包函数结构体，以及特殊函数的应用。

课 后 练 习

一、填空题

1. 函数是一段_____代码，可以被_____执行。
2. 使用函数时不必熟悉它的实现过程，只需了解_____和_____，了解函数的功能。
3. 使用_____语句可以声明函数。
4. 使用_____函数可以构造一个函数。
5. JavaScript 提供了_____、_____、_____、_____4 种函数调用的模式。

二、判断题

1. 使用 arguments 对象的 length 属性可以获取函数的形参个数。　　　（　　）
2. arguments 表示函数的实参集合，仅在函数体内可见，可以直接进行读/写。（　　）
3. arguments 是一个数组，继承了 Array 的原型方法。　　　（　　）
4. callee 是 arguments 对象的属性，指代调用函数。　　　（　　）
5. 函数直接量仅包含 function 关键字、参数列表和函数体，也称为匿名函数。（　　）

三、选择题

1. 下面关于函数参数的描述了错误的是（　　　）。
   A．参数是函数的主要入口，通过参数可以控制函数的运行，也可以向内传入数据
   B．在定义函数时，形参声明的参数变量仅在函数内部可见
   C．函数的形参和实参数量应该相同
   D．使用函数对象的 length 属性可以获取函数的形参个数
2. 在函数体内，（　　　）标识符的优先级最高。
   A．this　　　　　B．局部变量　　　　C．形参　　　　　　D．arguments
3. 剩余参数以（　　　）为前缀，将传递给函数的所有剩余的实参组成一个数组。
   A．*　　　　　　B．…　　　　　　C．……　　　　　D．#
4. 已知 const fn = (head, ...tail) => [head, tail]，则 console.log(fn(1, 2, 3)) 的输出是（　　　）。
   A．[1, 2, 3]　　B．[1]　　　　C．[[1,2],3]　　D．[1,[2, 3]]
5. （　　　）是箭头函数。
   A．function fn() {}　　　　　　　B．let fn = function () {}
   C．let foo = {fn() {}}　　　　　　D．var fn = () => {}

四、简答题

1. 简单描述一下什么是函数，以及其特点和应用价值。
2. 具体说一下定义函数的几种方法。

五、编程题

1. 编写函数实现返回传入的最大参数数字。
2. 编写一个函数，调用之后满足如下条件：返回的结果为调用参数 fn 之后的结果；参数 fn 的调用参数为第 1 个参数 fn 之后的全部参数。
3. 偏函数就是调用之后能够返回一个功能的函数，定义一个偏函数实现类型检查。
4. 结合 apply() 和 Math.max() 方法，定义一个函数返回给定数组的最大元素。

拓 展 阅 读

扫描下方二维码，了解关于本章的更多知识。

第 12 章 对 象

【学习目标】

➥ 了解什么是对象，熟悉定义对象的几种方法。
➥ 能够正确操作对象，如克隆、遍历、合并、转换等。
➥ 能够正确操作对象的属性，如定义、访问、删除、检测等。
➥ 了解属性描述对象，能够使用访问器。
➥ 了解原生对象，熟悉 Math 和 Date 对象的基本使用方法。

对象是属性的无序集合，每个属性存放一个原始值或函数。这种名与值的映射也称为键值对的集合。当属性值为函数时，称为方法，其内可以封装一段代码，调用对象的方法能够处理特定的任务。在 JavaScript 中，对象是一类复合型数据结构，可用于存储无序排列的数据，同时任何值（如数值、字符串、布尔值等）都可以封装为对象，以对象的身份使用。

12.1 认 识 对 象

在现实生活中，对象是一个具体的实物，如教室、书、笔、笔记本、手机等。人们可以通过不同的特征来区分对象，如通过姓名、性别和身份证号认识每一名学生。在程序中，如果要描述一名学生，可以定义多个变量：name 描述姓名、sex 描述性别、id 描述身份证号等。但是要描述多名学生时，就会产生大量的变量，让程序难以维护。此时可以通过对象来描述学生，将学生的特征保存在对象内。这样，只要知道一个对象的名称，该对象的所有信息就一清二楚了。

对象是 JavaScript 最重要的数据类型，可以分为两大类：原生对象和宿主对象。原生对象属于 JavaScript 语言，而宿主对象属于宿主环境，如网页浏览器、Node.js 等。

（1）原生对象。JavaScript 内置了多个原生对象，见表 12.1，它们属于类型（构造器）。在程序中定义的对象都是原生对象的实例，相对于宿主对象而言，原生对象属于本地对象的范畴。

表 12.1 JavaScript 内置原生对象

对　　象	说　　明	对　　象	说　　明
Object（对象）	Function（函数）	Array（数组）	String（字符串）
Boolean（布尔值）	Number（数值）	RegExp（正则表达式）	Math（数学）
Date（日期）	Error（错误）		

另外，JavaScript 还有一个特殊的 Global（全局）对象，仅供内部专用，用户无法使用。
（2）宿主对象。宿主对象由宿主环境定义，在宿主环境内使用。例如，网页浏览器定义的对象：window、document、history、location、screen、navigator、body、form、event 等都是宿主对象，与 JavaScript 语言没有直接关系。不过 JavaScript 能够访问它们并调用其方法。

扫一扫，看视频

12.2 定 义 对 象

12.2.1 构造对象

调用 Object()构造函数可以构造一个实例对象。语法格式如下：

```
对象 = new Object([任意值])
对象 = Object([任意值])
```

如果参数值为空，或者为 null、undefined，则返回一个空对象；如果参数值是一个对象，则返回该值；否则，将返回与给定值对应类型的对象。例如，数值被封装为 Number 对象、布尔值被封装为 Boolean 对象、字符串被封装为 String 对象。

【示例 1】下面的示例使用 Object()构造函数构造不同类型的实例对象。也可以不使用 new 命令，直接调用 Object()构造函数，返回值是等效的。

```
var o = new Object();            //空对象
var n = new Object(1);           //Number(1)，把数字 1 封装为 Number 对象
var b = new Object(true);        //Boolean(true)，把 true 封装为 Boolean 对象
var s = new Object("a");         //String("a")，把"a"封装为 String 对象
```

【示例 2】如果参数为数组、对象、函数，则返回原对象，不进行转换。根据这个特性，可以设计一个类型检测函数，专门检测一个值是否为引用型对象。

```
function isObject(value) {
    return value === Object(value);
}
console.log(isObject([]));        //true
console.log(isObject(true));      //false
```

12.2.2 对象直接量

扫一扫，看视频

使用大括号语法可以快速定义对象直接量。语法格式如下：

```
对象 = {
    属性名 1 : 属性值 1,
    属性名 2 : 属性值 2,
    ...
};
```

属性名可以是 JavaScript 标识符，也可以是字符串型表达式；属性值可以是任意类型的数据。属性名与属性值之间以冒号进行分隔；键值对之间以逗号进行分隔；最后一个键值对尾部可以添加逗号，也可以省略。

【示例】属性值可以是任意类型的值。如果是函数，则该属性称为方法。如果属性值是对象，则可以设计嵌套结构的对象。如果不包含任何属性，则可以定义一个空对象。

```
var obj = {                      //对象直接量
    a : function(){return 1;},   //定义方法
    b : {c:1}                    //嵌套对象
}
```

提示

ES6 新增了简写语法，允许在大括号内直接输入变量和函数，定义属性和方法。例如：

```
const b = {c:1};                          //定义变量
var obj = {                               //对象直接量
    a (){return 1;},                      //函数简写，省略":function"
    b                                     //变量简写，省略":属性值"
}
```

在上面的代码中，变量 b 直接写在大括号内，这时属性名就是变量名，属性值就是变量值。简写语法不能用于定义构造函数，否则将会报错。例如：

```
new obj.a()                               //报错
```

扫一扫，看视频

12.2.3　使用 create()

ES5 为 Object 新增了 create()静态函数，用于定义实例对象。语法格式如下：

```
实例对象 = Object.create(原型对象，[属性描述对象])
```

属性描述对象是一个内部对象，用于描述对象的属性的特性，包含数据特性和访问器特性，共 6 个选项可供选择设置。

数据特性说明如下。

（1）value：指定属性值。默认值为 undefined。

（2）writable：设置属性是否可写。默认值为 false。当为 false 时，重写属性值不会报错，但是会操作失败，而在严格模式下会抛出异常。

（3）enumerable：设置属性是否可枚举，即是否允许使用 for/in 语句、Object.keys()等遍历函数（参考 12.3.4 小节内容）、JSON.stringify()方法进行访问。默认值为 false。

（4）configurable：设置属性是否可删除，是否可修改属性特性。默认值为 false。

访问器特性包含以下 2 个方法。

（1）set()：设置属性值。默认值为 undefined。存值方法只接收一个参数，用于设置属性值。

（2）get()：返回属性值。默认值为 undefined。取值方法不接收参数。

【示例】 下面的示例使用 Object.create()创建一个对象，继承自 null，包含两个属性：a和 b，属性值分别为 1 和 2。然后枚举对象的属性，并修改属性值，验证其特性。

```
var obj = Object.create(null, {           //继承自 null
        a: {                              //属性名
            value: "1",                   //属性值
            enumerable: true              //可以枚举
        },
        b: {                              //属性名
            value: "2",                   //属性值
            writable: true                //可以读/写
        }
});
for(i in obj){                            //使用 for/in 语句枚举 obj 对象的本地属性
        obj[i] = "new" + obj[i];          //修改可枚举属性的值
        console.log(obj[i]);              //1，说明仅枚举到 a，其值不可以修改
```

```
}
obj.b = "new " + obj.b;              //修改 b 的值
console.log(obj.b);                  //"new 1"，说明 b 可以写入
console.log(obj.toString());         //抛出异常，说明继承为空
```

12.3 操 作 对 象

12.3.1 对象的字符串表示

使用 Object 的 toString()原型方法，可以获取一个对象的字符串表示，语法格式如下：

```
"[object Class]"
```

其中，object 表示对象的基本类型；Class 表示对象的子类型，子类型的名称与该对象的构造类型的名称相同。例如，Object 的 Class 为"Object"，Array 的 Class 为"Array"，Function 的 Class 为"Function"，Date 的 Class 为"Date"，Math 的 Class 为"Math"，Error（包括 Error 子类）的 Class 为"Error"等。宿主对象也有预定的 Class 值，如"Window"、"Document"和"Form"等。

【示例 1】自定义类型的 Class 值默认为"Object"，可以根据这个格式重写 toString()原型方法，返回自定义类型的字符串表示。

```
function MyClass(){}                  //自定义类型
Me.prototype.toString = function(){   //重写 toString()原型方法
    return "[object MyClass]";
}
var me = new Me();
console.log(me.toString());           //"[object Me]"
console.log(Object.prototype.toString.apply(me));   //"[object Object]"，
                                                     //默认返回
```

部分类型在继承 Object 的 toString()原型方法时，会根据需要重写该原型方法。例如，Function 类型的 toString()返回函数的源代码，Date 类型的 toString()返回具体日期和时间等。

【示例 2】使用 call()或 apply()为所有类型对象动态调用 Object.prototype.toString()原型方法时，都会返回类型的字符串表示。因此，借用 toString()原型方法可以设计类型检测函数。

```
function typeOf(obj){                 //模仿 typeof 运算符，返回类型的字符串表示
    var str = Object.prototype.toString.call(obj);
    //把返回的 Class 字符串转换为小写，与 typeof 运算符的返回值保持一致
    return str.match(/\[object (.*?)\]/)[1].toLowerCase();
};
//类型检测应用
console.log(typeOf({}));              //"object"
console.log(typeOf([]));             //"array"
console.log(typeOf(0));              //"number"
console.log(typeOf(null));          //"null"
console.log(typeOf(undefined));     //"undefined"
console.log(typeOf(/ /));           //"regex"
console.log(typeOf(new Date()));    //"date"
```

```
['Null', 'Undefined', 'Object', 'Array', 'String', 'Number', 'Boolean',
'Function', 'RegExp'].forEach(function(t) {          //类型判断，返回布尔值
    typeOf['is' + t] = function(o) {
        return typeOf(o) === t.toLowerCase();
    };
});
//类型判断应用
console.log(typeOf.isObject({}));                     //true
console.log(typeOf.isNumber(NaN));                    //true
console.log(typeOf.isRegExp(true));                   //false
```

提示

> Object 定义了 toLocaleString() 原型方法，默认情况下，toLocaleString() 方法与 toString() 方法的返回值完全相同。该方法的主要用途如下：为用户预留接口，允许返回针对本地的字符串表示。Array、Number 和 Date 已经实现了该原型方法。

12.3.2　对象的值

使用 Object 的 valueOf() 原型方法可以返回对象的值。主要用途如下：在类型自动转换时，JavaScript 默认会调用该方法。Object 的 valueOf() 方法的返回值默认与 toString() 方法的返回值相同，但是部分类型重写了 valueOf() 方法。

【示例】Date 对象的 valueOf() 方法的返回值是当前日期对象的毫秒数。

```
var o = new Date();                      //对象实例
console.log(o.toString());               //返回当前时间的 UTC 字符串
console.log(o.valueOf());                //返回距离 1970 年 1 月 1 日午夜之间的毫秒数
console.log(Object.prototype.valueOf.apply(o));  //默认返回当前时间的 UTC 字符串
```

由于 String、Number 和 Boolean 对象都有明显的原始值，它们的 valueOf() 方法会返回合适的值，而不是类型的字符串表示。

提示

> 在特定环境下进行数据类型转换时，如将对象转换为字符串，valueOf() 方法的优先级要高于 toString() 方法。因此，如果一个对象的 valueOf() 方法和 toString() 方法的返回值不同，而希望转换的字符串为 toString() 方法的返回值时，就必须明确调用对象的 toString() 方法。

12.3.3　克隆对象

对象是引用型数据，赋值操作可以把一个对象复制给另一个对象。复制的过程实际上就是把对象在内存中的地址赋值给另一个变量，因此两个变量完全相等。克隆对象则会把一个对象的副本赋值给另一个变量，两个变量不相等。

克隆对象包括浅复制和深复制。浅复制仅克隆对象的属性，不关心属性值是否为引用型数据（如对象或数组），而深复制会递归克隆对象中嵌套的所有引用型数据。

【示例 1】下面的示例使用两种方法浅复制 obj1 给 obj2。

方法一：使用 for/in 语句遍历 obj1 对象，逐个把 obj1 的成员赋值给 obj2。

```
var obj1 = {x:true, y:false}, obj2 = {};    //定义两个操作对象
for(var i in obj1){                          //遍历 obj1, 把所有成员赋值给对象 obj2
    obj2[i] = obj1[i];
}
console.log(obj1 === obj2);                  //false, 说明两个对象不同
```

方法二：使用扩展运算符，快速取出 obj1 的成员并赋值给 obj2。

```
var obj1 = {x:{a:1,b:2}, y:[1,2]}, obj2 = {};        //定义两个操作对象
obj2 = {...obj1};
console.log(obj1 === obj2);                          //false, 说明两个对象不同
```

【示例 2】下面的示例使用递归方法深复制 obj1 给 obj2。

```
function deepClone(obj) {                        //使用递归的方式实现数组、对象的深复制
    let objClone = Array.isArray(obj) ? [] : {};        //检测参数是对象还是数组
    if (obj && typeof obj === "object") {//只有参数为对象或数组时，才执行递归运算
        for (var key in obj) {           //遍历参数对象
            if (obj.hasOwnProperty(key)) {        //仅对本地属性执行操作
                //判断 obj 的属性是否为对象，如果是，则递归复制
                if (obj[key] && typeof obj[key] === "object") {
                    objClone[key] = deepClone(obj[key]);
                } else {objClone[key] = obj[key];}//如果不是，则进行浅复制
            }
        }
    }
    return objClone;                                 //返回克隆后的对象
};
var obj1 = {x: {a: 1, b: 2}, y: [1, 2]}, obj2 = {};    //定义两个操作对象
obj2 = deepClone(obj1);                     //深复制
console.log(obj1 === obj2);                 //false, 说明两个对象不同
console.log(obj1.x === obj2.x);             //false, 说明两个对象不同
```

12.3.4 遍历对象

扫一扫，看视频

ES6 支持多种方法遍历对象，最常用的是 for/in 语句。使用 for/in 语句可以遍历对象，包含私有和继承的可枚举属性，不含 Symbol 属性。推荐使用表 12.2 所列的函数遍历对象。这组函数比 for/in 语句高效，且针对性强，后期借助数组的方法可以实现数据的便捷化处理。

表 12.2 遍历对象的函数

静态函数语法	说　　明
数组= Object.keys(对象)	返回对象包含的可枚举的私有属性名，不含 Symbol 属性
数组= Object.getOwnPropertyNames(对象)	返回对象包含的私有属性名，不含 Symbol 属性
数组= Object.values(对象)	返回对象包含的可枚举的私有属性值，不含 Symbol 属性
数组= Object.entries(对象)	返回对象包含的可枚举的私有属性键值对，不含 Symbol 属性

【示例 1】下面的示例使用 Object.keys()函数检测对象是否为空。

```
let isEmpty = (obj) => {return !Object.keys(obj).length}
console.log(isEmpty({}));                //true
console.log(isEmpty({a:1}));             //false
```

【示例 2】Object.entries()函数返回一个二维数组，每个元素是一个包含两个子元素的数

组，其中第 1 个子元素是属性名，第 2 个子元素是属性值。

```
const obj = {a:1, b:2, c:3}                          //定义对象，包含三个属性
console.log(Object.entries(obj));                    //[['a', 1], ['b', 2], ['c', 3]]
console.log(Object.entries(obj).filter(val => val[1]!=2));
                                                     //[['a', 1], ['c', 3]]
```

 提示

使用 Object.getOwnPropertySymbols(obj) 可以遍历对象所有私有的 Symbol 属性。使用 Reflect.ownKeys(obj)可以遍历对象所有私有的（不含继承的）键名，不管键名是 Symbol 还是字符串，也不管是否可枚举。

扫一扫，看视频

12.3.5 对象状态

JavaScript 提供三个静态函数，可以精确地控制一个对象的状态，防止对象被修改，其说明见表 12.3。

表 12.3 对象状态控制函数

静态函数语法	说　　明
控制后对象= Object.preventExtensions(原对象)	阻止为对象添加新的属性
控制后对象= Object.seal(原对象)	阻止为对象添加新的属性，也无法删除属性。等价于属性描述对象的 configurable 为 false。该方法不影响修改某个属性的值
控制后对象= Object.freeze(原对象)	阻止为一个对象添加新属性、删除旧属性、修改属性值

JavaScript 同时提供三个检测函数，用于判断一个对象的状态，其说明见表 12.4。

表 12.4 对象状态检测函数

静态函数语法	说　　明
布尔值= Object.isExtensible(对象)	是否允许添加新的属性，即是否可扩展
布尔值= Object.isSealed(对象)	是否使用了 Object.seal()方法，即是否可配置
布尔值= Object.isFrozen(对象)	是否使用了 Object.freeze()方法，即是否被冻结

【示例】下面的示例分别使用 Object.preventExtensions()、Object.seal()和 Object.freeze() 函数控制对象的状态，然后再使用 Object.isExtensible()、Object.isSealed()和 Object.isFrozen() 函数检测对象的状态。

```
var obj1 ={};
console.log(Object.isExtensible(obj1));              //true
Object.preventExtensions(obj1);
console.log(Object.isExtensible(obj1));              //false
var obj2 ={};
console.log(Object.isSealed(obj2));                 //true
Object.seal(obj2);
console.log(Object.isSealed(obj2));                 //false
var obj3 ={};
console.log(Object.isFrozen(obj3));                 //true
Object.freeze(obj3);
console.log(Object.isFrozen(obj3));                 //false
```

扫一扫，看视频

12.3.6　对象合并

使用 Object 的 assign()函数可以将源对象的所有可枚举的私有属性复制到目标对象，语法格式如下：

```
合并后目标对象 = Object.assign(目标对象, ...源对象)
```

【示例 1】使用 assign()克隆对象，该方法只能实现浅复制。

```
const obj = {a: 1};                    //定义对象
const copy = Object.assign({}, obj);   //浅复制
console.log(copy);                     //{a: 1}
console.log(Object.is(obj, copy));     //false
```

使用 Object.is()函数可以比较两个值是否严格相等，与全等运算符（===）的行为基本一致。

【示例 2】合并具有相同属性的对象时，属性会被后续参数中具有相同属性的其他对象覆盖。

```
const o1 = {a: 1, b: 1, c: 1};
const o2 = {b: 2, c: 2};
const o3 = {c: 3};
const obj = Object.assign({}, o1, o2, o3);
console.log(obj);                      //{a: 1, b: 2, c: 3}
```

12.3.7　对象转换

扫一扫，看视频

使用 Object 的 fromEntries()函数可以将一个键值对数组转换为对象，功能类似于 Object.entries()函数的逆操作。语法格式如下：

```
对象= Object.fromEntries(二维数组)
```

【示例 1】下面的示例先使用 Object.entries()函数把对象 obj1 转换为二维数组，借助数组的 map()方法执行遍历操作，把每个元素的第 2 个子元素的值放大一倍，再返回。最后使用 Object.fromEntries()函数把数组转换为对象。

```
const obj1 = {a: 1, b: 2, c: 3};
const obj2 = Object.fromEntries(
    Object.entries(obj1).map(([key, val]) => [key, val * 2]),
);
console.log(obj2);                     //{a: 2, b: 4, c: 6}
```

JSON 对象提供了两种方法可以把对象转换为 JSON 格式的字符串，或把 JSON 格式的字符串转换为对象，其说明见表 12.5。

表 12.5　JSON 对象方法

静态函数语法	说　　明
对象或数组= JSON.parse(JSON 格式字符串)	将 JSON 格式的字符串转换为对象或数组
JSON 格式字符串= JSON.stringify(对象|数组)	将对象或数组转换为 JSON 格式的字符串

【示例 2】下面的示例使用 JSON.stringify()判断对象是否为空。

```
let isEmpty = (obj) => {return JSON.stringify(obj) === '{}'}
```

```
console.log(isEmpty({}));                    //true
console.log(isEmpty({a:1}));                 //false
```

扫一扫，看视频

12.3.8　销毁对象

JavaScript 能够自动回收无用存储单元，当一个对象没有被引用时，该对象就会被废除。JavaScript 能够自动销毁所有废除的对象。如果把对象的所有引用都设置为 null，可以强制废除对象。JavaScript 会自动回收对象所占用的资料。例如：

```
var obj = {}                                 //定义空对象
obj = null;                                  //设置为空，废除引用
```

12.4　操 作 属 性

扫一扫，看视频

12.4.1　定义属性

1．直接量

最简单的方法是使用直接量定义属性。这类属性为本地私有属性：可读、可写、可删除、可枚举。例如：

```
var obj = {                                  //定义对象
    x:1,                                     //属性
    y(){return this.x + this.x;}             //方法
}
obj.z= 1;                                     //使用点语法添加属性
```

2．属性名表达式

也可以使用表达式设置属性名，表达式需要放在中括号内。例如：

```
obj['x'] = 1;
```

【示例 1】ES6 允许在对象直接量中使用表达式设置属性名，表达式也需要放在中括号内。

```
let x = 1;                                   //变量
const obj = {
    ['y'+"es"]: 2,                           //合并字符串表达式作为属性名
    [x]: 'x'                                 //使用变量的值作为属性名
};
console.log(obj.yes);                        //符合标识符要求，可以使用点语法访问
console.log(obj["1"]);                       //不符合标识符要求，只能使用中括号语法访问
```

属性名表达式如果是一个对象，默认会转换为字符串"[object Object]"。属性名表达式与简洁语法不能同时使用，否则会报错。

3．使用 Object.defineProperty()

使用 Object.defineProperty()函数可以为对象定义属性。语法格式如下：

修改后对象=Object.defineProperty(对象, 属性名, 属性描述对象)

如果指定的属性名在对象中不存在，则执行添加操作；如果存在同名属性，则执行修改操作。

【示例 2】下面的示例先定义一个对象 obj，然后使用 Object.defineProperty()函数为 obj 对象定义属性：属性名为 x、值为 1、可写、可枚举、可修改。

```javascript
var obj = {};                           //定义对象
Object.defineProperty(obj, "x", {       //指定属性名，字符串表达式
    value: 1,                           //属性值
    writable: true,                     //可写
    enumerable: true,                   //可枚举
    configurable: true                  //可修改
});
console.log(obj.x);                     //1
```

4．使用 Object.defineProperties()

使用 Object.defineProperties()函数可以一次定义多个属性。语法格式如下：

修改后对象=Object.defineProperties(对象, 属性集对象)

属性集对象的每个键表示属性名，每个值是属性描述对象。

【示例 3】下面的示例使用 Object.defineProperties()函数为对象 obj 添加两个属性。

```javascript
var obj = {};
Object.defineProperties(obj, {
    x: {                                //定义属性 x
        value: 1,
        writable: true,                 //可写
    },
    y: {                                //定义属性 y
        set: function(x) {              //存值方法
            this.x = x;                 //改写 obj 对象的 x 属性的值
        },
        get: function() {               //取值方法
            return this.x;              //获取 obj 对象的 x 属性的值
        },
    }
});
obj.y = 10;
console.log(obj.x);                     //10
```

12.4.2　访问属性

1．使用点语法

使用点语法可以快速访问属性，点语法左侧是对象，右侧是属性。例如：

```javascript
var obj = {x:1,}                        //定义对象
obj.x = 2;                              //重写属性
console.log(obj.x);                     //访问对象属性 x，返回 2
```

扫一扫，看视频

2. 使用中括号语法

中括号内可以使用字符串，也可以是字符型表达式。

【示例】下面的示例使用 for/in 语句遍历对象的可枚举属性，然后重写属性，并读取显示。

```
for(var i in obj){                          //遍历对象
    obj[i] = obj[i] + obj[i];               //重写属性值
    console.log(obj[i]);                    //读取修改后的属性值
}
```

在上面的代码中，中括号中的表达式 i 是一个变量，其返回值为使用 for/in 语句遍历对象时枚举的每个属性名。

扫一扫，看视频

12.4.3 删除属性

使用 delete 运算符可以删除对象的属性。

【示例】下面的示例使用 delete 运算符删除指定属性。

```
var obj = {x: 1}                            //定义对象
delete obj.x;                               //删除对象的属性 x
console.log(obj.x);                         //返回 undefined
```

提示

当删除对象属性之后，不是将该属性值设置为 undefined，而是从对象中彻底清除属性。如果使用 for/in 语句枚举对象属性，只能枚举属性值为 undefined 的属性，但不会枚举已删除的属性。

扫一扫，看视频

12.4.4 使用属性描述对象

属性描述对象是一个内部对象，可以通过两个函数访问它，其说明见表 12.6。

表 12.6 属性描述对象访问方法

静态函数语法	说　　明
描述对象=Object.getOwnPropertyDescriptor(对象, 属性名)	获取指定对象的某个私有属性的描述对象
描述对象集=Object.getOwnPropertyDescriptors(对象)	获取指定对象所有私有属性的描述对象，其中键为属性名，值为该属性的描述对象

【示例】下面的示例定义对象 obj 的 x 属性允许配置特性，然后使用 Object.getOwn-PropertyDescriptor()函数获取该属性的描述对象，修改 set()方法，重设检测条件，允许非数值型数字，也可以赋值。

```
var obj = Object.create(Object.prototype, {     //创建对象
    _x : {                                      //数据属性
        value : 1,                              //默认值
        writable:true
    },
    x: {                                        //访问器属性
        configurable:true,                      //允许修改配置
        get: function() {                       //取值方法
            return  this._x;                    //返回_x 属性值
```

```
    },
        set: function(value) {                          //存值方法
            if(typeof value != "number") throw new Error('请输入数字');
            this._x = value;                             //赋值
        }
    }
});
var des = Object.getOwnPropertyDescriptor(obj, "x");    //获取属性 x 的描述对象
des.set = function(value){                               //修改描述对象的 set()方法
                                                         //允许非数值型的数字也可以进行赋值
    if(typeof value != "number" && isNaN(value * 1)) throw new Error('请
输入数字');
    this._x = value;
}
obj = Object.defineProperty(obj, "x", des);             //使用修改后的描述对象覆盖属性 x
console.log(obj.x);                                     //1
obj.x = "2";                                            //把一个非数值型数字赋值给属性 x
console.log(obj.x);                                     //2
```

12.4.5 使用访问器

扫一扫，看视频

使用访问器可以为属性的 value 设计高级功能，如禁用部分特性、设计访问条件、利用内部变量或属性进行数据处理等。

【示例 1】下面的示例设计对象 obj 的 x 属性值必须为数字。

```
var obj = Object.create(Object.prototype, {
    _x : {                                             //数据属性
        value : 1,                                     //设置默认值
        writable:true                                  //可读/写
    },
    x: {                                               //访问器属性
        get: function() {                              //取值方法
            return this._x;                            //返回_x 属性值
        },
        set: function(value) {                         //存值方法
            if(typeof value != "number") throw new Error('请输入数字');
            this._x = value;                           //赋值
        }
    }
});
console.log(obj.x);                                    //1
obj.x = "2";                                           //抛出异常
```

【示例 2】针对示例 1，可以使用简写方法快速定义属性。

```
var obj ={
    _x : 1,                                            //定义_x 属性
    get x() {return this._x},                          //取值方法
    set x(value) {                                     //存值方法
        if(typeof value != "number") throw new Error('请输入数字');
        this._x = value;                               //赋值
    }
```

```
};
console.log(obj.x);                          //1
obj.x = 2;
console.log(obj.x);                          //2
```

扫一扫，看视频

12.4.6　检测属性

根据继承关系，对象的属性可以分为私有属性（本地定义）和继承属性。通过下面几个方法可以检测属性是否为私有属性，以及是否可以枚举，其说明见表 12.7。

表 12.7　属性检测方法

方　法　语　法	说　　　明
布尔值=对象.hasOwnProperty(属性名)	判断指定属性是否为私有属性
布尔值=Object.hasOwn(对象，属性名)	判断指定属性是否为私有属性。如果是继承属性或者不存在，则返回 false。替代对象的 hasOwnProperty()原型方法
布尔值=对象.propertyIsEnumerable (属性名)	判断指定属性是否可以枚举

【示例】在下面的自定义数据类型中，this.name 表示对象的私有属性，而原型对象中的 name 属性就是继承属性。

```
function F(){                                //自定义数据类型
    this.name = "私有属性";
}
F.prototype.name = "继承属性";
var f = new F();                             //实例化对象
console.log(f.hasOwnProperty("name"));       //true，说明当前调用的 name 是私有属性
console.log(f.name);                         //"私有属性"
```

扫一扫，看视频

12.4.7　扩展解构赋值

在对象解构赋值中，使用扩展运算符可以把目标对象可遍历的、私有的但尚未被读取的属性分配到指定的对象上面。语法格式如下：

{[映射变量列表], ...参数对象} = {[映射属性列表], 未读取属性列表}

映射结果如下：

参数对象 = {未读取属性列表}

【示例】在下面的示例中，x=1，y=2，z={a: 3, b: 4}。变量 z 获取等号右边的所有尚未读取的键（a 和 b），将它们连同值一起复制过来。

```
let {x, y, ...z} = {x: 1, y: 2, a: 3, b: 4};
```

📢 注意

解构赋值的复制是浅复制，同时不能复制原型属性。扩展解构赋值必须是最后一个参数，否则会报错。例如：

```
let {...x, y, z} = {x: 1, y: 2, z: 3};       //语法错误
let {x, ...y, ...z} = {x: 1, y: 2, z: 3};    //语法错误
```

12.4.8 扩展运算

使用扩展运算符（...）可以展开参数对象的所有可遍历属性，并复制到当前对象中。语法格式如下：

```
新对象 = {...参数对象}
```

如果参数对象是一个空对象，则不会产生任何效果。如果扩展运算符后面不是对象，则会自动将其转换为对象。例如：

```
let obj = {a: 1, b: 2};
console.log({...obj});              //{a: 1, b: 2}
console.log({...{}, a: 1});         //{a: 1}，忽略空对象
console.log({...1});                //{}，等同于{...Object(1)}，包装 1 为对象，
                                    //由于没有私有属性，所以返回一个空对象
```

如果扩展运算符后面是字符串，则自动转换为一个类数组的对象。

```
console.log({...'hello'});          //{0: "h", 1: "e", 2: "l", 3: "l", 4: "o"}
```

扩展运算符也可以用于数组。例如：

```
console.log({...['a', 'b', 'c']}); //{0: "a", 1: "b", 2: "c"}
```

【示例 1】对象的扩展运算符等同于使用 Object.assign()方法。

```
let obj1 = {a: 1, b: 2}, obj2 = {c: 3, d: 4};
console.log({...obj1});             //等同于 Object.assign({}, obj1)，克隆对象
console.log({...obj1, ...obj2});    //等同于 Object.assign({}, obj1, obj2)，
                                    //合并对象
```

【示例 2】在对象的扩展运算中，后面的同名属性会覆盖掉前面的同名属性。

```
console.log({...{a: 1, b: 2}, ...{a: 3, b: 4}});     //{a: 3, b: 4}
console.log({...{a: 1, b: 2}, a: 3, b: 4});          //{a: 3, b: 4}
console.log({a: 3, ...{a: 1, b: 2}, b: 4});          //{a: 1, b: 4}
let a = 10, b = 20;
console.log({...{a: 1, b: 2}, a, b});                //{a: 10, b: 20}
let obj = {};                       //如果把自定义属性放在扩展运算符的前面，
console.log({a:1, b:2, ...obj});    //可以设置新对象的默认属性值，{a: 1, b: 2}
```

【示例 3】对象的扩展运算符后面可以跟表达式，执行扩展运算前先执行表达式运算。

```
const obj = {...(x > 1 ? {a: 1} : {})};
```

如果对象包含取值函数 get()，则其会在扩展运算前被执行。

```
const obj = {...{get x() {throw new Error('not throw yet');}}};
                                    //先执行取值函数，抛出异常
```

12.5　案 例 实 战

12.5.1　扩展 map()原型方法

【案例】模拟数组的 map()原型方法，为 Object 扩展一个对应的方法，能够遍历对象的

本地属性，并返回一个映射数组。

```
if (!Object.prototype.map) {                         //避免覆盖原生方法
    Object.defineProperty(Object.prototype, 'map', { //为 Object.prototype
                                                     //定义属性
        value: function (callback, thisArg) {        //参数为回调函数、调用对象
            if (this == null) {                      //禁止随意调用
                throw new TypeError('Not an object');
            }
            thisArg = thisArg || window;             //默认调用对象为 window
            const arr = [];                          //临时数组
            for (var key in this) {                  //迭代对象
                if (this.hasOwnProperty(key)) {      //过滤本地属性
                    arr.push(callback.call(thisArg, this[key], key,
this));                                              //动态调用回调函数
                                                     //参数为值、键、对象
                }
            }
            return arr;                              //返回数组
        }
    });
}
```

应用原型方法：

```
let obj1 = {x: 1, y: 2, z: 3};
let arr = obj1.map(v => v);
console.log(JSON.stringify(arr));                    //=> [1,2,3]
```

扫一扫，看视频

12.5.2　设计时间显示牌

　　【案例】使用 new Date()创建一个当前时间对象，然后使用以 get 为前缀的时间读取方法分别获取当前时间的年、月、日、时、分、秒等信息，最后通过定时器设置每秒执行一次，实现实时更新。

　　（1）设计时间显示函数，在这个函数中先创建 Date 对象，获取当前时间；然后分别获取年、月、日、时、分、秒等信息，最后组装成一个时间字符串并返回。

```
var showtime = function() {
    var nowdate=new Date();              //创建 Date 对象，获取当前时间
    var year=nowdate.getFullYear(),      //获取年
        month=nowdate.getMonth()+1,      //获取月，getMonth()返回的结果是 0～11，
                                         //需要加 1
        date=nowdate.getDate(),          //获取日
        day=nowdate.getDay(),            //获取一周中的某一天，getDay()返回的结果
                                         //是 0～6
        week=["星期日","星期一","星期二","星期三","星期四","星期五","星期六"],
        h=nowdate.getHours(),
        m=nowdate.getMinutes(),
        s=nowdate.getSeconds(),
        h=checkTime(h),                  //函数 checkTime()用于格式化时、分、秒
        m=checkTime(m),
        s=checkTime(s);
```

```
    return year+"年" + month + "月" + date + "日 " + week[day] + " " + h +
":" + m + ":" + s;
  }
```

（2）getHours()、getMinutes()、getSeconds()方法返回的是 0~9，而不是 00~09 的格式。定义一个辅助函数，把一位数字的时间改为两位数字显示。

```
var checkTime = function(i) {
    if (i<10) {i="0"+i;}                  //如果是一位数字，则添加"0"前缀
    return i;
}
```

（3）在页面中添加一个标签，设置 id 值。

```
<h1 id="showtime"></h1>
```

（4）为标签绑定定时器，在定时器中设置每秒调用一次时间显示函数。

```
var div = document.getElementById("showtime");
setInterval(function(){
    div.innerHTML = showtime();
}, 1000);                                 //反复执行函数
```

本 章 小 结

本章首先介绍了什么是对象，以及如何定义对象，包括构造对象、对象直接量、使用 create()方法；然后介绍了对象的常规操作，以及对象属性的基本应用，包括定义、访问、检测等；最后介绍了属性描述对象和访问器等。

课 后 练 习

一、填空题

1．对象是_____的无序集合，每个属性都是_____的映射，也称为_____对的集合。

2．当属性值为_____时，称为方法，调用对象的方法能够处理特定的任务。

3．在 JavaScript 中，对象是一类_____数据结构，可用于存储_____排列的数据。

4．JavaScript 对象可以分为两大类：_____和_____。前者属于 JavaScript 语言，而后者属于宿主环境。

5．JavaScript 宿主环境主要包括_____、_____。

二、判断题

1．调用 Object()构造函数可以构造一个实例对象。　　　　　　　　　　（　　　）

2．使用 Object 的 toString()方法可以获取一个对象的源代码。　　　　　（　　　）

3．对象是引用型数据，赋值操作可以把一个对象克隆给另一个对象。　　（　　　）

4．使用 Object 的 assign()函数可以将源对象的所有可枚举的属性复制到目标对象。

（　　　）

5．使用 Object 的 fromEntries()函数可以将一个键值对数组转换为对象。　（　　　）

三、选择题

1．已知 console.log(Object.prototype.toString.apply([]))，则输出为（　　　）。
    A．"[object Object]"　　　B．"[object Array]"　　　C．"object"　　　D．"array"

2．（　　　）不是 JavaScript 的内置原生对象。
    A．Object　　　　　　　B．Function　　　　　　C．Array　　　　　D．document

3．（　　　）不是浏览器的宿主对象。
    A．window　　　　　　B．global　　　　　　　C．document　　　　D．history

4．已知 console.log({...{}, a: 1})，则输出为（　　　）。
    A．{a: 1}　　　　　　　B．{{a: 1}}　　　　　　C．a, 1　　　　　　D．a=1

5．已知 console.log(Math.round(6 / 5));，则输出为（　　　）。
    A．6　　　　　　　　　B．5　　　　　　　　　C．1.2　　　　　　D．1

四、简答题

1．属性描述对象用于描述对象属性的特性，包含数据特性和访问器特性，请具体说明。
2．Date 对象用于操作时间，包含两大类方法，请具体说明。

五、编程题

1．设计一个打点计时器，要求从 start 到 end，包含 start 和 end，每隔 100s 输出一个数字，每次数字增幅为 1，返回对象需要包含一个 cancel()方法，用于停止定时操作，且第 1 个数字需要立即输出。

2．定义一个函数，接收不定数量的数组作为参数，使用 ES6 的剩余参数和扩展运算符将这些数组合并为一个数组。

3．定义一个函数，参数为一个 URL 格式的字符串，把字符串的查询部分转换为对象格式表示，如 https://test.cn/index.php?filename=try&name=aa，返回格式为 {filename:"try", name:"aa"}。

4．编写函数判断一个值是否为对象。

拓 展 阅 读

扫描下方二维码，了解关于本章的更多知识。

第 13 章　面向对象编程

【学习目标】

❯ 正确使用 class 定义类。
❯ 正确使用 new 实例化类。
❯ 熟悉类的不同类型成员。
❯ 掌握类的继承方式。
❯ 理解构造函数和 this。
❯ 理解原型，以及灵活运用原型继承。
❯ 设计基于原型模式的代码结构。

采用面向对象的思想进行编程，每个程序都由多个独立的对象组成，每个对象都能独立地接收信息、处理信息和向其他对象发送信息。以这种方式编写的代码更清晰，也容易维护，具有较强的可重用性。本章将讲解如何使用 JavaScript 进行面向对象编程。

13.1　类 和 对 象

13.1.1　认识类和对象

类的概念源于人们认识自然、理解社会的过程。例如，人是动物的一种，是一类具有思维能力的高级动物，而张三、李四、王五等是一些有名有姓的个体。如果说人是高级动物的概括，是一个类的抽象，那么这些具体的人就是对象；而动物又是人的祖先，所以可以把动物称为父类。总之，类是对象的抽象，对象是类的实现。

在编程世界里，类可以理解为模板，用于复制对象。如果两个或多个对象的结构或功能类似，可以抽象出一个模板，依照模板可以复制出多个相似的实例，就像工厂使用模具生产产品一样。通过类来创建对象，开发者就不必重写代码，以达到代码复用的目的。

面向对象具有三个基本特性，简单概括如下：

（1）继承。不同类型之间可能会存在部分代码重叠，如公共数据或方法，但是又不想重写雷同的代码，于是就利用继承机制快速实现代码的"复制"。继承简化了类的创建，提高了代码的可重用性。

（2）封装。封装就是信息隐藏，将类的使用和实现分开，只保留有限的接口（方法）与外部联系。对于开发人员来说，只需知道如何调用类的方法，而不用关心类的实现过程和技术细节。这样可以让开发人员把更多的精力集中于应用层面的开发，同时也避免了程序之间的依赖和耦合。封装保护了代码的隐私和安全。

（3）多态。多态是指一个接口可以拥有多种实现，当作用于不同的对象时，可以有不同的执行结果。多态关注的不是传入对象是否符合指定类型，而是传入对象是否有符合要执行的方法，如果有，就执行。多态增强了代码使用的灵活性。

扫一扫，看视频

13.1.2 定义类

ES5 通过函数来模拟类，ES6 引入了 class 关键字，通过 class 关键字定义类。定义类的方法有两种，具体说明如下。

1. 类声明

类声明的语法格式如下：

```
class 类名{                                            //类声明
     [类主体]
}
```

类名首字母习惯上要大写，以便与实例名相区别。类主体可以包含构造函数、字段和方法。

 提示

> 函数声明与类声明之间有一个重要区别：函数声明会提升，而类声明不会。只有先声明类，然后才能使用类，否则将抛出 ReferenceError 异常。

【示例】下面的示例声明了一个学生类 Student，然后实例化一个具体的学生对象。

```
class Student {                                        //声明类
     constructor(name) {                               //构造函数
          this.name = name;                            //姓名
     }
     say() {console.log('我的名字是：' + this.name)}     //实例方法
}
var student = new Student('张三');                       //实例化类，并初始化信息
student.say();                                          //调用实例方法，显示学生姓名
```

对象 student 是按照 Student 模板复制出来的对象，实例对象拥有预制的结构和功能。

 提示

> 在定义类的方法时，可以使用简写语法，不包含 function 关键字。方法与方法之间不需要用逗号分隔，否则会抛出异常。

2. 类表达式

类表达式可以命名，也可以不命名，语法格式如下：

```
类名 = class 类别名{[类主体]};                           //命名类表达式
类名 = class {[类主体]};                                 //不命名类表达式
```

不命名的类表达式称为匿名类。使用声明的类名可以引用该类。通过类的 name 属性可以读取类的别名，如果没有别名，则返回类名。

13.1.3 实例化对象

扫一扫，看视频

使用 new 关键字可以实例化类，返回一个实例对象，语法格式如下：

```
实例对象 = new 类名([可选参数列表]);
```

如果类的构造函数包含参数，则实例化时需要传入对等的参数。

【示例】 在下面的示例中，声明一个 Point 类，包含两个实例字段：x、y。在构造函数内，x 和 y 需要绑定到 this 上，this 指代未来的实例对象；另外包含一个实例方法：toString()，定义在类主体内，因此不需要绑定 this。

```
class Point {                        //声明类
    constructor(x, y) {              //构造函数
        this.x = x;                  //实例字段
        this.y = y;                  //实例字段
    }
    toString() {                     //实例方法
        return '(' + this.x + ', ' + this.y + ')';
    }
}
var point = new Point(2, 3);         //实例化对象，初始传入两个值，这两个值最后传递
                                     //给 constructor(x, y)函数
console.log(point.toString());       //(2, 3)
```

 **提示**

每个类都包含一个名为 constructor 的特殊函数，称为构造函数。如果包含多个 constructor()函数，将抛出 SyntaxError 异常。如果类没有定义 constructor()函数，则 JavaScript 会自动添加一个空的 constructor()函数。当使用 new 关键字实例化类时，会自动调用该构造函数初始化实例对象。

13.1.4 字段

字段是类用于保存信息的变量。根据归属不同，字段可以分为以下两种。

（1）实例字段：归属于实例对象，通过实例对象访问，也称为实例变量或本地变量。

（2）静态字段：归属于类对象，通过类对象访问，也称为类变量。

根据访问权限，字段可以分为以下两种。

（1）公共字段：可以在任意位置访问，包括类的内部和外部。

（2）私有字段：只能在类的内部使用，不对外部开放。

1. 公共实例字段

公共实例字段一般用于存储实例信息，初始化实例对象。

【示例 1】 在下面的示例中，将创建一个实例字段 name，并分配一个初始值。

```
class User {
    constructor(name) {
        this.name = name;            //在构造函数内声明实例字段
    }
}
```

然后就可以在 User 内部或外部访问它。

```
const user = new User('Hi');         //实例化，初始化 name 的值
console.log(user.name);              //在类的外部访问，=> 'Hi'
```

也可以在类主体内其他位置定义实例字段。例如：

```
class User {
    name = 'Hi';                      //在类主体内声明实例字段
}
const user = new User();
console.log(user.name);              //'Hi'
```

 提示

如果字段的值固定，建议在类主体的顶部进行集中声明，方便展示数据结构，且在声明类时，可以立即初始化数据。

2. 私有实例字段

私有实例字段可以保存私有信息，常用于实例内部的逻辑处理或数据缓存。定义私有字段的方法如下：

#私有字段名

在字段名称前面加上特殊符号"#"。每次使用私有字段时，都必须保留前缀"#"。

【示例 2】在下面的示例中，定义一个私有字段#name，用于暂时存储传入的用户名。

```
class User {
    #name;                           //私有字段
    constructor(name) {              //构造函数
        this.#name = name;           //把初始化信息存储到私有字段中备用
    }
    getName() {                      //实例方法
        return this.#name;           //在实例方法内访问私有字段
    }
}
const user = new User('张三');
console.log(user.getName());         //通过实例方法，可以在外部间接访问，=> '张三'
console.log(user.#name);             //如果直接在类的外部访问，将抛出语法异常
```

#name 是一个私有字段，可以在 User 主体内访问，因此 getName()方法可以访问#name。如果尝试在类的外部直接访问，就会抛出异常。

3. 公共静态字段

公共静态字段主要用于定义类常量，或者保存类的公共信息。定义公共静态字段的方法如下：

static 静态字段名

使用 static 关键字，在其后跟随字段名称即可。

【示例 3】下面的示例为 User 类添加一个实例字段 type，设置用户类型，再添加两个公共静态字段：TYPE_S 和 TYPE_T，定义类常量，标识两种用户类型。

```
class User {
    static TYPE_S = 'student';       //公共静态字段，标识学生类型
    static TYPE_T = 'teacher';       //公共静态字段，标识教师类型
    name;                            //实例字段，用户名
    type;                            //实例字段，用户类型
```

```
    constructor(name, type) {              //构造函数
        this.name = name;                  //初始化姓名
        this.type = type;                  //初始化类型
    }
}
const admin = new User('张三', User.TYPE_S);
console.log(admin.type === User.TYPE_S);   //true
```

公共静态字段 TYPE_S 和 TYPE_T 定义了 User 类的常量，用于标识用户类型。要访问公共静态字段，可以使用 User.TYPE_S 和 User.TYPE_T。

4．私有静态字段

私有静态字段保存类的私有值，供类内所有方法使用，主要用于内部的逻辑处理。定义私有静态字段的方法如下：

```
static #私有静态字段名
```

【示例 4】下面的示例设计一个 User 类，并限制类的实例最多为两个。

```
class User {
    static #MAX = 2;                       //静态私有字段，限制实例个数
    static #instances = 0;                 //静态私有字段，实例化计数器
    name;                                  //公共实例字段，用户名
    constructor(name) {
        User.#instances++;                 //统计实例化次数
        if (User.#instances > User.#MAX) { //如果超出了限制，则抛出异常
            throw new Error('超出最大限制次数');
        }
        this.name = name;                  //初始化用户名
    }
}
new User('Zhansan');                       //创建第 1 个实例
new User('Lisi');                          //创建第 2 个实例
new User('Wangwu');                        //创建第 3 个实例，超出限制抛出异常
```

私有静态字段 User.#MAX 用于设置最大实例化次数，User.#instances 用于统计实例个数。这些私有静态字段只能在 User 内部使用，且在访问时都必须使用类名进行引用。

13.1.5　方法

字段用于存储信息，而方法用于处理信息、执行任务。JavaScript 的类支持实例方法和静态方法。

1．实例方法

实例方法是附加在实例上的方法，可以读/写字段信息，也可以调用其他方法。

【示例 1】下面的示例定义两个实例方法：getName()返回 User 类实例的名称，name-Contains()可以接收一个参数 str，判断用户名是否包含指定的字符串。

```
class User {
    constructor(name) {                    //构造函数
        this.name = name;                  //实例字段
    }
```

```
        getName() {return this.name;}                //实例方法，返回用户名
        nameContains(str) {                          //实例方法，检索用户名
            return this.name.includes(str);
        }
    }
    const user = new User('Zhangsan');               //实例化对象
    console.log(user.getName());                     //'Zhangsan'
    console.log(user.nameContains('Li'));            //false
```

在实例方法和构造函数中，this 指向实例对象。

在实例方法的名称前面添加"#"前缀，可以定义私有实例方法，仅供在类内部调用。

【示例 2】以示例 1 为基础，把 getName()方法设为私有，在 nameContains(str)内，可以这样调用私有方法：this.#getName()。

```
class User {
    constructor(name) {                              //构造函数
        this.name = name;                            //实例字段
    }
    #getName() {return this.name;}                   //私有实例方法，返回用户名
    nameContains(str) {                              //实例方法，检索用户名
        return this.#getName().includes(str);
    }
}
const user = new User('Zhangsan');                   //实例化对象
console.log(user.nameContains('Li'));                //false
```

作为私有方法，就不能在外部调用，使用 user.#getName()的方式调用方法将抛出异常。

2. 属性

在类中可以使用 get 和 set 关键字为实例定义读/写属性，绑定取值函数（getter）和存值函数（setter），允许实例以字段的方式调用函数，实现对字段的读/写行为进行监控。

当尝试读取属性值时，将调用取值函数；当尝试写入属性值时，将调用存值函数。取值函数不需要参数，而存值函数需要接收一个参数。

【示例 3】以示例 2 为基础，为了确保 name 属性不能为空，将私有字段#nameValue 封装到 getter 和 setter 中。

```
class User {
    #nameValue;                                      //私有实例字段，缓存用户名
    constructor(name) {                              //构造函数
        this.#nameValue = name;                      //初始化缓存用户名
    }
    get name() {                                     //取值函数，返回缓存的用户名
        return this.#nameValue;
    }
    set name(name) {                                 //存值函数，设置用户名，并进行监控
        if (name === '') {                           //如果参数为空，则抛出异常
            throw new Error('请设置用户名');
        }
        this.#nameValue = name;                      //为私有字段#nameValue赋值，缓存用户名
    }
}
const user = new User('Zhangsan');
```

```
console.log(user.name);                          //读取属性值，=> 'Zhangsan'
user.name = 'Lisi';                              //设置属性值
user.name = '';                                  //将抛出异常
```

3. 静态方法

静态方法是直接附加在类对象上的函数，主要为类创建工具函数，处理与类相关的各种通用逻辑或任务，而不是与实例相关的具体事务。定义静态方法的语法格式如下：

```
static 静态方法名([可选参数]) {
    //方法主体
}
```

在静态方法中，可以访问静态字段，不可以访问实例字段。方法内的 this 指向类对象，而不是实例对象。

注意

静态方法不会被实例对象继承，也不允许通过实例对象调用，只允许通过类对象调用，调用时也不需要先实例化。父类的静态方法可以被子类继承。

【示例 4】以示例 3 为基础，添加静态方法 isNameTaken()，使用私有静态字段 User.#takenNames 来存储用户名。

```
class User {
    static #takenNames = [];                     //私有静态字段，存储用户名
    static isNameTaken(name) {                   //静态方法，检测用户名
        return User.#takenNames.includes(name);
    }
    name;                                        //实例字段，用户名
    constructor(name) {
        this.name = name;                        //初始化用户名
        User.#takenNames.push(name);             //把用户名存入私有静态字段中
    }
}
const user = new User('Zhangsan');
console.log(User.isNameTaken('Zhangsan'));       //true
console.log(User.isNameTaken('Lisi'));           //false
```

也可以定义仅在类主体内使用的私有静态方法，语法格式如下：

```
static #静态方法名([可选参数]) {
    //方法主体
}
```

13.1.6　继承

1. 继承实现

ES5 通过原型实现继承，ES6 通过 extends 关键字实现单继承。语法格式如下：

```
class 父类 {}
class 子类 extends 父类 {}
```

子类通过 extends 关键字继承父类的构造函数、字段和方法，但是父类的私有成员不会被子类继承。

【示例 1】下面的示例创建一个子类 Reader，扩展父类 User。从 User 继承构造函数、getName()方法和 name 字段，同时声明一个新字段 arr。

```
class User {                        //父类
    name;                          //实例字段
    constructor(name) {            //构造函数
        this.name = name;          //初始化实例字段，设置用户名
    }
    getName() {                    //实例方法
        return this.name;
    }
}
class Reader extends User {         //子类，继承自 User
    arr = [];                      //新添加 arr 字段
}
const reader = new Reader('Hi');   //实例化子类
console.log(reader.name);          //继承自父类 => 'Hi'
console.log(reader.getName());     //继承自父类 => 'Hi'
console.log(reader.arr);           //来自子类新字段 => []
```

2. 使用 super()函数

如果子类也定义了构造函数，则在实例化时会覆盖父类的构造函数。为确保父类的构造函数在子类中实现初始化，必须在子类的构造函数中首先调用一个特殊函数：super()，它指代父类的构造函数。

 注意

super()只能用在子类的构造函数中，用于其他位置将抛出异常。

【示例 2】以示例 1 为基础，在子类的 Reader 构造函数内首先调用父类 User 的构造函数，完成父类和子类同时初始化，以便继承 name 字段，并新添加一个 age 字段。

```
class User {                        //父类
    constructor(name) {            //父类构造函数
        this.name = name;          //初始化实例字段，设置用户名
    }
}
class Reader extends User {         //子类
    constructor(name, age) {       //子类构造函数
        super(name);               //必须首先调用父类构造函数，初始化父类实例
        this.age = age;            //初始化实例字段，设置用户年龄
    }
}
const reader = new Reader('Lisi', 20);    //实例化子类
console.log(reader.name);                 //'Lisi'
console.log(reader.age);                  //20
```

3. 使用 super 关键字

如果在子类的方法中访问父类，可以使用 super 关键字。在实例方法中，this 指代实例对

象，而 super 有两个指代作用，具体说明如下：

（1）在实例方法中使用时，指向父类的实例对象。

（2）在静态方法中使用时，指向父类对象。

【**示例3**】在下面的示例中，子类的 getName()方法覆盖了父类的 getName()方法，要访问父类的 getName()方法，可以使用 super.getName()。

```javascript
class User {                                    //父类
    name;                                       //实例字段
    constructor(name) {                         //父类构造函数
        this.name = name;                       //初始化实例字段，设置用户名
    }
    getName() {                                 //父类的实例方法
        return this.name;
    }
}
class Reader extends User {                      //子类
    posts = [];                                 //实例字段
    constructor(name, posts) {                   //子类构造函数
        super(name);                            //实例化父类的构造函数
        this.posts = posts;                     //初始化实例字段
    }
    getName() {                                 //重写方法
        const name = super.getName();           //调用被覆盖的父类方法
        if (name === '') {                      //如果名字为空，则返回提示字符
            return 'Null';
        }
        return name;
    }
}
const reader = new Reader('', ['Hi', 'World']); //实例化子类，设置 name 为空
console.log(reader.getName());                   //'Null'
```

在子类方法中通过 super 调用父类方法时，此时 super 指代父类的实例，super()函数内的 this 指向子类实例。

13.2 构 造 函 数

ES5 没有 class 关键字，不支持类，模拟类主要通过函数来实现，这类函数称为构造函数（或构造器）。本节将讲解 ES5 中构造函数的定义和使用。

13.2.1 定义构造函数

在语法结构上，构造函数与普通函数相似。任何 JavaScript 函数，不包括箭头函数、生成器函数和异步函数，都可以用作构造函数。定义构造函数的语法格式如下：

```javascript
function 构造函数名([可选参数列表]) {
    this.属性名= 属性值;
    this.方法名= function(){  //处理代码 };
    ...
}
```

与普通函数相比，构造函数有以下两个显著特点。

（1）在函数体内可以使用 this 指代未来的实例对象。

（2）必须使用 new 关键字调用函数，生成实例对象。

【示例】下面的示例演示了如何定义一个构造函数，包含了两个属性和一个方法。

```
function Point(x,y){                        //构造函数
    this.x = x;                             //属性
    this.y = y;                             //属性
    this.sum = function(){                  //方法
            return this.x + this.y;
    }
}
```

扫一扫，看视频

13.2.2　调用构造函数

使用 new 关键字可以调用构造函数，创建实例对象。语法格式如下：

```
实例对象 = new 构造函数名([可选参数列表])
```

【示例】下面的示例使用 new 关键字调用构造函数 Point()，生成一个实例，然后调用方法 sum()，获取两个属性的和。

```
function Point(x,y){                        //构造函数
    this.x = x;                             //属性
    this.y = y;                             //属性
    this.sum = function(){                  //方法
            return this.x + this.y;
    }
}
var p1 = new Point(100,200);                //实例化对象1
console.log(p1.sum());                      //300
```

提示

构造函数可以接收参数，以便初始化实例对象。如果不需要传递参数，可以省略小括号，直接使用 new 关键字调用，下面两行代码是等价的。

```
var p1 = new Point();
var p2 = new Point;
```

13.3　this

扫一扫，看视频

13.3.1　认识 this

除了箭头函数外，JavaScript 为每种函数都内置了 this 指针，用于指代调用对象。在不同的运行环境中，this 会指代不同的对象。具体说明如下：

（1）在全局作用域中，使用小括号直接调用函数，则函数体内的 this 指代全局对象，如 window。

（2）当函数作为对象的方法被调用时，函数体内的 this 指代该对象。

（3）当函数被定义为构造函数，使用 new 关键字调用时，函数体内的 this 指代实例对象。

13.3.2　锁定 this

考虑到 this 指代对象的灵活性，使用时应该时刻保持谨慎。在程序开发中，可以考虑先锁定 this，然后再使用。锁定 this 有以下两种基本方法。

（1）使用私有变量存储 this 指代的对象。

（2）使用 call()、apply()或 bind()方法强制绑定 this 指代的对象。

【示例 1】在构造函数中把 this 存储到私有变量中，然后在方法中使用私有变量来引用构造函数的 this。这样在类型实例化后，方法内的 this 不会发生变化。

```
function Base(){                       //基类
    var _this = this;                  //使用私有变量存储实例对象
    this.func = function(){
        return _this;                  //返回实例对象
    };
    this.name = "Base";                //基类的别名
}
function Sub(){                         //子类
    this.name = "Sub";                 //子类的别名
}
Sub.prototype = new Base();            //继承基类
var sub = new Sub();                   //实例化子类
var _this = sub.func();                //调用继承方法 func()
console.log(_this.name);               //"Base"，说明 this 指向基类实例
```

【示例 2】使用 call()和 apply()方法强制锁定 this 的指代对象。以示例 1 为基础，不在 Base()中保存 this 指代的对象，而是使用 Base.call(sub)方法把 Base()函数中的 this 绑定到实例 sub。这样调用 sub.func()方法时返回的是 Base()函数的上下文环境，而不是 Sub()函数的上下文环境，即 Sub()函数的实例对象，所以再次访问 this.name 时，就是"Base"，而不是"Sub"。

```
function Base(){                       //基类
    this.func = function(){
        return this;                   //返回实例对象
    };
    this.name = "Base";                //基类的别名
}
function Sub(){                         //子类
    this.name = "Sub";                 //子类的别名
}
var sub = new Sub();                   //实例化子类
Base.call(sub);                        //绑定 this 到 Base 的上下文对象
var _this = sub.func();                //调用继承方法 func()
console.log(_this.name);               //"Base"，说明 this 始终指向基类实例
```

13.3.3　使用 bind()

ES5 为 Function 类型新增了 bind()原型方法，用于将原函数的 this 绑定到指定的对象上，

221

最后返回一个新函数。具体用法如下：

```
func1 = func2.bind(thisArg[,arg1[,arg2[,argN]]])
```

参数说明如下。

（1）func1：返回绑定了 this 的新函数。

（2）func2：预绑定的原函数。

（3）thisArg：必需参数，指定绑定函数内的 this 指代的对象。

（4）[,arg1[,arg2[,argN]]]：可选参数，传递给返回函数的参数列表。

【示例】下面的示例设计一个 obj 对象，定义了两个属性：min（下限）和 max（上限），一个方法：check()，用于检测指定的值是否处于指定范围内。然后，直接调用方法 obj.check(10)，检测 10 是否在指定范围内，返回 false。接着，把 obj.check 方法绑定到 range 对象上，再次传入 10，返回 true，说明 range 对象的 min 和 max 属性值覆盖掉了 obj 对象的属性值，此时 min 和 max 值分别为 10 和 20。

```
var obj = {
    min: 50,                                //初始下限值
    max: 100,                               //初始上限值
    check: function (value) {               //检测方法
        if (typeof value !== 'number')      //参数不为数值，则返回 false
            return false;
        else                                //参数介于 min 和 max 之间，则返回 true
            return value >= this.min && value <= this.max;
    }
}
console.log(obj.check(10));                 //false
var range = {min: 10, max: 20};            //定义一个新范围对象
var check1 = obj.check.bind(range);         //把 obj.check 方法绑定到 range 对象上
                                            //check 内的 this 就不再指代 obj，而是 range
console.log(check1(10));                    //true
```

13.4　原　　型

13.4.1　认识原型

在 ES6 之前，JavaScript 通过构造函数模拟类，通过原型实现继承。原型指代一个对象，默认由 JavaScript 自动创建，并与构造函数建立联系。构造函数、原型和实例之间的关系如下：

（1）构造函数通过 prototype 属性访问原型对象。

（2）构造函数通过 new 关键字创建实例对象。

（3）实例对象通过 constructor 属性访问构造函数。

（4）实例对象通过原型链访问原型对象。

【示例 1】下面的示例为本地属性设置默认值。当原型属性与本地属性同名时，删除本地属性后，可以访问原型属性，这样可以把原型属性值作为默认值使用。

```
function P(x){                              //构造函数
    if(x) this.x = x;                       //如果传入参数，则定义属性，该条件是关键
```

```
}
P.prototype.x = 0;                    //使用原型属性设置默认值
var p = new P();                      //实例化，不带参数
console.log(p.x);                     //0，返回默认值
p = new P(1);                         //再次实例化，传入新值
console.log(p.x);                     //1，返回参数值
```

【示例 2】下面的示例备份本地属性。如果把实例对象的属性完全赋值给原型对象，相当于为实例对象做了一次备份。当实例属性变更时，可以通过原型对象恢复实例对象的初始状态。

```
function P(x){                        //构造函数
    this.x = x;                       //本地属性
}
P.prototype.backup = function(){      //原型方法
    for(var i in this){               //备份实例对象的所有属性
        P.prototype[i] = this[i];
    }
}
var p = new P(1);                     //实例化对象
p.backup();                           //备份实例对象中的数据
p.x =10;                              //改写实例属性值
p = P.prototype;                      //恢复备份
console.log(p.x)                      //1，说明恢复到对象初始状态
```

JavaScript 主要提供了以下三种访问原型对象的方法。

（1）obj.__proto__。

（2）obj.constructor.prototype。

（3）Object.getPrototypeOf(obj)。

其中，obj 表示实例对象；__proto__（前后各两个下划线）为私有属性。obj.constructor 指代构造函数。getPrototypeOf()是 Object 类型的静态函数，参数为实例对象，返回值为参数的原型对象。

> **注意**
>
> 使用 obj.constructor.prototype 存在一定的风险，如果 obj 的 constructor 被覆盖，则 obj.constructor.prototype 返回值就是无效的。因此，推荐使用 Object.getPrototypeOf(obj)。

13.4.2　原型链

扫一扫，看视频

所有对象都有原型（prototype），这句话包含两层含义：一方面，任何对象都可以充当原型；另一方面，由于原型也是对象，所以它也有原型。这样就形成了一个"原型链"：从对象到原型，再从原型到原型，一层层追溯，最终所有对象的原型都可以上溯到 Object.prototype，即 Object 构造函数的 prototype 属性。也就是说，所有对象都继承了 Object.prototype 的属性。

当读取对象的某个属性时，JavaScript 会先寻找对象自身的本地属性，如果找不到，就到它的原型中去找；如果还是找不到，就到原型的原型中去找；如果直到顶层的 Object.prototype 还是找不到，则返回 undefined。如果对象自身和它的原型都定义了一个同名属性，则优先读取对象自身的本地属性，这种行为称作覆盖。

📢 **注意**

一层层向上检索，在整个原型链上寻找某个属性，对性能是有影响的。所寻找的属性在越上层的原型对象中，对性能的影响就越大。如果寻找某个不存在的属性，将会遍历整个原型链。

【示例】下面的示例直观演示了对象检索属性的原型链及继承关系。

```
function A(x){                          //构造函数 A
    this.x = x;
}
A.prototype.x = 0;                      //定义原型属性 x，值为 0
function B(x){                          //构造函数 B
    this.x = x;
}
B.prototype = new A(1);                 //原型为 A 的实例
function C(x){                          //构造函数 C
    this.x = x;
}
C.prototype = new B(2);                 //原型为 B 的实例
var d = new C(3);                       //实例化 C，返回实例 d
console.log(d.x);                       //读取 d 的属性 x，返回 3
delete d.x;                             //删除 d 的本地属性 x
console.log(d.x);                       //调用 d 的属性 x，返回 2
delete C.prototype.x;                   //删除 C 类的原型属性 x
console.log(d.x);                       //调用 d 的属性 x，返回 1
delete B.prototype.x;                   //删除 B 类的原型属性 x
console.log(d.x);                       //调用 d 的属性 x，返回 0
delete A.prototype.x;                   //删除 A 类的原型属性 x
console.log(d.x);                       //调用 d 的属性 x，返回 undefined
```

13.5　案例实战

扫一扫，看视频

13.5.1　设计员工类

【案例】使用 class 关键字设计一个员工类，包含员工姓名、部门、年龄等信息，并添加统计员工总人数的功能。实现方法：通过 new.target.count 为类添加一个静态计数器，并在构造函数中汇总实例化的次数，从而实现自动计数功能。一旦有新员工加入，实例化时就会自动计数。

```
class Employee {                            //定义员工类
    constructor(name, age, department) {    //初始化类
        this.name = name;                   //员工姓名
        this.age = age;                     //员工年龄
        this.department = department;       //所属部门
        if (new.target.count) {new.target.count += 1;}
                                            //每创建一个员工类，员工人数自增
        else {new.target.count = 1;}
    }
```

```
}
//实例化类
let emp1 = new Employee('zhangsan', 19, 'A');
let emp2 = new Employee('Lisi', 23, 'B');
let emp3 = new Employee('Wangwu', 120, 'C');
console.log(`总共创建${Employee.count}个员工对象`)    //输出员工人数
```

执行程序，输出结果如下：

总共创建 3 个员工对象

13.5.2　控制类的存取操作

扫一扫，看视频

【案例】设计一个 Bank 类，通过取值函数和存值函数控制 curr 属性的读/写行为，避免用户恶意输入，限制只能输入大于 0 的币值。同时，在读取数字时，以本地化人民币格式显示。

```
class Bank {
    constructor(curr=0) {this._curr = curr;}    //默认值为 0，保存用户输入的值
    get curr() {return "¥" + this._curr.toFixed(2);} //取值函数，格式化数字显示
    set curr(value) {                                //存值函数
        if(typeof value === "number" && value > 0) //设置监测条件
            this._curr = value;
    }
}
let test = new Bank();
console.log(test.curr);                              //¥0.00
test.curr = 123;
console.log(test.curr);                              //¥123.00
```

本　章　小　结

如果把 JavaScript 学习过程比作一条曲线，那么本章就是最陡的那一段，攀爬比较辛苦，而一旦越过，就会进入新的境界。不管学习哪一种编程语言，最终都交汇于编程思想，语言仅是表现思想的工具。回顾本章内容，需要理解 4 个基本概念：类、对象、继承和原型；用好 3 个工具：this、super 和 prototype。此外，借助大量的实战练习，慢慢领悟每个知识点的内涵和妙用。

课　后　练　习

一、填空题

1. 面向对象编程有_____、_____和_____三大特征。
2. 在 ES6 中，使用_____关键字可以定义一个类。
3. 在 ES5 中，使用_____函数可以模拟一个类。
4. 在 ES6 中，使用_____关键字可以实现类的继承。

5．在 ES5 中，使用_____属性可以设计对象之间的继承关系。

6．使用_____、_____或_____方法可以强制绑定 this 指代的对象。

7．构造函数通过_____关键字创建实例对象。

8．实例对象通过_____属性访问构造函数。

二、判断题

1．面向过程编程比面向对象编程更灵活、更有扩展性。　　　　　　　　（　　）

2．面向过程编程适合项目规模小、功能少的问题。　　　　　　　　　　（　　）

3．多态是指一个接口可以拥有可变的参数，当参数不同时，有不同的执行结果。
　　　　　　　　　　　　　　　　　　　　　　　　　　　　　　　　（　　）

4．封装就是将类的使用和实现分开，只保留有限的接口与外部联系。　　（　　）

5．继承简化了类的创建，提高了代码的可重用。　　　　　　　　　　　（　　）

三、选择题

1．（　　　）不是面向对象的特性。
　　A．继承性　　　　　　　B．封装性　　　　　　C．扩展性　　　　　D．多态性

2．下列四个选项中，关于类和对象的描述错误的是（　　　）。
　　A．类是对象的抽象，对象是类的实现
　　B．类可以理解为模板，对象类似于模具
　　C．源于同一个类型的多个对象都拥有相同的结构和功能
　　D．类也可以是对象，所以类也有自己的实例方法

3．下列四个选项中，针对定义类相关的说法正确的是（　　　）。
　　A．类声明与类表达式定义的类结构是不同的
　　B．类名的首字母应以大写形式书写
　　C．在类中定义方法时，不需要使用 function 关键字
　　D．类的实例字段应在构造函数内声明

4．下列四个选项中，说法错误的是（　　　）。
　　A．每个对象都有一个 prototype 属性
　　B．每个对象都有一个 constructor 属性，该属性指代构造函数
　　C．通过实例对象的 __proto__ 私有属性可以访问该对象的原型对象
　　D．通过原型对象的 __proto__ 私有属性可以访问该对象的原型对象

5．执行 console.log(Object.prototype.__proto__ 的结果是（　　　）。
　　A．Function　　　　　B．String　　　　　C．undefined　　　　D．null

四、简答题

1．在不同的运行环境中，this 会指代不同的对象，请具体说明。

2．请简单说明构造函数、原型和实例之间的关系。

五、编程题

1．定义一个学生类，包含学生姓名、性别、学号等信息，实例化之后，允许调用 introduce()
方法介绍个人信息。

2．使用构造原型模式创建 Person 类，包含姓名、年龄、工作和朋友圈字段信息。

3．设计一个自行车 Bike 类，包含品牌字段、颜色字段和骑行功能；然后再派生出以下子类：折叠自行车类，包含骑行功能；电动自行车类，包含电池字段、骑行功能。

4．设计一个父类 Teacher 和一个子类 Student，然后为父类和子类填充具体实现。要求体现如下知识点：声明类、命名表达式类、构造函数、静态方法、实例方法、箭头函数、模板表达式。

拓 展 阅 读

扫描下方二维码，了解关于本章的更多知识。

第 14 章　客户端开发

【学习目标】

- ➥ 了解 DOM 类，熟悉节点相关的概念，知道节点的分类及其特征。
- ➥ 了解 JavaScript 操作文档的基本方法。
- ➥ 掌握元素的基本操作，能够使用 JavaScript 编辑网页结构。
- ➥ 熟练使用 JavaScript 操作网页文本，以及标签属性。

　　JavaScript 核心知识包括基本语法和标准库，除此之外，宿主环境也会提供各种 API，供 JavaScript 调用。在客户端宿主环境中，浏览器会提供三大类 API，其中 BOM 类负责操作浏览器及客户端的相关对象，DOM 类负责操作网页文档中的各种对象，Web 类负责实现 Web 应用的各种功能，如本地存储、网页绘图等。本章将具体介绍 DOM 类常用操作，如操作元素、文本和属性等。

14.1　认识 BOM 和 DOM

　　BOM（Browser Object Model，浏览器对象模型）用于客户端浏览器的管理。BOM 核心对象是 window。window 对象代表根节点，使用 window 对象可以访问客户端其他对象。每个对象都提供了很多方法和属性，负责执行客户端特定的功能。

　　（1）window：客户端 JavaScript 顶层对象。每当\<body\>或\<frameset\>标签出现时，window 对象就会被自动创建。

　　（2）navigator：包含客户端有关浏览器的信息。

　　（3）screen：包含客户端屏幕的信息。

　　（4）history：包含浏览器窗口访问过的 URL 信息。

　　（5）location：包含当前网页文档的 URL 信息。

　　（6）document：包含整个 HTML 文档，可被用于访问文档内容及其所有页面元素。

　　DOM（Document Object Model，文档对象模型）是 W3C 制订的一套技术规范，是用于描述 JavaScript 脚本如何与 HTML 文档进行交互的 Web 标准。网页中的所有对象和内容都被称为节点，整个文档是一个文档节点，每个标签是一个元素节点，元素包含的文本是文本节点，注释属于注释节点等。使用 nodeType 属性可以判断一个节点的类型，使用 nodeName 和 nodeValue 属性可以读取节点的名称和值。在 DOM 4 标准中，属性不再视为节点。

　　DOM 把文档视为一棵树形结构，也称为节点树。节点之间的关系包括上下父子关系和相邻兄弟关系。在节点树中，最顶端节点为根节点。除了根节点外，每个节点都有一个父节点。除了文本节点外，节点可以包含任何数量的子节点。同级节点是拥有相同父节点的节点。

　　DOM 为所有节点对象定义如下属性，以方便 JavaScript 访问节点。

　　（1）ownerDocument：返回当前节点的根元素（document 对象）。

　　（2）parentNode：返回当前节点的父节点。所有的节点都仅有一个父节点。

　　（3）childNodes：返回当前节点的所有子节点的节点列表。

（4）firstChild：返回当前节点的第 1 个子节点。

（5）lastChild：返回当前节点的最后一个子节点。

（6）nextSibling：返回当前节点之后相邻的同级节点。

（7）previousSibling：返回当前节点之前相邻的同级节点。

14.2 元　　素

在客户端开发中，大部分操作都是针对元素节点进行的。它的主要特征值：nodeType 等于 1、nodeName 等于标签名称、nodeValue 等于 null。元素节点包含 5 个公共属性：id（标识符）、title（提示标签）、lang（语言编码）、dir（语言方向）、className（CSS 类样式），这些属性可读可写。

14.2.1 访问元素

1. getElementById()

使用 getElementById()方法可以准确获取文档中的指定元素。用法如下：

```
document.getElementById("id属性值")
```

如果文档中不存在指定元素，则返回值为 null。该方法只适用于 document 对象。

【示例 1】在下面的示例中，使用 getElementById()方法获取<div id="box">对象，然后使用 nodeName、nodeType、parentNode 和 childNodes 属性查看该对象的节点名称、节点类型、父节点名称和第 1 个子节点的名称。

```
<div id="box">盒子</div>
<script>
var box = document.getElementById("box");          //获取指定盒子的引用
var info = "nodeName: " + box.nodeName;             //获取该节点的名称
info += "\rnodeType: " + box.nodeType;              //获取该节点的类型
info += "\rparentNode: " + box.parentNode.nodeName; //获取该节点的父节点名称
info += "\rchildNodes: " + box.childNodes[0].nodeName; //获取该节点的子节点名称
console.log(info);                                 //显示提示信息
</script>
```

2. getElementsByTagName()

使用 getElementsByTagName()方法可以获取指定标签名称的所有元素。用法如下：

```
document.getElementsByTagName("标签名")
```

该方法返回值为一个节点集合，使用 length 属性可以获取集合中包含元素的个数，利用下标可以访问其中某个元素对象。

【示例 2】下面的示例使用 for 循环获取每个 p 元素，并设置 p 元素的 class 属性为 red。

```
var p = document.getElementsByTagName("p");        //获取 p 元素的所有引用
for(var i=0;i<p.length;i++){                        //遍历 p 数据集合
    p[i].setAttribute("class","red");              //为每个 p 元素定义 red 类样式
}
```

还可以使用下面的用法获取页面中所有元素，其中参数"*"表示所有元素。

```
var allElements = document.getElementsByTagName("*");
```

提示

HTML5 新增了 5 个专门用于访问元素节点的属性。

（1）childElementCount：返回子元素的个数，不包括文本节点和注释。

（2）firstElementChild：返回第 1 个子元素。

（3）lastElementChild：返回最后一个子元素。

（4）previousElementSibling：返回前一个相邻兄弟元素。

（5）nextElementSibling：返回后一个相邻兄弟元素。

扫一扫，看视频

14.2.2　创建元素

使用 document 对象的 createElement()方法能够根据参数指定的标签名称创建一个新的元素，并返回新建元素的引用。用法如下：

```
document.createElement("标签名");
```

【**示例 1**】下面的示例在当前文档中创建了一个段落标记 p，存储到变量 p 中。由于该变量表示一个元素节点，所以它的 nodeType 属性值为 1，而 nodeName 属性值为 p。

```
var p = document.createElement("p");        //创建段落元素
var info = "nodeName: " + p.nodeName;        //获取元素名称
info += ", nodeType: " + p.nodeType;         //获取元素类型，如果为 1，则表示元素节点
console.log(info);
```

使用 createElement()方法创建的新元素不会被自动添加到文档里。如果要把这个元素添加到文档里，还需要使用 appendChild()、insertBefore()或 replaceChild()方法实现。

【**示例 2**】下面的示例演示如何把新创建的 p 元素添加到 body 元素下。当元素被添加到文档树中时，会立即显示出来。

```
var p = document.createElement("p");        //创建段落元素
document.body.appendChild(p);                //添加段落元素到 body 元素下
```

扫一扫，看视频

14.2.3　插入元素

在文档中插入节点主要包括两种方法。

1．appendChild()

appendChild()方法可向当前节点的子节点列表的末尾添加新的子节点。用法如下：

```
父节点.appendChild(子节点)
```

该方法返回新增的节点。

【**示例 1**】下面的示例展示了如何把段落文本添加到文档中指定的 div 元素中，使它成为当前节点的最后一个子节点。

```
<div id="box"></div>
<script>
var p = document.createElement("p");        //创建段落节点
```

```
var txt = document.createTextNode("盒模型");        //创建文本节点，文本内容为"盒模型"
p.appendChild(txt);                                 //把文本节点添加到段落节点中
document.getElementById("box").appendChild(p);//获取 box 元素，把段落节点添加进来
</script>
```

如果文档树中已经存在参数节点，则将其从文档树中删除，然后重新插入到新的位置。如果添加的节点是 DocumentFragment 节点，则不会直接插入，而是把它的子节点插入到当前节点的末尾。

 提示

　　将元素添加到文档树中，浏览器就会立即呈现该元素。此后，对这个元素所做的任何修改都会实时反映在浏览器中。

【示例 2】在下面的示例中，新建两个盒子和一个按钮，使用 CSS 设计两个盒子显示为不同的效果。然后为按钮绑定事件处理程序，设计当单击按钮时执行插入操作。

```
<div id="red">
    <h1>红盒子</h1>
</div>
<div id="blue">蓝盒子</div>
<button id="ok">移动</button>
<script>
var ok = document.getElementById("ok");        //获取按钮元素的引用
ok.onclick = function(){                        //为按钮注册一个鼠标单击事件处理函数
    var red = document.getElementById("red");   //获取红盒子的引用
    var blue = document.getElementById("blue"); //获取蓝盒子的引用
    blue.appendChild(red);                      //最后将红盒子移动到蓝盒子中
}
</script>
```

上面的代码使用 appendChild()方法将红盒子移动到蓝盒子中间。在移动指定节点时，会同时移动指定节点包含的所有子节点，演示效果如图 14.1 所示。

（a）移动前　　　　　　　　　　　　　　　　（b）移动后

图 14.1　使用 appendChild()方法移动元素

2．insertBefore()

使用 insertBefore()方法可在已有的子节点前插入一个新的子节点。用法如下：

```
父节点.insertBefore(新增子节点, 参考子节点)
```

参考子节点表示插入新节点后的节点，用于指定插入节点的后面相邻位置。插入成功后，该方法将返回新插入的子节点。

【示例 3】针对示例 2，如果把蓝盒子移动到红盒子所包含的标题元素的前面，使用 appendChild()方法是无法实现的，此时不妨使用 insertBefore()方法来实现。

```
var ok = document.getElementById("ok");                    //获取按钮元素的引用
ok.onclick = function(){                    //为按钮注册一个鼠标单击事件处理函数
    var red = document.getElementById("red");              //获取红盒子的引用
    var blue = document.getElementById("blue");            //获取蓝盒子的引用
    var h1 = document.getElementsByTagName("h1")[0];    //获取标题元素的引用
    red.insertBefore(blue, h1);            //把蓝盒子移动到红盒子内，且位于标题元素前面
}
```

单击"移动"按钮后，蓝盒子被移动到红盒子内部，且位于标题元素前面，效果如图 14.2 所示。

（a）移动前　　　　　　　　　　　　　　　　　（b）移动后

图 14.2　使用 insertBefore()方法移动元素

提示

　　insertBefore()方法与 appendChild()方法一样，可以把指定元素及其所包含的所有子节点一起插入到指定位置上。同时，会先删除移动的元素，然后再重新插入到新的位置。

扫一扫，看视频

14.2.4　删除元素

removeChild()方法可以从子节点列表中删除某个节点。用法如下：

```
父节点.removeChild(子节点)
```

如果删除成功，则返回被删除节点；如果删除失败，则返回 null。当使用 removeChild()方法删除节点时，该节点所包含的所有子节点将同时被删除。

【示例 1】下面的示例演示单击按钮时将删除红盒子中的一级标题。

```
<div id="red">
    <h1>红盒子</h1>
</div>
<div id="blue">蓝盒子</div>
<button id="ok">移动</button>
<script>
var ok = document.getElementById("ok");        //获取按钮元素的引用
ok.onclick = function(){                    //为按钮注册一个鼠标单击事件处理函数
    var red = document.getElementById("red");          //获取红盒子的引用
    var h1 = document.getElementsByTagName("h1")[0];    //获取标题元素的引用
    red.removeChild(h1);                    //删除红盒子包含的标题元素
```

```
    }
</script>
```

【示例 2】如果想删除蓝盒子，但是又无法确定它的父元素，此时可以使用 parentNode 属性来快速获取父元素的引用，并借助这个引用来实现删除操作。

```
var ok = document.getElementById("ok");           //获取按钮元素的引用
ok.onclick = function(){                           //为按钮注册一个鼠标单击事件处理函数
    var blue = document.getElementById("blue");        //获取蓝盒子的引用
        var parent = blue.parentNode;           //获取蓝盒子父元素的引用
    parent.removeChild(blue);                   //删除蓝盒子
}
```

如果希望把删除节点插入到文档其他位置，可以使用 removeChild()方法实现，也可以使用 appendChild()和 insertBefore()方法实现。

14.3　文　　本

文本节点表示元素和属性的文本内容，包含纯文本内容、转义字符，但不包含 HTML 源代码。文本节点不包含子节点。主要特征值如下：nodeType 等于 3、nodeName 等于"#text"、nodeValue 等于包含的文本。

14.3.1　访问文本

使用 nodeValue 或 data 属性可以访问文本节点包含的文本。使用 length 属性可以获取包含文本的长度，利用该属性可以遍历文本节点中的每个字符。

【示例】下面的示例设计一个读取元素包含文本的通用方法。

```
function text(e){    //参数 e 表示指定元素，返回包含的所有文本，包括子元素中包含的文本
    var s = "";
    var e = e.childNodes || e;              //判断元素是否包含子节点
    for(var i = 0; i < e.length; i++){       //遍历所有子节点
        s += e[i].nodeType != 1 ? e[i].nodeValue : text(e[i].childNodes);
                                             //通过递归遍历所有元素的子节点
    }
    return s;
}
```

在上面的代码中，通过递归函数检索指定元素的所有子节点，然后判断每个子节点的类型。如果不是元素，则读取该节点的值；否则再递归遍历该元素包含的所有子节点。

14.3.2　操作 HTML 字符串

使用元素的 innerHTML 属性可以返回调用元素包含的所有子节点对应的 HTML 标记字符串。最初它是 IE 浏览器的私有属性，HTML5 规范了 innerHTML 属性的使用，并得到了所有浏览器的支持。

【示例】下面的示例使用 innerHTML 属性读取 div 元素包含的 HTML 字符串。

```
<div id="div1">
    <style type="text/css">p {color:red;}</style>
```

```
            <p><span>div</span>元素</p>
</div>
<script>
var div = document.getElementById("div1");
var s = div.innerHTML;
console.log(s);
</script>
```

提示

使用 innerHTML 属性可以根据传入的 HTML 字符串创建新的 DOM 片段，然后用这个 DOM 片段完全替换调用元素原有的所有子节点。设置 innerHTML 属性值之后，可以像访问文档中的其他节点一样访问新创建的节点。

14.4 属 性

属性节点的主要特征值如下：nodeType 等于 2、nodeName 等于属性的名称、nodeValue 等于属性的值、parentNode 等于 null。属性节点包含 3 个专用属性。

（1）name：表示属性名称，等效于 nodeName。

（2）value：表示属性值，可读可写，等效于 nodeValue。

（3）specified：如果属性值是在代码中设置的，则返回 true；如果为默认值，则返回 false。

14.4.1 创建属性

扫一扫，看视频

使用 document 对象的 createAttribute()方法可以创建属性节点，用法如下：

```
document.createAttribute("属性名")
```

【示例 1】下面的示例创建一个属性节点，名称为 align，值为 center，然后为标签<div id="box">设置属性 align，最后分别使用三种方法读取属性 align 的值。

```
<div id="box">document.createAttribute(name)</div>
<script>
var element = document.getElementById("box");
var attr = document.createAttribute("align");
attr.value = "center";
element.setAttributeNode(attr);
console.log(element.attributes["align"].value);          //"center"
console.log(element.getAttributeNode("align").value);    //"center"
console.log(element.getAttribute("align"));              //"center"
</script>
```

在传统 DOM 中，常用点语法通过元素直接访问 HTML 属性，如 img.src、a.href 等，这种方式虽然不标准，但是获得了所有浏览器的支持。

【示例 2】<img>标签拥有 src 属性，所有图像对象都拥有一个 src 脚本属性，它与 HTML 的 src 特性关联在一起。下面两种用法都可以很好地工作在不同浏览器中。

```
<img id="img1" src=""/>
<script>
var img = document.getElementById("img1");
```

```
img.setAttribute("src","http://www.w3.org/");        //HTML 属性
img.src = "http://www.w3.org/";                      //JavaScript 属性
</script>
```

类似的属性还有 onclick、style 和 href 等。当然，很多 HTML 属性并没有被 JavaScript 映射，也就是无法直接通过脚本属性进行读/写。

扫一扫，看视频

14.4.2 读取属性

使用元素的 getAttribute()方法可以读取指定属性的值，用法如下：

```
元素.getAttribute("属性名")
```

使用元素的 attributes 属性、getAttributeNode()方法可以返回对应的属性节点。

【示例 1】下面的示例访问红盒子和蓝盒子，然后读取这些元素所包含的 id 属性值。

```
<div id="red">红盒子</div>
<div id="blue">蓝盒子</div>
<script>
var red = document.getElementById("red");            //获取红盒子
console.log(red.getAttribute("id"));                 //显示红盒子的 id 属性值
var blue = document.getElementById("blue");          //获取蓝盒子
console.log(blue.getAttribute("id"));                //显示蓝盒子的 id 属性值
</script>
```

【示例 2】HTML DOM 也支持使用点语法读取属性值。

```
var red = document.getElementById("red");
console.log(red.id);
var blue = document.getElementById("blue");
console.log(blue.id);
```

📢 **注意**

对于 class 属性，必须使用 className 属性名，因为 class 是 JavaScript 语言的保留字；对于 for 属性，必须使用 htmlFor 属性名，这与 CSS 脚本中的 float 和 text 属性分别被改名为 cssFloat 和 cssText 的情况类似。

【示例 3】使用 className 读/写样式类。

```
<label id="label1" class="class1" for="textfield">文本框:
    <input type="text" name="textfield" id="textfield"/>
</label>
<script>
var label = document.getElementById("label1");
console.log(label.className);
console.log(label.htmlFor);
</script>
```

【示例 4】对于复合类样式，需要使用 split()方法把值字符串转换为数组，再遍历类样式。

```
<div id="red" class="red blue">红盒子</div>
<script>
//所有类名生成的数组
var classNameArray = document.getElementById("red").className.split(" ");
```

```
for(var i in classNameArray){                          //遍历数组
    console.log(classNameArray[i]);                    //当前 class 名
}
</script>
```

扫一扫，看视频

14.4.3　设置属性

使用元素的 setAttribute()方法可以设置元素的属性值，用法如下：

```
元素.setAttribute("属性名", "属性值")
```

属性名和属性值必须以字符串的形式进行传递。如果元素中存在指定的属性，则其值将被刷新；如果不存在，则 setAttribute()方法将为元素创建该属性并赋值。

【示例 1】 下面的示例分别为页面中的 div 元素设置 title 属性。

```
<div id="red">红盒子</div>
<div id="blue">蓝盒子</div>
<script>
var red = document.getElementById("red");              //获取红盒子的引用
var blue = document.getElementById("blue");            //获取蓝盒子的引用
red.setAttribute("title", "这是红盒子");                 //为红盒子对象设置 title 属性和值
blue.setAttribute("title", "这是蓝盒子");                //为蓝盒子对象设置 title 属性和值
</script>
```

【示例 2】 下面的示例定义了一个文本节点和元素节点，并为一级标题元素设置 title 属性，最后把它们添加到文档结构中。

```
var hello = document.createTextNode("Hello World!");    //创建一个文本节点
var h1 = document.createElement("h1");                  //创建一个一级标题
h1.setAttribute("title", "你好，欢迎光临!");              //为一级标题定义 title 属性
h1.appendChild(hello);                                  //把文本节点添加到一级标题中
document.body.appendChild(h1);                          //把一级标题添加到文档中
```

【示例 3】 也可以通过快捷方法设置 HTML DOM 文档中元素的属性值。

```
<label id="label1">文本框:
    <input type="text" name="textfield" id="textfield"/>
</label>
<script>
var label = document.getElementById("label1");
label.className="class1";
label.htmlFor="textfield";
</script>
```

扫一扫，看视频

14.4.4　删除属性

使用元素的 removeAttribute()方法可以删除指定的属性，用法如下：

```
元素.removeAttribute("属性名")
```

【示例】 下面的示例演示了如何动态设置表格的边框。

```
<script>
window.onload = function() {                             //绑定页面加载完毕时的事件处理函数
    var table = document.getElementsByTagName("table")[0];//获取表格边框的引用
```

```
        var del = document.getElementById("del");      //获取删除按钮的引用
        var reset = document.getElementById("reset");   //获取恢复按钮的引用
        del.onclick = function(){                        //为删除按钮绑定事件处理函数
            table.removeAttribute("border");            //移除边框属性
        }
        reset.onclick = function(){                      //为恢复按钮绑定事件处理函数
            table.setAttribute("border", "2");          //设置表格的边框属性
        }
    }
</script>
<table width="100%" border="2">
    <tr> <td>数据表格</td> </tr>
</table>
<button id="del">删除</button><button id="reset">恢复</button>
```

　　在上面的示例中，设计了两个按钮，并分别绑定不同的事件处理函数。单击"删除"按钮即可调用表格的 removeAttribute()方法清除表格边框，单击"恢复"按钮即可调用表格的 setAttribute()方法重新设置表格边框的粗细。

14.5　事　　件

　　事件是可以被 JavaScript 检测到的行为。网页中的每个元素都可以产生能触发 JavaScript 函数的事件。例如，单击某个按钮时产生一个 click 事件来触发某个函数。

14.5.1　绑定事件

扫一扫，看视频

　　早期的 JavaScript 支持两种绑定事件的方法。
　　（1）静态绑定。把 JavaScript 脚本作为属性值，直接赋予事件属性。
　　【示例 1】 在下面的示例中，把 JavaScript 脚本以字符串的形式传递给 onclick 属性，为
<button>标签绑定 click 事件。当单击按钮时，就会触发 click 事件，执行这行 JavaScript 脚本。

```
<button onclick="alert('你单击了一次!');">按钮</button>
```

　　（2）动态绑定。使用 DOM 对象的事件属性进行赋值。
　　【示例 2】 在下面的示例中，使用 document.getElementById()方法获取 button 元素，然后把一个匿名函数作为值传递给 button 元素的 onclick 属性，实现事件绑定操作。

```
<button id="btn">按钮</button>
<script>
var button = document.getElementById("btn");
button.onclick = function(){
    console.log("你单击了一次!");
}
</script>
```

　　可以在脚本中直接为页面元素附加事件，不破坏 HTML 结构，比"静态绑定"的方法灵活。

14.5.2　事件处理函数

　　事件处理函数是一类特殊的函数，主要任务是实现事件处理，由事件触发进行响应。事

件处理函数一般没有明确的返回值。在特定事件中，用户可以利用事件处理函数的返回值影响程序的执行，如单击超链接时，禁止默认的跳转行为。

【示例】 下面的示例为 form 元素的 onsubmit 事件属性定义字符串脚本，设计当在文本框中输入的值为空时，定义事件处理函数的返回值为 false。这样将强制表单禁止提交数据。

```
<form id="form1" name="form1" method="post" action="http://www.mysite.cn/"
onsubmit="if(this.elements[0].value.length==0) return false;">
    姓名：<input id="user" name="user" type="text"/>
    <input type="submit" name="btn" id="btn" value="提交"/>
</form>
```

在上面的代码中，this 表示当前 form 元素，elements[0]表示姓名文本框。如果该文本框的 value.length 属性值为 0，表示当前文本框为空，则返回 false，禁止提交表单。

事件处理函数不需要参数。在 DOM 事件模型中，事件处理函数默认包含 event 参数对象，其负责传递当前响应事件的相关信息。

扫一扫，看视频

14.5.3 注册事件

在 DOM 事件模型中，通过调用对象的 addEventListener()方法可以注册事件，用法如下：

```
element.addEventListener(String type, Function listener, Boolean useCapture);
```

参数说明如下。

（1）type：注册事件的类型名。事件类型与事件属性不同，事件类型名没有前缀 on。例如，对于 onclick 事件属性来说，所对应的事件类型为 click。

（2）listener：事件处理函数。在指定类型的事件发生时将调用该函数。调用该函数时，默认传递给它的唯一参数是 event 对象。

（3）useCapture：一个布尔值。如果为 true，则指定的事件处理函数将在事件传播的捕获阶段触发；如果为 false，则指定的事件处理函数将在冒泡阶段触发。

【示例】 在下面的示例中，为段落文本注册两个事件：mouseover 和 mouseout。当将鼠标指针移到段落文本上面时会显示为蓝色背景，而当将鼠标指针移出段落文本时会自动显示为红色背景。

```
<p id="p1">为对象注册多个事件</p>
<script>
var p1 = document.getElementById("p1");        //捕获段落元素的句柄
p1.addEventListener("mouseover", function(){
    this.style.background = 'blue';
} , true);                                     //为段落元素注册第 1 个事件处理函数
p1.addEventListener("mouseout", function(){
    this.style.background = 'red';
}, true);                                      //为段落元素注册第 2 个事件处理函数
</script>
```

 提示

在 IE 事件模型中使用 attachEvent()方法注册事件，用法如下：

```
element.attachEvent(etype,eventName)
```

参数说明如下。

（1）etype：设置事件类型，如 onclick、onkeyup、onmousemove 等。

（2）eventName：设置事件名称，也就是事件处理函数。

在 DOM 事件模型中，使用 removeEventListener()方法可以从指定对象中删除已经注册的事件处理函数。用法如下：

```
element.removeEventListener(String type, Function listener, boolean useCapture);
```

参数说明参阅 addEventListener()方法的参数说明。removeEventListener()方法只能删除 addEventListener()方法注册的事件。

在 IE 事件模型中使用 detachEvent()方法注销事件，用法如下：

```
element.detachEvent(etype, eventName)
```

参数说明参阅 attachEvent()方法的参数说明。

14.5.4 event 对象

扫一扫，看视频

event 对象由事件自动创建，记录了当前事件的状态，如事件发生的源节点、键盘按键的响应状态、鼠标指针的移动位置、鼠标按键的响应状态等信息。

在 DOM 事件模型中，event 对象被传递给事件处理函数；在 IE 事件模型中，event 对象被存储在 window 对象的 event 属性中。表 14.1 列出了 DOM 事件标准定义的 event 对象属性，这些属性都是只读属性。

表 14.1　DOM 事件模型中的 event 对象属性

属　　性	说　　明
bubbles	返回布尔值，指示事件是否是冒泡事件类型。如果事件是冒泡类型，则返回 true；否则返回 fasle
cancelable	返回布尔值，指示事件是否是可以取消的默认动作。如果使用 preventDefault()方法可以取消与事件关联的默认动作，则返回 true；否则返回 fasle
currentTarget	返回触发事件的当前节点，即当前处理该事件的元素、文档或窗口。在捕获阶段和冒泡阶段，该属性是非常有用的，因为在这两个阶段，它不同于 target 属性
eventPhase	返回事件传播的当前阶段，包括捕获阶段（1）、目标事件阶段（2）和冒泡阶段（3）
target	返回事件的目标节点（触发该事件的节点），如生成事件的元素、文档或窗口
timeStamp	返回事件生成的日期和时间
type	返回当前 event 对象表示的事件的名称，如"submit"、"load"或"click"

表 14.2 列出了 DOM 事件标准定义的 event 对象方法。

表 14.2　DOM 事件模型中的 event 对象方法

方　　法	说　　明
initEvent()	初始化新创建的 event 对象的属性
preventDefault()	通知浏览器不要执行与事件关联的默认动作
stopPropagation()	终止事件在传播过程的捕获、目标处理或冒泡阶段的进一步传播。调用该方法后，该节点上处理该事件的处理函数将被调用，但事件不再被分派到其他节点

为了兼容 IE 和 DOM 两种事件模型的 event 对象，可以使用下面的表达式。

```
var event = event || window.event;                    //兼容不同模型的 event 对象
```

如果事件处理函数存在 event 参数，则使用 event 来传递事件信息；如果不存在 event 参数，则调用 window 对象的 event 属性来获取事件信息。

【示例】下面的示例演示了如何禁止超链接默认的跳转行为。

```
<a href="https://www.baidu.com/" id="a1">禁止超链接跳转</a><script>
document.getElementById('a1').onclick = function(e) {
    e = e || window.event;                          //兼容事件对象
    var target = e.target || e.srcElement;          //兼容事件目标元素
    if(target.nodeName !== 'A') {                   //仅针对超链接起作用
        return;
    }
    if(typeof e.preventDefault === 'function') {    //兼容 DOM 模型
        e.preventDefault();                         //禁止默认行为
        e.stopPropagation();                        //禁止事件传播
    } else {                                        //兼容 IE 模型
        e.returnValue = false;                      //禁止默认行为
        e.cancelBubble = true;                      //禁止冒泡
    }
};
</script>
```

扫一扫，看视频

14.6　案例实战：学籍在线管理

【案例】本案例综合利用 DOM 知识设计一个学籍在线管理的演示示例，主要功能包括以动态表格形式显示学生列表，允许对学生列表执行勾选、全选、反选、取消、删除和添加操作。当执行添加操作时，会弹出模态对话框，显示一个表单框，允许添加学生信息；当执行选择操作时，允许删除已勾选的学生。演示效果如图 14.3 所示。

（a）添加记录

（b）勾选并删除记录

图 14.3　学籍在线管理演示

（1）新建 HTML5 文档，构建基本结构。页面包含三部分：数据表格、遮罩层和模态对话框。在数据表格顶部放置了一组按钮，分别用于添加、全选、取消、反选和删除操作。

```
<h1>学籍管理</h1>
<div><p>                                            <!--按钮组区-->
        <button class="btn" onclick="showModle();">添加</button>
        <button class="btn" onclick="chooseAll();">全选</button>
        <button class="btn" onclick="cancelAll();">取消</button>
        <button class="btn" onclick="reverseAll();">反选</button>
```

```
        <button class="btn" onclick="del();">删除</button>
    </p>
    <table class="table">
        <thead>                                    <!--表格标题区-->
            <tr><th class="w40">选择</th><th>姓名</th><th>学号</th></tr>
        </thead>
        <tbody id="tb">                            <!--数据主体-->
            <tr><td><input type="checkbox"/></td><td>张三</td><td>2022
</td></tr>
            ...
        </tbody>
    </table>
</div>
<div id="mask" class="mask hide"></div>         <!--遮罩层-->
<div id="dialog" class="dialog hide">           <!--模态对话框-->
    <p>姓名: <input type="text" id="name"/></p>
    <p>学号: <input type="text" id="id"/>
    <p><button class="btn" onclick="hideModle();">取消</button>
      <button class="btn" onclick="add();">确定</button></p>
</div>
```

页面各部分组件的样式可以参考本节案例源代码，这里不再详细说明，在前面各章节中已经介绍过。下面重点讲解 JavaScript 脚本实现部分。

（2）模态对话框的显示和隐藏通过两个按钮控制，由两个函数实现。通过为模态对话框组件添加异常类样式 hide 实现（.hide {display: none;}）。在显示或隐藏模态对话框时，会同步显示或隐藏遮罩层，通过 CSS 控制遮罩层、模态对话框和数据表格之间的层叠顺序。

```
function showModle() {                              //显示模态对话框
    mask.classList.remove('hide');
    dialog.classList.remove('hide');
}
function hideModle() {                              //隐藏模态对话框
    mask.classList.add('hide');
    dialog.classList.add('hide');
}
```

（3）全选、反选和取消选择三个按钮的功能相似，主要利用复选框的 checked 属性获取所有表格行，再获取每行的第 1 个单元格中的复选框。如果全选，则设置所有复选框的 checked 值为 true；如果反选，则设置所有复选框的 checked 值取反；如果取消选择，则设置所有复选框的 checked 值为 false。

```
function chooseAll() {                                    //全选
    for (var i = 0; i < tr_list.length; i++) {
        var current_tr = tr_list[i];                    //获取所有的 tr 标签
        var checkbox = current_tr.children[0].children[0];  //获取复选框
        checkbox.checked = true;           //选择该对象时为 true，不选择时为 false
    }
}
function cancleAll() {                                    //取消选择
    for (var i = 0; i < tr_list.length; i++) {
        var current_tr = tr_list[i];                    //获取所有的 tr 标签
        var checkbox = current_tr.children[0].children[0];//获取复选框
```

```
        checkbox.checked = false;        //选择该对象时为true,不选择时为false
    }
}
function reverseAll() {                                    //反选
    for (var i = 0; i < tr_list.length; i++) {
        var current_tr = tr_list[i];                      //获取所有的tr标签
        var checkbox = current_tr.children[0].children[0];//获取复选框
        if (checkbox.checked) {checkbox.checked = false;}
        else {checkbox.checked = true;}
    }
}
```

（4）添加记录。先获取模态对话框中的两个文本框的值，如果为空，则提示重新输入。然后根据用户输入的信息设置模板字符串，组合包含三个单元格的 HTML 字符串。接着，创建一个表格行元素，使用 tr.innerHTML = str 把模板字符串装入表格行。最后，使用 tbody.appendChild(tr)将记录添加到表格主体尾部，同时关闭模态对话框。

```
function add() {                                   //添加记录
    var name = document.getElementById('name').value;
    var id = document.getElementById('id').value;
    if (!name.length || !id.length) {alert("姓名或学号不能够为空"); return;}
    var str = '                       //设置模板字符串,组合包含三个单元格的HTML字符串
    <td><input type="checkbox"/></td>
    <td>${name}</td><td>${id}</td>';
    var tr = document.createElement("tr");
    tr.innerHTML = str;                //把模板字符串装入表格行
    tbody.appendChild(tr);             //添加到表格主体尾部
    hideModle();                       //关闭模态对话框
}
```

（5）删除记录。获取所有表格中的所有数据表格行，然后获取复选框。如果勾选了复选框，则使用 current_tr.parentNode.removeChild(current_tr)方法删除当前表格行。tr_list 是一个动态集合，删除一条记录后，该集合会动态保持更新，因此在删除时，也要使用 current_tr = tr_list[--i]调整当前表格行，否则会出现操作误差。

```
function del() {                                        //删除记录
    for (var i = 0; i < tr_list.length; i++) {
        var current_tr = tr_list[i];                   //获取所有的tr标签
        var checkbox = current_tr.children[0].children[0];  //获取复选框
        if (checkbox.checked) {
            current_tr.parentNode.removeChild(current_tr);
                                                       //删除当前表格行
            current_tr = tr_list[--i];                 //同时下标值也要递减
        }
    }
}
```

本 章 小 结

本章首先介绍了 BOM、DOM 及节点相关的多个概念，同时介绍了节点关系；接着详细

讲解了元素、文本和属性的操作；最后介绍了事件的注册方法。通过本章的学习，读者能够了解 DOM 的相关概念，熟练编辑文档结构。

课 后 练 习

一、填空题

1．根据 DOM 规范，整个文档是一个_____节点，每个标签是一个_____节点，元素包含的文本是_____节点，注释属于_____节点等。

2．使用_____和_____属性可以读取节点的名称和值。

3．_____属性返回当前节点的父节点，_____属性返回当前节点的第 1 个子节点。

4．文本节点表示元素和属性的文本内容，其 nodeType 等于_____，nodeName 等于_____。

5．使用 document 对象的_____方法可以创建属性节点。

6．使用_____方法可以选择指定类名的元素。

二、判断题

1．在节点树中，最顶端的节点为根节点。　　　　　　　　　　　（　　　）

2．每个节点都有一个父节点。　　　　　　　　　　　　　　　　（　　　）

3．所有节点都可以包含任何数量的子节点。　　　　　　　　　　（　　　）

4．同级节点是拥有相同父节点的节点。　　　　　　　　　　　　（　　　）

5．nextSibling 属性返回当前节点相邻的同级节点。　　　　　　（　　　）

三、选择题

1．属性节点的 nodeType 等于（　　　　）。
    A．1　　　　　　　　　B．2　　　　　　　　　C．3　　　　　　　　　D．4

2．下列四个选项中，关于属性节点的描述错误的是（　　　　）。
    A．nodeName 等于属性的名称　　　　　　B．nodeValue 等于属性的值
    C．parentNode 等于当前元素　　　　　　　D．在 HTML 中不包含子节点

3．下列四个选项中，关于文本节点的描述错误的是（　　　　）。
    A．文本节点表示元素和属性的文本内容　　B．文本内容包含 HTML 源代码
    C．nodeName 等于"#text"　　　　　　　　D．nodeValue 等于包含的文本

4．在 event 对象中，（　　　　）属性可以获取目标元素。
    A．type　　　　　　　B．target　　　　　　C．cancelable　　　　D．bubbles

5．在 event 对象中，（　　　　）属性可以获取事件类型。
    A．type　　　　　　　B．target　　　　　　C．cancelable　　　　D．bubbles

四、简答题

1．在文档中访问子节点都有哪些方法。

2．简单比较 IE 事件模型和 DOM 事件模型中事件对象的异同。

五、编程题

1．请编写一个函数 loadScript()，用于动态加载外部 JavaScript 文件，调用格式如下：

```
loadScript("file.js", function(){ //回调函数，加载完成后执行});
```

2．JavaScript 事件需要考虑 DOM 事件模型和 IE 事件模型，为了方便开发，请尝试定义事件模型对象，封装事件处理代码，包含事件常规操作，如注册、销毁、获取事件对象、获取按钮和键盘信息、获取响应对象等。

拓 展 阅 读

扫描下方二维码，了解关于本章的更多知识。

第 15 章　Web 服务与 Ajax

【学习目标】

- 了解 Web 服务相关的概念。
- 正确安装和使用 Node.js。
- 掌握如何使用 Express 框架搭建 Web 服务器。
- 了解什么是 Ajax，以及 XMLHttpRequest 插件。
- 掌握如何实现 GET 请求和 POST 请求。
- 能够跟踪异步请求的响应状态。
- 正确接收和处理不同格式的响应数据。

Ajax（Asynchronous JavaScript and XML，异步 JavaScript 及 XML）是使用 JavaScript 脚本，借助 XMLHttpRequest 插件，在客户端与服务器端之间实现异步通信的一种方法。2005 年 2 月，Ajax 正式发布，从此 Ajax 成为 JavaScript 发起 HTTP 异步请求的代名词。2006 年，W3C 发布了 Ajax 标准，Ajax 技术开始快速普及。

15.1　Web 服务基础

15.1.1　Web 服务器

Web 服务器也称为网站服务器，是指驻留于互联网上某种类型的服务程序，它可以处理网页浏览器等 Web 客户端的请求并返回响应信息，可以放置网页文件，让用户浏览；可以放置数据文件，让用户下载。Web 服务器的工作原理如图 15.1 所示。常用的 Web 服务器包括 Node.js、Apache、Nginx、IIS 等。

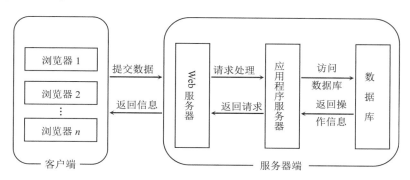

图 15.1　Web 服务器的工作原理

从图 15.1 中可以看到，客户端浏览器首先通过 URL 提出服务请求。Web 服务器接收到请求后，会把请求交给应用程序服务器进行分析处理。如果要访问数据，还需要向数据库发出请求，然后从数据库中获取查询记录或操作信息。应用程序服务器将处理的结果生成静态网页返回 Web 服务器。最后由 Web 服务器将生成的网页响应给客户端浏览器。

15.1.2　URL

在本地计算机中，所有的文件都由操作系统统一管理。但是在互联网上，各个网络、各台主机的操作系统可能不一样，因此，必须指定访问文件的方法，这个方法就是使用 URL（Uniform Resource Locator，统一资源定位符）定位技术。一个 URL 一般由三部分组成：协议（服务方式）、主机的 IP 地址（包括端口号）、主机的资源路径（包括目录和文件名等）。语法格式如下：

```
protocol://machinename[:port]/directory/filename
```

其中，protocol 表示访问资源所采用的协议，常用的协议如下。

（1）http://或 https://：超文本传输协议，表示访问的资源是 HTML 文件。

（2）ftp://：文件传输协议，表示使用 FTP 传输方式访问资源。

（3）mailto::表示该资源是电子邮件（不需要两条斜杠）。

（4）file://：表示本地文件。

machinename 表示存放资源的主机的 IP 地址，如 www.baidu.com.port。其中，port 是服务器在主机中所使用的端口号，在一般情况下不需要指定，只有当服务器使用的不是默认端口号时才需要指定。

directory 和 filename 是资源路径的目录和文件名。

15.1.3　路径

路径包括绝对路径、相对路径和根路径 3 种格式。

（1）绝对路径：表示完整的 URL，包括传输协议，如 http://news.baidu.com/main.html。在跨域请求时要使用绝对路径。

（2）相对路径：是指以当前文件所在位置为起点到被请求文件经由的路径，如 sub/main.html。在同一个应用内发出请求时常用相对路径。

（3）根路径：是指从站点根文件夹到被请求文件经由的路径。根路径由斜杠开头，它代表站点根文件夹，如/sup/sub/main.html。在网站内发出请求时一般常用根路径，因为在网站内移动一个包含根路径的链接文件时，无须对原有的链接进行修改。

15.1.4　HTTP

HTTP（HyperText Transfer Protocol，超文本传输协议）是一种应用层协议，负责超文本的传输，如文本、图像、多媒体等。HTTP 由请求（Request）和响应（Response）两部分组成，简单说明如下。

1．请求

HTTP 请求信息由请求行、消息报头、请求正文（可选）3 部分组成。

请求行以一个方法符号开头，以空格分隔，后面跟着请求的 URI 和协议的版本。格式如下：

```
Method Request-URI HTTP-Version CRLF
```

请求行的各部分说明如下。

（1）Method：表示请求方法。请求方法以大写形式表示，如 POST、GET 等。

（2）Request-URI：表示统一资源标识符。

（3）HTTP-Version：表示请求的 HTTP 协议版本。

（4）CRLF：表示回车符和换行符。

请求行后是消息报头部分，用于说明服务器需要调用的附加信息。

在消息报头后是一个空行，然后才是请求正文部分，称为主体部分（body），该部分可以添加任意数据。

2．响应

HTTP 响应信息由状态行、消息报头、响应正文（可选）3 部分组成。

其中状态行格式如下：

```
HTTP-Version Status-Code Reason-Phrase CRLF
```

状态行的各部分说明如下。

（1）HTTP-Version：表示服务器 HTTP 协议的版本。

（2）Status-Code：表示服务器发回的响应状态代码。

（3）Reason-Phrase：表示状态代码的文本描述。

状态代码由 3 位数字组成，第 1 位数字定义了响应的类别，且有 5 种可能的取值。

（1）1××：指示信息。表示请求已接收，继续处理。

（2）2××：成功。表示请求已被成功接收、理解或接收。

（3）3××：重定向。要完成请求，必须进行更进一步的操作。

（4）4××：客户端错误。请求有语法错误，或者请求无法实现。

（5）5××：服务器端错误。服务器未能实现合法的请求。

常见的状态代码：200 表示客户端请求成功，301 表示请求的资源发生移动，400 表示客户端请求有语法错误，404 表示请求的资源不存在，500 表示服务器发生不可预期的错误。

状态行后是消息报头部分。一般服务器会返回一个名为 Data 的信息，用于说明响应生成的日期和时间。接下来就是与 POST 请求中一样的 Content-Type 和 Content-Length。响应主体所包含的就是所请求资源的 HTML 源文件。

Content-Type 描述的是媒体类型，通常使用 MIME 类型来表达。常见的 Content-Type 类型如下：text/html 表示 HTML 网页，text/plain 表示纯文本，application/json 表示 JSON 格式，application/xml 表示 XML 格式，image/gif 表示 GIF 图片，image/jpeg 表示 JPEG 图片，audio/mpeg 表示音频 MP3，video/mpeg 表示视频 MPEG。

提示

借助现代浏览器，可以查看当前网页的请求头和响应头信息。方法是按 F12 键打开开发者工具，然后切换到"网络"面板，重新刷新页面即可看到所有的请求资源。选择相应的资源，即可看到当前资源请求和响应的全部信息。

15.2　Web 服务器搭建

本节利用 Node.js 开发环境，使用 Express 框架搭建 Web 服务器，并将网页部署到服务器上。

15.2.1 认识 Node.js

Node.js 不是一门新的编程语言，也不是一个 JavaScript 框架，它是一套 JavaScript 运行环境，用于支持 JavaScript 代码的执行。如果说浏览器是 JavaScript 的前端运行环境，那么 Node.js 就是 JavaScript 的后端运行环境。它是一个为实时 Web 应用开发而诞生的平台。

在 Node.js 之前，JavaScript 只能运行在浏览器中，作为网页脚本使用。有了 Node.js 以后，JavaScript 就可以脱离浏览器，像其他编程语言一样直接在计算机上使用。

Node.js 可以作为服务器向用户提供服务，直接面向前端开发。其优势如下。

（1）高性能：Node.js 采用了基于事件驱动的非阻塞 I/O 模型，使服务器能够高效地处理并发请求，提供了出色的性能表现。

（2）轻量和高可扩展性：Node.js 具有轻量级的特点，可以在相对较低的硬件上运行，并且可以通过集群和负载均衡等方式进行水平扩展，以满足高流量和大规模应用的需求。

（3）单一语言：使用 JavaScript 作为服务器端编程语言，使前后端开发更加一致，方便开发者共享代码和技能。

（4）强大的生态系统：Node.js 拥有庞大且活跃的第三方库和模块生态系统，提供了许多功能丰富的解决方案，帮助开发者更高效地构建应用程序。

（5）构建实时应用：由于事件驱动的特性，Node.js 非常适合构建实时应用，如聊天应用、游戏服务器等，能够快速响应用户请求并广播数据。

扫一扫，看视频

15.2.2 安装 Node.js

如果希望通过 Node.js 来运行 JavaScript 代码，则必须先在计算机中安装 Node.js。具体操作步骤如下：

（1）在浏览器中打开 Node.js 官网，如图 15.2 所示。下载最新的长期支持版本（20.10.0 LTS）该版本，比较稳定，右侧的 21.5.0 Current 为最新版。

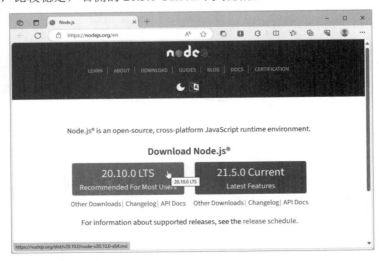

图 15.2　Node 官网首页

（2）下载完毕，在本地双击安装文件 node-v20.10.0-x64.msi 进行安装，安装过程中可以全部保持默认设置。

安装成功后，需要检测是否安装成功。具体步骤如下：

（1）打开 DOS 系统窗口。使用 Window+R 组合键打开"运行"对话框，然后在"运行"对话框中输入 cmd，如图 15.3 所示。

（2）单击"确定"按钮，即可打开 DOS 系统窗口。输入命令 node -v，然后按 Enter 键，如果出现 Node 对应的版本号，则说明安装成功，如图 15.4 所示。

图 15.3　在"运行"对话框中输入 cmd

图 15.4　检查 Node 版本号

 提示

因为 Node.js 已经自带 NPM（包管理工具），直接在 DOS 系统窗口中输入命令 npm -v 即可检验 NPM 版本，如图 15.5 所示。

图 15.5　检查 NPM 版本

15.2.3　安装 Express

扫一扫，看视频

Express 是一个简洁而灵活的 Web 应用框架，使用 Express 可以快速搭建一个功能完整的网站。安装 Express 框架的步骤如下：

（1）在本地计算机中新建一个站点目录，如 D:\test。

（2）参考 15.2.2 小节的操作步骤打开 DOS 系统窗口，输入命令 d:，然后按 Enter 键，进入 D 盘根目录；再输入命令 cd test，按 Enter 键进入 test 目录。

（3）输入如下命令开始在当前目录中安装 Express 框架。

```
npm install express -save
```

（4）安装完毕，输入如下命令。

```
npm list express
```

（5）按 Enter 键查看 Express 版本号及安装信息。

```
test@ D:\test
'-- express@4.18.2 -> .\node_modules\.store\express@4.18.2\node_modules\
express
```

以上命令会将 Express 框架安装在当前目录的 node_modules 子目录中，node_modules 子目录下会自动创建 express 目录。

提示

使用 npm 命令进行安装，受网速影响，国内安装过程可能会非常慢，甚至会因为延迟而导致安装失败。因此，推荐使用淘宝镜像（cnpm）进行安装，安装的速度更快。安装步骤如下。

（1）先安装 cnpm 命令。命令如下：

```
npm install -g cnpm --registry=https://registry.npm.taobao.org
```

（2）cnpm 命令安装成功后，在终端使用 cnpm 命令时，如果提示"cnpm 不是内部命令"，则需要设置 cnpm 命令的环境变量，让系统能够找到 cnpm 命令所在的位置，如图 15.6 所示。

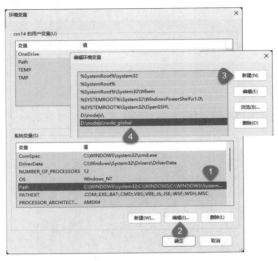

图 15.6　设置 cnpm 命令的环境变量

（3）使用 cnpm 命令安装依赖包，用法与 npm 命令完全一样。

```
cnpm install express -save
```

提示

提示使用 VScode 可以快速进行命令行测试。方法如下：启动 VScode，选择"文件/选择文件夹"菜单命令，打开 D:\test，此时 VScode 会自动把该目录视为一个应用站点，在左侧"资源管理器"面板中可以操作站点文件。同时选择"终端/新建终端"菜单命令，可以在底部新建一个终端面板，在终端面板中输入命令行命令，进行快速测试。用法和响应结果与 DOS 系统窗口内的结果完全相同。

扫一扫，看视频

15.2.4　使用 Express 搭建服务器

本小节通过两个示例简单介绍 Express 框架的基本用法。

【示例 1】使用 Express 框架搭建服务器，并在客户端发起请求后，响应 Hello World 信息。

（1）在 test 目录中新建 JavaScript 文件，命名为 app.js。

（2）在 app.js 文件中输入如下 JavaScript 代码，创建服务器运行程序。

```
var express = require('express');        //导入 Express 模块
var app = express();                     //创建 Web 服务器对象
app.get('/', function (req, res) {       //处理 GET 请求，响应 Hello World 信息
```

```
        res.send('Hello World');
})
var server = app.listen(8000, function() {          //监听 8000 端口
        console.log("服务器启动成功")
})
```

在 get() 方法的回调函数中，参数 req 表示 Request 对象，负责 HTTP 请求，包含了请求查询字符串、参数、内容、HTTP 头部等属性。常见属性如下。

- ↘ req.body：获取请求主体。
- ↘ req.hostname、req.ip：获取主机名和 IP 地址。
- ↘ req.path：获取请求路径。
- ↘ req.protocol：获取协议类型。
- ↘ req.query：获取 URL 的查询参数串。
- ↘ req.get()：获取指定的 HTTP 请求头。

参数 res 表示 Response 对象，负责 HTTP 响应，即在接收到请求时向客户端发送的 HTTP 响应数据。常见属性如下。

- ↘ res.append()：追加指定 HTTP 头。
- ↘ res.download()：传送指定路径的文件。
- ↘ res.get()：返回指定的 HTTP 头。
- ↘ res.json()：传送 JSON 响应。
- ↘ res.jsonp()：传送 JSONP 响应。
- ↘ res.send()：传送 HTTP 响应。
- ↘ res.set()：设置 HTTP 头。
- ↘ res.status()：设置 HTTP 状态码。

（3）打开 DOS 系统窗口，输入命令 d:，然后按 Enter 键，进入 D 盘根目录；再输入命令 cd test，按 Enter 键进入 test 目录。

（4）输入如下命令运行 Web 服务器，如图 15.7 所示。

```
node app.js
```

（5）打开浏览器，在地址栏中输入 http://127.0.0.1:8000/，或者 http://localhost:8000/，按 Enter 键后便可以看到响应信息，如图 15.8 所示。

图 15.7　运行 Web 服务器

图 15.8　查看响应信息

【示例 2】可以使用 express.static 中间件设置静态文件访问路径，如 HTML 文件、图片、CSS、JavaScript 文件等。

（1）在 test 目录下新建 public 子目录。

（2）在 public 子目录中新建 test.html 文件，代码如下：

```
<!doctype html>
<html><head><meta charset="utf-8"></head><body>
```

```
<h1>静态文件</h1>
</body></html>
```

（3）在 app.js 文件中添加代码：app.use(express.static('public'));。

```
var express = require('express');
var app = express();
app.use(express.static('public'));          //处理静态资源
var server = app.listen(8000, function() {
    console.log("服务器启动成功")
})
```

（4）输入如下命令运行 Web 服务器。

```
node app.js
```

（5）打开浏览器，在地址栏中输入 http://127.0.0.1:8000/test.html，按 Enter 键后便可以看到静态网页内容。

 提示

在命令行窗口中按 Ctrl+C 组合键可以停止服务器的运行。

15.3　XMLHttpRequest

XMLHttpRequest 是一个异步请求 API，提供了客户端向服务器端发出 HTTP 请求的功能，请求过程允许不同步，不需要刷新页面。

扫一扫，看视频

15.3.1　定义 XMLHttpRequest 对象

XMLHttpRequest 是客户端的一个 API，它为浏览器与服务器通信提供了一个便捷的通道。现代浏览器都支持 XMLHttpRequest API。创建 XMLHttpRequest 对象的语法格式如下：

```
var xhr = new XMLHttpRequest();
```

XMLHttpRequest 对象提供了一些常用属性和方法，见表 15.1 和表 15.2。

表 15.1　XMLHttpRequest 对象常用属性

属　　性	说　　明
onreadystatechange	当 readyState 属性值改变时，响应执行绑定的回调函数
readyState	返回当前请求的状态
status	返回当前请求的 HTTP 状态码
statusText	返回当前请求的响应行状态
responseBody	返回正文信息
responseStream	以文本流的形式返回响应信息
responseText	以字符串的形式返回响应信息
responseXML	以 XML 格式的数据返回响应信息
responseType	设置响应数据的类型，包括 text、arraybuffer、blob、json 或 document，默认为 text
response	如果请求成功，则返回响应的数据
timeout	请求时限。超过时限，会自动停止 HTTP 请求

表 15.2　XMLHttpRequest 对象常用方法

方　　法	说　　明
open()	创建一个新的 HTTP 请求
send()	发送请求到 HTTP 服务器并接收响应
getAllResponseHeaders()	获取响应的所有 HTTP 头信息
getResponseHeader()	从响应信息中获取指定的 HTTP 头信息
setRequestHeader()	单独指定请求的某个 HTTP 头信息
abort()	取消当前请求

使用 XMLHttpRequest 对象实现异步通信的一般步骤如下：

（1）定义 XMLHttpRequest 实例对象。

（2）调用 XMLHttpRequest 对象的 open()方法打开服务器端 URL 地址。

（3）注册 onreadystatechange 事件处理函数，准备接收响应数据，并进行处理。

（4）调用 XMLHttpRequest 对象的 send()方法发送请求。

15.3.2　建立 HTTP 连接

扫一扫，看视频

使用 XMLHttpRequest 对象的 open()方法可以建立一个 HTTP 请求。语法格式如下：

```
xhr.open(method, url, async, username, password);
```

其中，xhr 表示 XMLHttpRequest 对象，open()方法包含 5 个参数，简单说明如下。

（1）method：HTTP 请求方法，字符串型，包括 POST、GET 和 HEAD，不区分大小写。

（2）url：请求的 URL 字符串，大部分浏览器仅支持同源请求。

（3）async：可选参数，指定请求是否为异步方式，默认为 true。如果为 false，那么当状态改变时会立即调用 onreadystatechange 绑定的回调函数。

（4）username：可选参数，如果服务器需要验证，那么该参数指定用户名；如果未指定，那么当服务器需要验证时，会弹出验证窗口。

（5）password：可选参数，验证信息中的密码部分。如果用户名为空，那么该值将被忽略。

建立连接后，可以使用 send()方法发送请求，用法如下：

```
xhr.send(body);
```

参数 body 表示将通过该请求发送的数据，如果不传递信息，可以设置为 null 或者省略。

发送请求后，可以使用 XMLHttpRequest 对象的 responseBody、responseStream、responseText 或 responseXML 属性等待接收响应数据。

【示例】以 15.2.4 小节示例 2 创建的服务器为基础，本示例简单演示如何实现异步通信。

（1）在/public/test.html 文件中输入如下 JavaScript 代码。

```
var xhr = new XMLHttpRequest();              //实例化 XMLHttpRequest 对象
xhr.open("GET","server.txt", false);          //建立连接，要求同步响应
xhr.send(null);                               //发送请求
console.log(xhr.responseText);                //接收数据
```

（2）在服务器端的静态文件（/public/server.txt）中输入如下字符串。

```
Hello World                                  //服务器端脚本
```

（3）在浏览器中预览页面（http://localhost:8000/test.html），控制台中会显示 Hello World 的提示信息。该字符串是从服务器端响应的字符串。

15.3.3 发送 GET 请求

扫一扫，看视频

发送 GET 请求简单、方便，适合传递简单的字符信息，不适合传递大容量或加密数据。实现方法如下：将包含查询字符串的 URL 传入 XMLHttpRequest 对象的 open()方法，设置第 1 个参数值为 GET 即可。服务器能够通过查询字符串接收用户信息。

提示

查询字符串通过问号（？）作为前缀附加在 URL 的末尾，发送数据是以连字符（&）连接的一个或多个键值对。

【示例】下面的示例以 GET 方式向服务器传递一条信息 id=123456。然后服务器接收到请求后把该条信息响应回去。

（1）新建 test.html 文件，置于/public/test.html 目录下。然后输入如下代码。

```
<input name="submit" type="button" id="submit" value="向服务器发出请求"/>
<script>
window.onload = function(){                        //页面初始化
    var b = document.getElementsByTagName("input")[0];
    b.onclick = function(){
        var url = "/get?id=123456"                 //设置查询字符串
        var xhr = new XMLHttpRequest();            //实例化 XMLHttpRequest 对象
        xhr.open("GET",url, false);                //建立连接，要求同步响应
        xhr.send(null);                            //发送请求
        console.log(xhr.responseText);             //接收数据
    }
}
</script>
```

（2）在服务器端的应用程序文件（/app.js）中输入如下代码。获取查询字符串中 id 的参数值，并把该值响应给客户端。

```
var express = require('express');                  //导入 Express 模块
var app = express();                               //创建 Web 服务器对象
app.get('/get', function(req, res) {               //处理 GET 请求
    res.send(req.query);                           //接收查询字符串，并响应给客户端
})
app.use(express.static('public'));                 //处理静态资源
var server = app.listen(8000, function() {         //创建服务，并监听指定端口
    console.log("服务器启动成功")
})
```

（3）在浏览器中预览页面（http://localhost:8000/test.html），当单击"向服务器发出请求"提交按钮时，在控制台显示传递的参数值，如图 15.9 所示。

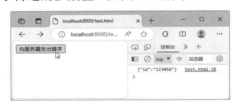

图 15.9　查看响应信息

15.3.4　发送 POST 请求

POST 请求允许发送任意类型、任意长度的数据，多用于表单提交。请求的信息以 send() 方法的参数进行传递，而不是以查询字符串的方式进行传递。语法格式如下：

```
send("name1=value1&name2=value2...");
```

【**示例**】以 15.3.3 小节的示例为例，使用 POST 方法向服务器传递数据。

（1）新建 test.html 文件，置于 /public/test.html 目录下。然后输入如下代码。

```
window.onload = function(){                          //页面初始化
    var b = document.getElementsByTagName("input")[0];
    b.onclick = function(){
        var url = "/post"                           //设置请求的地址
        var xhr = new XMLHttpRequest();             //实例化 XMLHttpRequest 对象
        xhr.open("POST",url, false);                //建立连接，要求同步响应
        xhr.setRequestHeader('Content-type','application/x-www-form-
urlencoded');
                                                    //设置为表单方式提交
        xhr.send("id=123456");                      //发送请求
        console.log(xhr.responseText);             //接收数据
    }
}
```

在 open() 方法中，设置第 1 个参数为 POST，然后使用 setRequestHeader() 方法设置请求消息的内容类型为 application/x-www-form-urlencoded，它表示传递的是表单值。一般使用 POST 发送请求时都必须设置该选项，否则服务器会无法识别传递过来的数据。

（2）在服务器端的应用程序文件（/app.js）中输入如下代码。在服务器端设计接收 POST 方式传递的数据，并进行响应。

```
var express = require('express');                   //导入 Express 模块
var app = express();                               //创建 Web 服务器对象
var bodyParser = require('body-parser');           //导入 body-parser 模块
//创建 application/x-www-form-urlencoded 编码解析
var urlencodedParser = bodyParser.urlencoded({extended: false})
app.post('/post', urlencodedParser, function(req, res) {   //处理 POST 请求
    res.send(req.body);                            //接收主体信息，并响应给客户端
})
app.use(express.static('public'));                 //处理静态资源
var server = app.listen(8000, function() {         //创建服务，并监听指定端口
    console.log("服务器启动成功")
})
```

（3）由于本示例用到了 body-parser 子模块，用于解析 POST 请求中 body 包含的二进制数据，需要在当前 test 目录下输入如下命令安装该子模块。

```
npm install body-parser -save
```

或者

```
cnpm install body-parser -save
```

扫一扫，看视频

15.3.5 跟踪响应状态

使用 XMLHttpRequest 对象的 readyState 属性可以实时跟踪响应状态。当该属性值发生变化时，会触发 readystatechange 事件，调用绑定的回调函数。readyState 属性值说明见表 15.3。

表 15.3　readyState 属性值

返　回　值	说　　　明
0	未初始化。表示对象已经建立，但是尚未初始化，尚未调用 open()方法
1	初始化。表示对象已经建立，尚未调用 send()方法
2	发送数据。表示 send()方法已经调用，但是当前的状态及 HTTP 头未知
3	数据传送中。已经接收部分数据，因为响应及 HTTP 头不全，这时通过 responseBody 和 responseText 获取部分数据会出现错误
4	完成。数据接收完毕，此时可以通过 responseBody 和 responseText 获取完整的响应数据

如果 readyState 属性值为 4，则说明响应完毕，那么就可以安全读取响应的数据。考虑到各种特殊情况，更安全的方法是同时监测 HTTP 状态码。当 HTTP 状态码为 200 时，说明 HTTP 响应顺利完成。

【示例】以 15.3.4 小节的示例为例，修改请求为异步响应请求，然后通过 status 属性获取当前的 HTTP 状态码。如果 readyState 属性值为 4，且 status（状态码）属性值为 200，则说明 HTTP 请求和响应过程顺利完成，这时可以安全、异步地读取数据了。

```
window.onload = function(){                      //页面初始化
    var b = document.getElementsByTagName("input")[0];
    b.onclick = function(){
        var url = "/post"                        //设置请求的地址
        var xhr = new XMLHttpRequest();          //实例化 XMLHttpRequest 对象
        xhr.open("POST",url, true);              //建立连接，要求异步响应
        xhr.setRequestHeader('Content-type','application/x-www-form-
urlencoded');                                    //设置为表单方式提交
        xhr.onreadystatechange = function(){     //绑定响应状态事件监听函数
            if(xhr.readyState == 4){             //监听 readyState 状态
                if (xhr.status == 200 || xhr.status == 0){//监听 HTTP 状态码
                    console.log(xhr.responseText);       //接收数据
                }
            }
        }
        xhr.send("id=123456");                   //发送请求
    }
}
```

15.4　案例实战

扫一扫，看视频

15.4.1 获取 XML 数据

XMLHttpRequest 对象通过 responseText、responseBody、responseStream 或 responseXML

属性获取响应信息，其说明见表 15.4，它们都是只读属性。

表 15.4　XMLHttpRequest 对象响应信息属性

响 应 信 息	说　　明
responseBody	以 Unsigned Byte 数组的形式返回响应信息正文
responseStream	以 ADO Stream 对象的形式返回响应信息
responseText	以字符串的形式返回响应信息
responseXML	以 XML 文档格式返回响应信息

在实际应用中，一般将格式设置为 XML、HTML、JSON 或其他纯文本格式。具体使用哪种响应格式，可以参考以下几条原则。

（1）如果向页面中添加 HTML 字符串片段，则选择 HTML 格式会比较方便。

（2）如果需要协作开发，且项目庞杂，则选择 XML 格式会更通用。

（3）如果要检索复杂的数据，且结构复杂，则选择 JSON 格式会更轻便。

【案例】在服务器端创建一个简单的 XML 文档，置于/public/server.xml 目录下。然后输入如下代码。

```
<?xml version="1.0" encoding="utf-8"?>
<the>XML 数据</the>
```

也可以使用服务器端的 JavaScript 脚本动态生成 XML 结构数据。

然后，新建 test.html 文件，置于/public/test.html 目录下。在客户端进行如下请求。

```
<input name="submit" type="button" id="submit" value="向服务器发出请求"/>
<script>
window.onload = function(){            //页面初始化
    var b = document.getElementsByTagName("input")[0];
    b.onclick = function(){
        var xhr = new XMLHttpRequest();//实例化 XMLHttpRequest 对象
        xhr.open("GET","server.xml", true);     //建立连接，要求异步响应
        xhr.onreadystatechange = function(){    //绑定响应状态事件监听函数
            if(xhr.readyState == 4){  //监听 readyState 状态
                if (xhr.status == 200 || xhr.status == 0){//监听 HTTP 状态码
                    var info = xhr.responseXML;
                    console.log(info.getElementsByTagName("the")[0]
.firstChild.data);                  //返回元信息字符串"XML 数据"
                }
            }
        }
        xhr.send();                 //发送请求
    }
}
</script>
```

在上面的代码中，使用 XML DOM 的 getElementsByTagName()方法获取 the 节点，然后再定位第 1 个 the 节点的子节点内容。此时如果继续使用 responseText 属性来读取数据，则会返回 XML 源代码字符串。

15.4.2　获取 JSON 数据

使用 responseText 可以获取 JSON 格式的字符串，然后使用 eval()方法将其解析为本地

JavaScript 脚本，再从该数据对象中读取信息。

【案例】在服务器端请求文件中添加如下 JSON 数据（/public/server.js）。

```
{user:"ccs8",pass: "123456",email:"css8@mysite.cn"}
```

然后在客户端执行如下请求。把返回的 JSON 字符串转换为对象，然后读取属性值。

```
<input name="submit" type="button" id="submit" value="向服务器发出请求"/>
<script>
window.onload = function(){                      //页面初始化
    var b = document.getElementsByTagName("input")[0];
    b.onclick = function(){
        var xhr = new XMLHttpRequest();          //实例化 XMLHttpRequest 对象
        xhr.open("GET","server.js", true);       //建立连接，要求异步响应
        xhr.onreadystatechange = function(){ //绑定响应状态事件监听函数
            if(xhr.readyState == 4){          //监听 readyState 状态
                if (xhr.status == 200 || xhr.status == 0){//监听 HTTP 状态码
                var info = xhr.responseText;
                    var  o = eval("("+info+")");//调用 eval()方法将字符串转换为本
                                                //地脚本
                    console.log(info);          //显示 JSON 对象字符串
                    console.log(o.user);        //读取对象属性值，返回字符串"css8"
                }
            }
        }
        xhr.send();                              //发送请求
    }
}
</script>
```

📢 注意

eval()方法在解析 JSON 字符串时存在安全隐患。如果 JSON 字符串中包含恶意代码，在调用回调函数时可能会被执行。解决方法如下：先对 JSON 字符串进行过滤，屏蔽掉敏感或恶意代码。也可以访问 https://github.com/douglascrockford/JSON-js 下载 JavaScript 版本解析程序。不过，如果确信所响应的 JSON 字符串是安全的，没有被人恶意攻击，也可以使用 eval()方法解析 JSON 字符串。

扫一扫，看视频

15.4.3　获取纯文本

对于简短的信息，可以使用纯文本格式进行响应。但是纯文本信息在传输过程中容易丢失，且没有办法检测信息的完整性。

【案例】服务器端响应信息为字符串"true"，则可以在客户端按如下代码进行设计。

```
var xhr = new XMLHttpRequest();                  //实例化 XMLHttpRequest 对象
xhr.open("GET","server.txt", true);              //建立连接，要求异步响应
xhr.onreadystatechange = function(){             //绑定响应状态事件监听函数
    if(xhr.readyState == 4){                      //监听 readyState 状态
        if (xhr.status == 200 || xhr.status == 0){   //监听 HTTP 状态码
            var  info = xhr.responseText;
            if(info == "true") console.log("文本信息传输完整");
                                                    //检测信息是否完整
            else  console.log("文本信息可能存在丢失问题");
```

```
        }
      }
    }
  xhr.send();                                    //发送请求
```

本 章 小 结

　　本章首先介绍了 Web 服务的相关概念，如 Web 服务器、URL、路径和 HTTP 等；然后具体介绍了如何构建 Node.js 服务器，包括在本地安装 Node.js 服务软件、如何安装 Express 框架，以及使用 Express 框架启动 Web 服务功能；最后详细讲解了 XMLHttpRequest 插件的使用，包括如何建立与服务器端的连接，如何请求和响应数据，如何跟踪响应状态和接收不同格式的数据。

课 后 练 习

一、填空题

　　1．Ajax 是使用_____脚本，借助_____插件，在客户端与服务器端之间实现异步通信的一种方法。

　　2．Web 服务器也称为_____，是指驻留于互联网上某种类型的服务程序。

　　3．常用的 Web 服务器包括_____、_____、_____等。

　　4．一个 URL 一般由_____、_____、_____三部分组成。

　　5．HTTP 是_____协议，表示访问的资源是 HTML 文件。

二、判断题

　　1．HTTP 是一种网络层协议，负责超文本的传输，如文本、图像、多媒体等。　（　　）

　　2．HTTP 由请求和响应两部分组成。　　　　　　　　　　　　　　　　　　（　　）

　　3．HTTP 请求由请求行、消息报头、请求正文三部分组成。　　　　　　　　（　　）

　　4．HTTP 响应由响应行、消息报头、响应正文三部分组成。　　　　　　　　（　　）

　　5．状态码为 400 表示请求已被成功接收、理解或接受。　　　　　　　　　　（　　）

三、选择题

　　1．（　　）表示本地文件。

　　　　A．http://　　　　　　　B．ftp://　　　　　　　C．mailto:　　　　　　D．file://

　　2．（　　）路径不能用于网站开发。

　　　　A．绝对　　　　　　　　B．物理　　　　　　　　C．相对　　　　　　　D．根

　　3．使用 POST 方式发送 HTTP 请求，请求信息一般位于（　　）。

　　　　A．请求行　　　　　　B．状态行　　　　　　C．消息报头　　　　　　D．请求正文

　　4．如果发生服务器端错误，则响应状态码应该是（　　）。

　　　　A．5××　　　　　　　B．4××　　　　　　　C．3××　　　　　　　D．2××

5．使用（　　）属性可以接收 JSON 格式的数据。

　　A．responseStream　　　B．responseText　　　C．responseXML　　　D．responseType

四、简答题

1．简单介绍一下 Node.js 的作用。

2．简单说明一下 Express 框架的作用和搭建步骤。

五、编程题

1．为了安全起见，Ajax 异步通信一般都遵循同源策略，即发起请求的 URL 和响应请求的 URL 的协议、端口号和主机必须相同。Express 支持跨域请求，但是需要在服务器端的应用程序中主动设置允许跨域访问，代码如下：

```
app.all('*', (req, res, next) => {            //all()表示匹配所有请求方式
    res.setHeader('Access-Control-Allow-Origin', '*'); //设置响应头，允许跨域访问
    next();                                    //执行下一个中间件或路由
});
```

请根据以上思路和方法，将 15.3.3 小节的示例改为跨域请求。

2．设计一个登录验证页，包含用户名和密码两个文本框，以及一个登录按钮。输入信息之后，单击登录按钮，通过 Ajax 技术将用户信息上传到服务器端，然后在服务器端进行验证。如果通过验证，则提示登录成功；否则提示登录失败。

拓 展 阅 读

扫描下方二维码，了解关于本章的更多知识。